大数据与人工智能技术“十四五”精品教材

云计算与大数据技术应用

主　编　张　捷　赵　宝　杨昌尧
副主编　李　晖　詹　雪　白广顺　黄宏晖
焦立松　姚　汝　代琪怡　于宏宇

哈爾濱工程大學出版社
Harbin Engineering University Press

内容简介

本书从云计算与大数据的基本知识入手，系统地介绍了云计算与大数据的服务平台，并从八个行业角度分别例举了一系列云计算与大数据的产业应用，具体包括政企、教育、零售、金融、医疗、服装、餐饮，以及城市建设等。

本书既适合于云计算与大数据相关专业的院校作为教材使用，也适用于云计算与大数据的创业者、企业人工智能管理者和相关云计算与大数据技术的研发人员使用。

图书在版编目（CIP）数据

云计算与大数据技术应用 / 张捷，赵宝，杨昌尧主编. -- 哈尔滨 : 哈尔滨工程大学出版社，2021.5
ISBN 978-7-5661-2960-4

Ⅰ. ①云… Ⅱ. ①张… ②赵… ③杨… Ⅲ. ①云计算 ②数据处理 Ⅳ. ①TP393.027②TP274

中国版本图书馆 CIP 数据核字（2021）第 068407 号

云计算与大数据技术
YUNJISUAN YU DASHUJU JISHU

责任编辑 张 曦
封面设计 赵俊红

出版发行 哈尔滨工程大学出版社
社 址 哈尔滨市南岗区南通大街 145 号
邮政编码 150001
发行电话 0451-82519328
传 真 0451-82519699
经 销 新华书店
印 刷 唐山唐文印刷有限公司
开 本 787 mm×1 092 mm 1/16
印 张 15
字 数 384 千字
版 次 2021 年 5 月第 1 版
印 次 2021 年 5 月第 1 次印刷
定 价 68.00 元
http：//www.hrbeupress.com
E-mail：heupress@hrbeu.edu.cn

前　言

云计算与大数据同为新型基础设施建设下要求重点发展的技术高地，因其技术的实际需求与场景战略，二者之间有着天然紧密的联系。云计算为大数据提供了存储与分析的平台，反过来大数据又推动了云计算的发展，是云计算的重要组成部分。总地来说，云计算与大数据相辅相成，密不可分。

近年来，云计算与大数据作为新技术吸引了许多公司和企业家前来投资和创新。这主要是因为云存储的弹性扩容技术与大数据分析技术使得商家在成本效率极高的情况下，可以对消费者的行为进行实时和极端地细分，从而产生巨大的商业价值。

产品的交易过程、使用过程及人类行为都可以数据化。大数据技术可以将这些数据系统地整合起来，然后通过云平台满足其对计算能力的需求，并为其提供存储、共享，以及出色的数据保护服务。它们的结合深度挖掘出了数据的商业价值，提升了企业的工作效率，为企业发展添砖加瓦。

本书是一本以云计算与大数据基本知识为根本，以云计算与大数据应用为核心出发点的著作，以通俗易懂的方式深度剖析了云计算与大数据的平台、方案、产业布局以及具体应用等，系统地向读者讲解了如何快速有效地了解云计算与大数据技术，并深度解析了各大领先企业云计算与大数据的技术及其发展。

本书共分为 12 章，涉及多个热门云计算与大数据行业，涵盖多个云计算与大数据平台运营及应用。其中，第 1 章至第 6 章主要介绍了云计算的基本知识，对国内和国外的主要平台做了详细梳理，并具体分析了云计算在政企行业、教育行业以及零售行业的发展和应用；第 7 章至第 12 章除了对大数据的基础知识进行梳理之外，还详细地介绍了大数据的精准营销，并将大数据技术与金融、医疗、服装、餐饮与城市建设等行业充分融合。

本书由张捷（重庆幼儿师范高等专科学校）、赵宝（盘锦职业技术学院）和杨昌尧（湛江幼儿师范专科学校）担任主编，由李晖（济源职业技术学院）、詹雪（南昌大学科学技术学院）、白广顺（贵州省电子信息高级技工学校）、黄宏晖（南京水利科学研究院）、焦立松（承德艺真文化传播有限公司）、姚汝（云南机电职业技术学院）、代琪怡（电子科技大学成都学院）和于宏宇（锦州师范高等专科学校）担任副主编。本书的相关资料可以扫描封底微信二维码或登录网址 www.bjzzwh.com 获得。

本书结构清晰，拥有一套完整、详细和实战性强的云计算与大数据方案，适合于云计算与大数据相关专业的院校作为教材使用，也适用于云计算与大数据的创业者、企业人工智能管理者和相关云计算与大数据技术的研发人员使用。

由于水平有限，书中存在的疏漏和不当之处，敬请各位专家及读者不吝赐教。

编　者

目 录

第 1 章 云计算的基本知识

第 2 章 国内主要云平台

第 3 章 国外主要云平台

第 4 章　政企云平台

第 5 章　教育信息化的发展

第 6 章　智能零售的应用

第 7 章 大数据的基本知识

第 8 章 大数据的精准营销

第 9 章 金融领域大数据应用

第 10 章 智能医疗大数据应用

第 11 章 服装和餐饮大数据应用

第 12 章 智慧城市大数据应用

第 1 章　云计算的基本知识

本章导读

云计算是一种与移动物联网存在紧密联系，并为其提供资源与服务的技术。它的出现，推动了移动物联网的进一步发展。本章主要介绍云计算的基本框架、体系中心和一些具体的应用案例，并对云计算数据的安全性审查做了详细讲解。

本章重点

- ➢ 云计算的基本框架
- ➢ 云计算的体系中心
- ➢ 云计算的应用案例

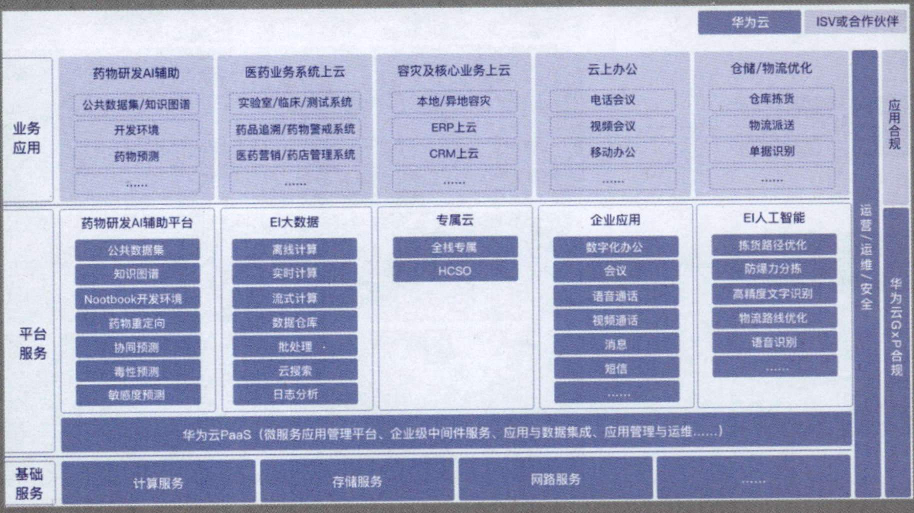

1.1 云计算的基本框架

经过十多年的发展，云计算已经成为不可抵挡的时代潮流。当人们说到大数据的时候，会想起云计算，当人们提起物联网的时候也会想起云计算，它们之间相辅相成而又不可分割。

1.1.1 云计算定义

云计算是通过互联网的算法平台，将共享软硬件上的资源和信息按照用户需求提供给计算机或其他设备。

云计算是一种虚拟化的资源，它意味着计算机处理数据的能力也可作为一种商品进行流通，和普通商品不同的是它是通过互联网进行传输的。这种模式赋予了它新的特征，如图 1-1 所示。

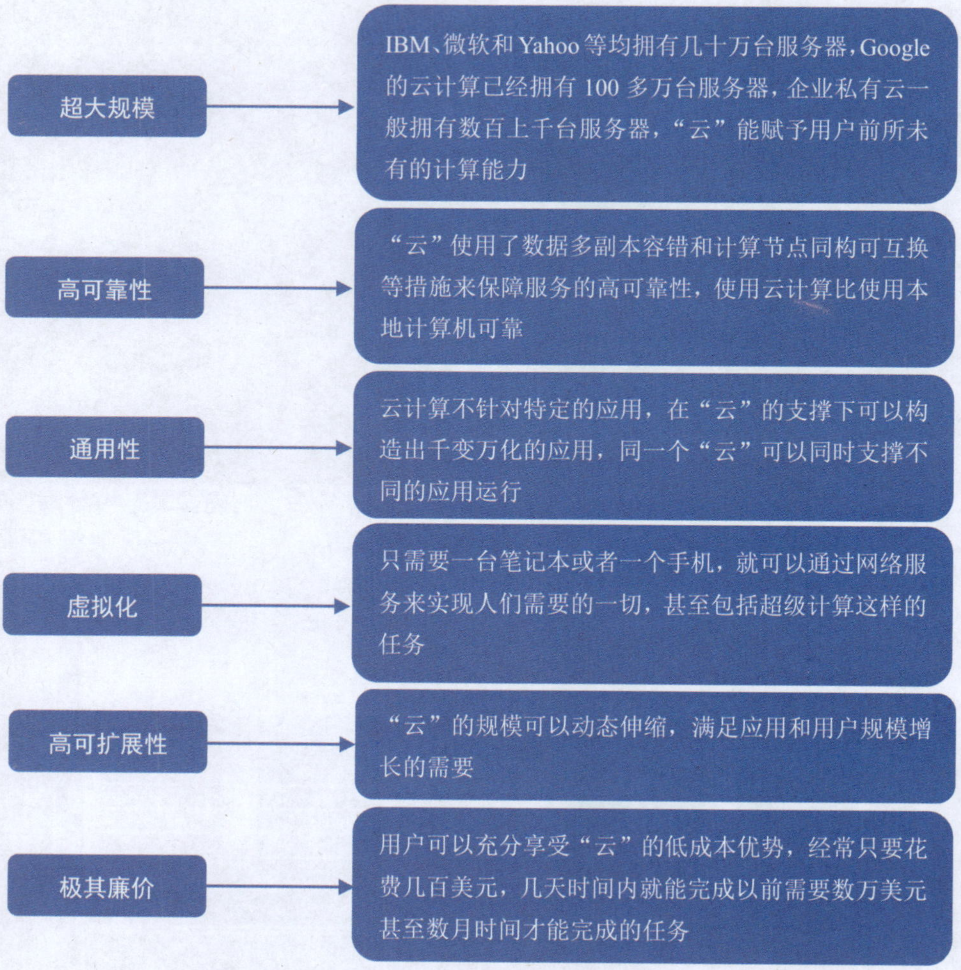
超大规模
IBM、微软和 Yahoo 等均拥有几十万台服务器，Google 的云计算已经拥有 100 多万台服务器，企业私有云一般拥有数百上千台服务器，“云”能赋予用户前所未有的计算能力
高可靠性
“云”使用了数据多副本容错和计算节点同构可互换等措施来保障服务的高可靠性，使用云计算比使用本地计算机可靠
通用性
云计算不针对特定的应用，在“云”的支撑下可以构造出千变万化的应用，同一个“云”可以同时支撑不同的应用运行
虚拟化
只需要一台笔记本或者一个手机，就可以通过网络服务来实现人们需要的一切，甚至包括超级计算这样的任务
高可扩展性
“云”的规模可以动态伸缩，满足应用和用户规模增长的需要
极其廉价
用户可以充分享受“云”的低成本优势，经常只要花费几百美元，几天时间内就能完成以前需要数万美元甚至数月时间才能完成的任务

图 1-1　云计算的特征

1.1.2　云计算背景

云计算是互联网、虚拟化技术和共享资源等先进系统和技术相结合的产物，云计算的出现是计算机发明和升级后的又一大转变。云计算是由包括分布式计算在内的六大软件系统联合演进而成的产物，具体过程如图 1-2 所示。

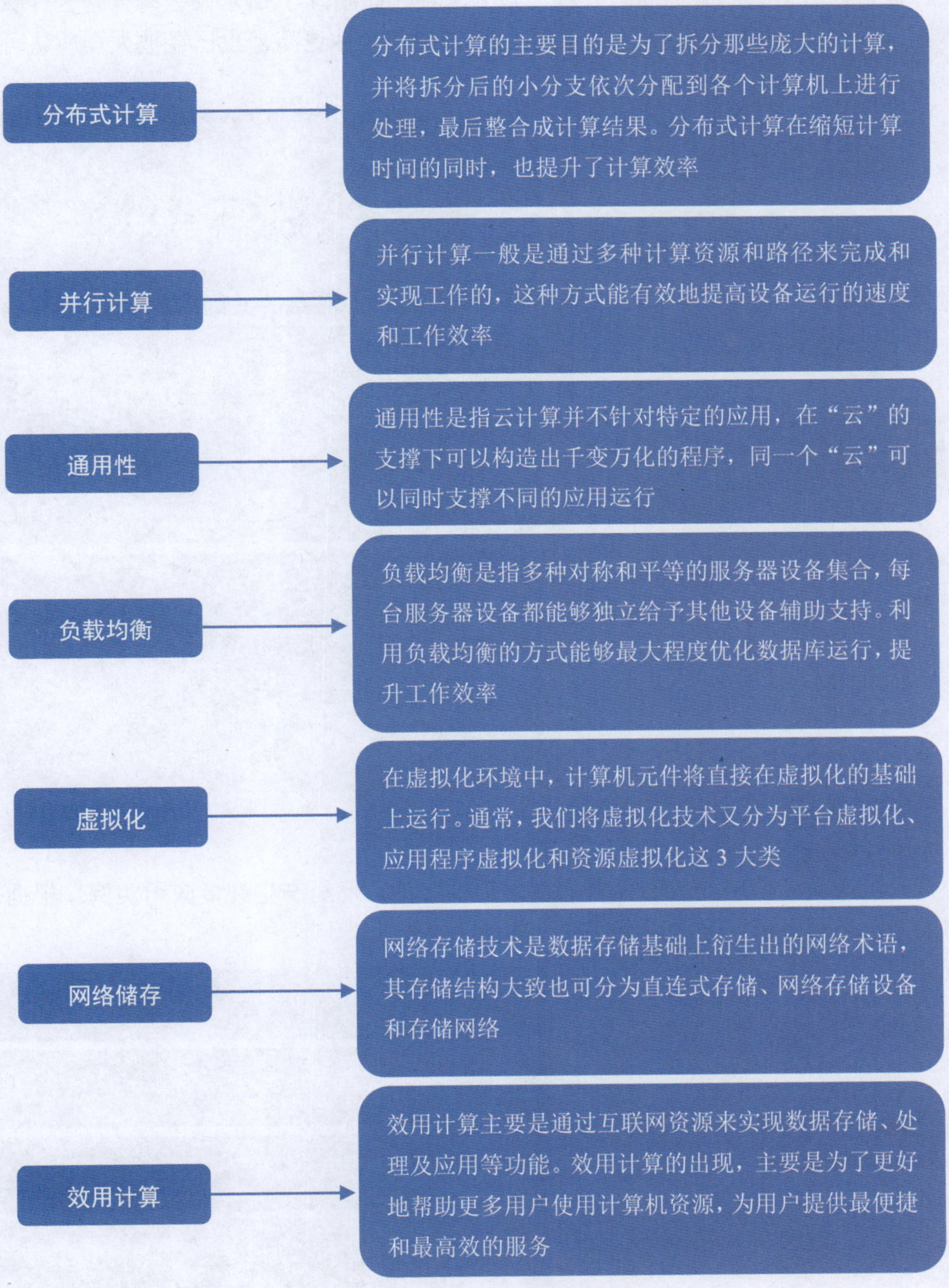
分布式计算
分布式计算的主要目的是为了拆分那些庞大的计算，并将拆分后的小分支依次分配到各个计算机上进行处理，最后整合成计算结果。分布式计算在缩短计算时间的同时，也提升了计算效率
并行计算
并行计算一般是通过多种计算资源和路径来完成和实现工作的，这种方式能有效地提高设备运行的速度和工作效率
通用性
通用性是指云计算并不针对特定的应用，在“云”的支撑下可以构造出千变万化的程序，同一个“云”可以同时支撑不同的应用运行
负载均衡
负载均衡是指多种对称和平等的服务器设备集合，每台服务器设备都能够独立给予其他设备辅助支持。利用负载均衡的方式能够最大程度优化数据库运行，提升工作效率
虚拟化
在虚拟化环境中，计算机元件将直接在虚拟化的基础上运行。通常，我们将虚拟化技术又分为平台虚拟化、应用程序虚拟化和资源虚拟化这 3 大类
网络储存
网络存储技术是数据存储基础上衍生出的网络术语，其存储结构大致也可分为直连式存储、网络存储设备和存储网络
效用计算
效用计算主要是通过互联网资源来实现数据存储、处理及应用等功能。效用计算的出现，主要是为了更好地帮助更多用户使用计算机资源，为用户提供最便捷和最高效的服务

图 1-2　云计算的演进过程

云计算的核心思想就是通过网络统一管理或资源调度等多种服务方式，按需付费使用，从而帮助企业达到资源整合和配置优化的目的，以满足不同用户的需求。

1.1.3 云计算分类

云计算可以分为公有云、私有云和混合云三种，如图 1-3 所示。公有云是云计算的主要形态，在国内发展得极为迅速。私有云比公有云的安全性更高，也已经被大众所认可，如今也是发展得如火如荼。

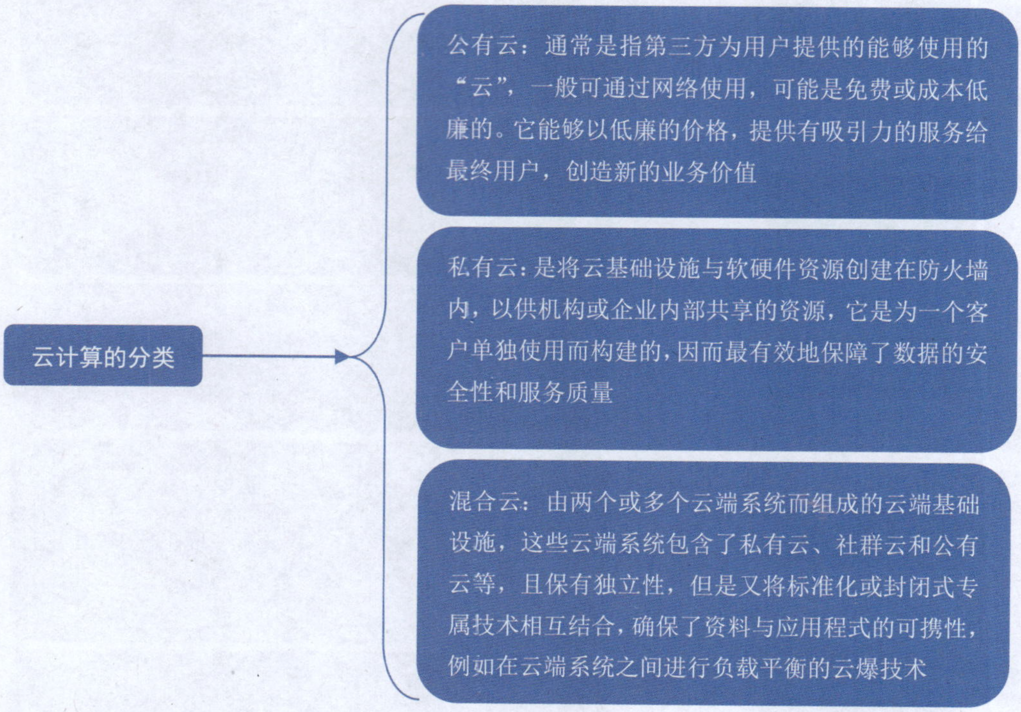
云计算的分类
公有云：通常是指第三方为用户提供的能够使用的“云”，一般可通过网络使用，可能是免费或成本低廉的。它能够以低廉的价格，提供有吸引力的服务给最终用户，创造新的业务价值
私有云：是将云基础设施与软硬件资源创建在防火墙内，以供机构或企业内部共享的资源，它是为一个客户单独使用而构建的，因而最有效地保障了数据的安全性和服务质量
混合云：由两个或多个云端系统而组成的云端基础设施，这些云端系统包含了私有云、社群云和公有云等，且保有独立性，但是又将标准化或封闭式专属技术相互结合，确保了资料与应用程式的可携性，例如在云端系统之间进行负载平衡的云爆技术

图 1-3　云计算的分类

公有云可在当今整个开放的公有网络中提供服务，已经产生许多应用实例。根据市场参与者的类型，公有云可以分为以下四类，如图 1-4 所示。

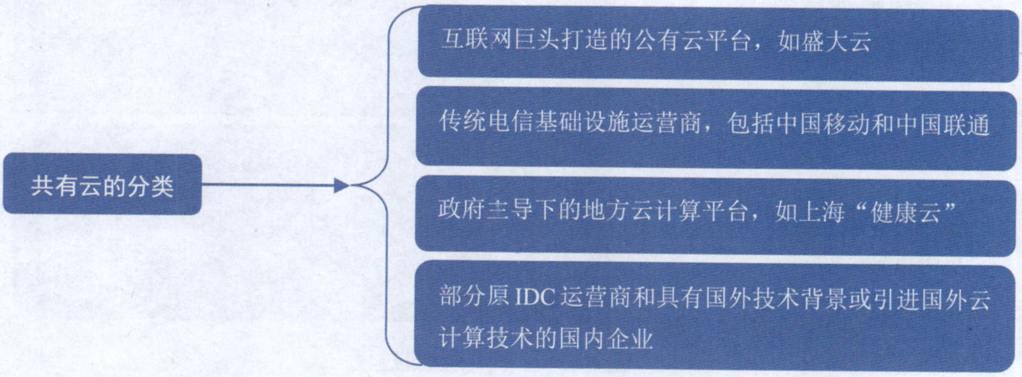
共有云的分类
互联网巨头打造的公有云平台，如盛大云
传统电信基础设施运营商，包括中国移动和中国联通
政府主导下的地方云计算平台，如上海“健康云”
部分原 IDC 运营商和具有国外技术背景或引进国外云计算技术的国内企业

图 1-4　共有云的分类

1.1.4　云计算技术

云计算作为一种基于互联网的计算方式，是一种技术的综合应用构成方式，运用许多行业领先技术，例如虚拟化技术、数据存储技术、平台管理技术、数据管理技术和编程模型等，如图 1-5 所示。

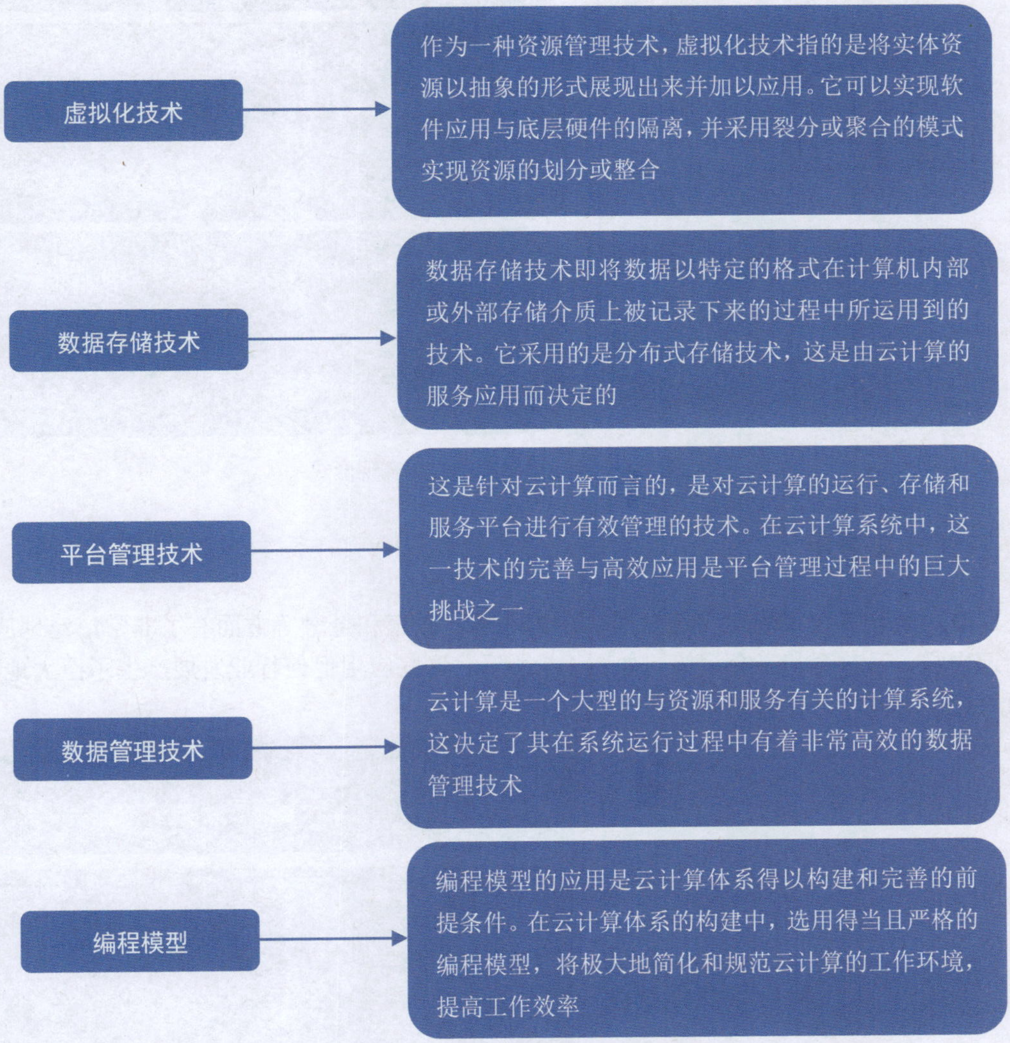
虚拟化技术
作为一种资源管理技术，虚拟化技术指的是将实体资源以抽象的形式展现出来并加以应用。它可以实现软件应用与底层硬件的隔离，并采用裂分或聚合的模式实现资源的划分或整合
数据存储技术
数据存储技术即将数据以特定的格式在计算机内部或外部存储介质上被记录下来的过程中所运用到的技术。它采用的是分布式存储技术，这是由云计算的服务应用而决定的
平台管理技术
这是针对云计算而言的，是对云计算的运行、存储和服务平台进行有效管理的技术。在云计算系统中，这一技术的完善与高效应用是平台管理过程中的巨大挑战之一
数据管理技术
云计算是一个大型的与资源和服务有关的计算系统，这决定了其在系统运行过程中有着非常高效的数据管理技术
编程模型
编程模型的应用是云计算体系得以构建和完善的前提条件。在云计算体系的构建中，选用得当且严格的编程模型，将极大地简化和规范云计算的工作环境，提高工作效率

图 1-5　云计算的技术体系

1.1.5　云计算服务

在云计算领域中，用户所获取的服务内容是基于网络的，具有与其他服务不同的特征。对于用户来说，通过虚拟化的服务，他们无需了解数据来源就可以方便地参与资源共享，享受资源红利。在时代迅速发展的环境下，云计算服务的形式也呈现出多样化的特征，主要包括三类表现形式，如图 1-6 所示。

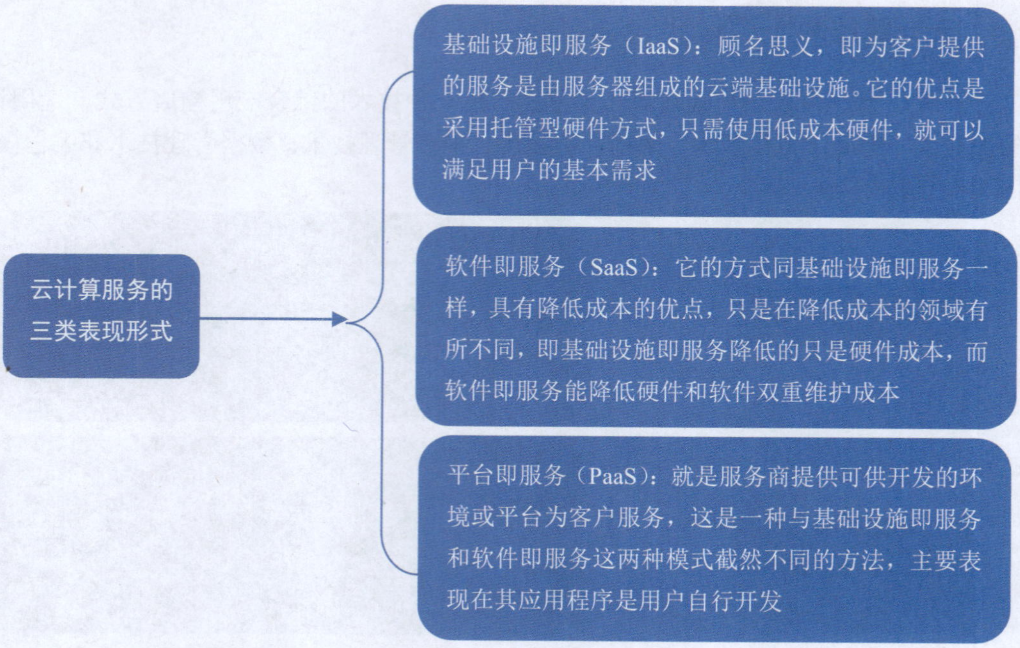
云计算服务的
三类表现形式
基础设施即服务（IaaS）：顾名思义，即为客户提供的服务是由服务器组成的云端基础设施。它的优点是采用托管型硬件方式，只需使用低成本硬件，就可以满足用户的基本需求
软件即服务（SaaS）：它的方式同基础设施即服务一样，具有降低成本的优点，只是在降低成本的领域有所不同，即基础设施即服务降低的只是硬件成本，而软件即服务能降低硬件和软件双重维护成本
平台即服务（PaaS）：就是服务商提供可供开发的环境或平台为客户服务，这是一种与基础设施即服务和软件即服务这两种模式截然不同的方法，主要表现在其应用程序是用户自行开发

图 1-6　云计算服务的四类表现形式

1.1.6　云计算应用

目前，云计算在市场上飞速发展，在物联网、教育和金融等方面有了非常广泛地应用，例如云物联、云教育和云会议等，如图 1-7 所示。这些应用促使行业发展产生了巨大地变革，从而兴起了一波“云计算热”。

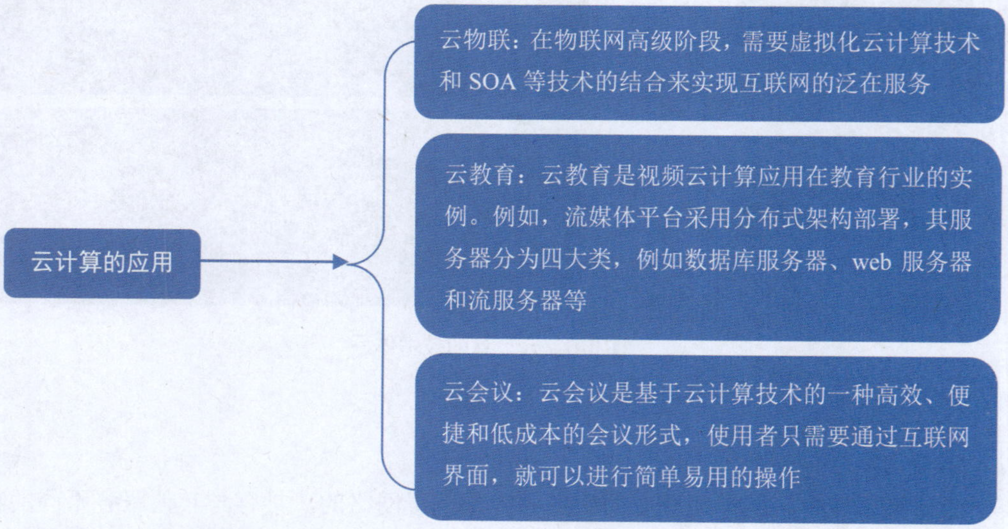
云计算的应用
云物联：在物联网高级阶段，需要虚拟化云计算技术和 SOA 等技术的结合来实现互联网的泛在服务
云教育：云教育是视频云计算应用在教育行业的实例。例如，流媒体平台采用分布式架构部署，其服务器分为四大类，例如数据库服务器、web 服务器和流服务器等
云会议：云会议是基于云计算技术的一种高效、便捷和低成本的会议形式，使用者只需要通过互联网界面，就可以进行简单易用的操作

图 1-7　云计算的应用

互联网的优势之一就是打破了地域的界限，形成了统一的商业大市场，而云计算的应用为这个市场的个性化需求提供了切合的产品，它把运营成本降到了最低。企业只需专注于创

意和技术等核心环节，运营和管理将不再重要。

1.2　云计算的体系中心

在移动物联网领域，云计算有如其大脑中枢，为移动物联网提供数据进行运算和处理，并利用所得的结果为移动物联网服务。由此可知，云计算在促进移动物联网的发展和体系构建中发挥着重要作用。

云计算是适应互联网海量数据存储和处理需求而产生的，并随着数据量的飞速增长，特别是在物联网时代，云计算与移动物联网之间形成了非常紧密的联系，如图 1-8 所示，促进了时代环境下服务与应用新模式的发展。

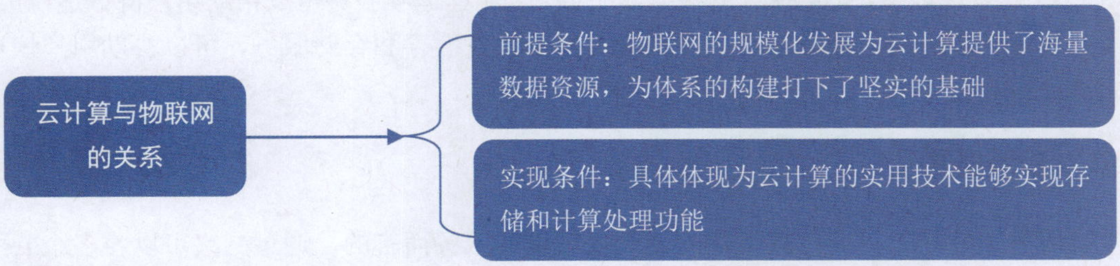
云计算与物联网的关系
前提条件：物联网的规模化发展为云计算提供了海量数据资源，为体系的构建打下了坚实的基础
实现条件：具体体现为云计算的实用技术能够实现存储和计算处理功能

图 1-8　云计算与物联网的关系

> **▶ 专家指点**
>
> 要想透彻了解移动物联网，首先要对云计算技术有一定程度地了解，只有这样才能在移动物联网的应用和发展过程中占据优势。云计算与物联网的紧密结合，可以更好地促进企业构建云计算的体系中心。

1.2.1　数据采集

云计算与移动物联网关系密切，已经形成了不可分割的应用和利益整体，而它们在各方面的结合充分体现了现在和未来的发展趋势。数据采集，英文全称为 Data Acquisition，缩写为 DAQ，从其字面分解来看，就是有关于数据的采集过程。

关于数据采集的基本过程，主要由两部分组成，即数据采集的准备过程和采集过程，如图 1-9 所示。

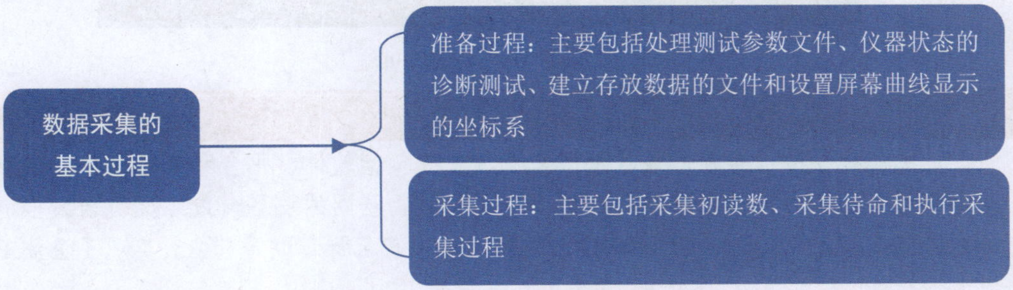
数据采集的基本过程
准备过程：主要包括处理测试参数文件、仪器状态的诊断测试、建立存放数据的文件和设置屏幕曲线显示的坐标系
采集过程：主要包括采集初读数、采集待命和执行采集过程

图 1-9　数据采集的基本过程

基于现今的时代环境，数据采集是适应时代发展趋势的必然环节。它是各行各业不同格式数据的一个集合过程，可以说数据采集实现了云计算与移动物联网的结合，是连接移动物联网与云计算的中间环节。

1.2.2 云数据中心

相较于数据采集而言，云数据中心更是云计算与移动物联网结合的充分体现。在移动物联网与云计算结合的推动下，传统数据中心经历了一系列的发展转变逐渐形成了云数据中心，具体发展类型如下。

（1）托管型，即公司客户可以选择将全部或部分数据外包给其他数据中心。

（2）服务管理型，即为企业提供数据库运维和智能诊断等功能的云平台。

（3）托管管理型，完全托管的数据库服务，全流程运维服务可以帮助用户降低运维成本。

云计算管理型，即高性能、大容量和可靠的弹性缓存和存储服务，可以协助用户快速部署企业应用。

1.2.3 云服务中心

云服务中心是针对云计算提供的遍及各领域的服务而言的，通过网络可以将多个云服务中心联合起来。例如，通过太平洋电信 SDN 骨干网络，可以将阿里云、AWS、微软云、华为云和腾讯云连接起来，统一发挥作用，如图 1-10 所示。

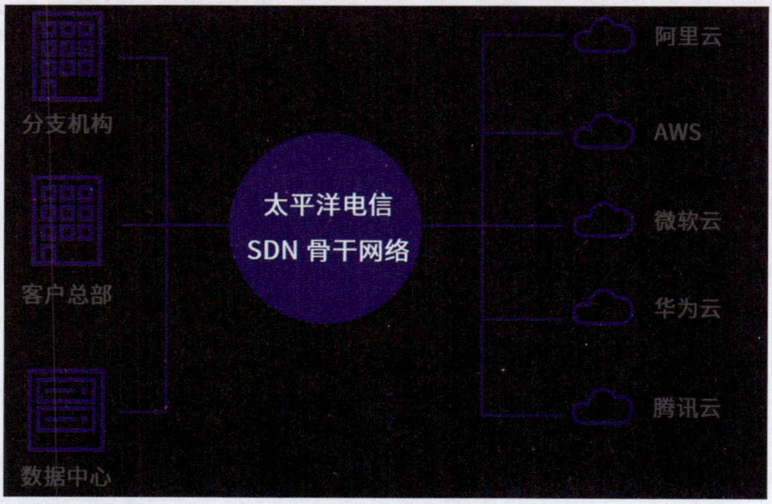

图 1-10　云服务中心

> **▶ 专家指点**
>
> 云计算所提供的服务从其表现形式来看，主要包括软件、平台和基础设施，云服务中心就是基于此三个方面提供的服务，它促进了移动物联网的发展，最终反过来又推进云计算能力的提高。太平洋电信 SDN 骨干网络将物联网与云计算联合起来，实现了企业工作效率极大地提高。

1.2.4　企业 2.0

企业 2.0 作为一种具有鲜明特征的企业形态，经历了从概念产生到发展的过程。无论是数据采集、云数据中心或云服务中心，它们都是基于数据领域的云计算与移动物联网相结合的应用，而在企业 2.0 里，它将脱离数据这一概念范畴，成为直指社会的泛化应用。因此，云计算与移动物联网都是支撑创新 2.0 时代的技术应用，它属于企业 2.0 的范畴，可以说企业 2.0 是云计算与移动物联网的结合。

如今，一些企业品牌都面临着品牌传播范围有限、品牌口碑效应差或用户程度低等问题，如图 1-11 所示。企业品牌的创建对企业营销来说是至关重要的一个环节，品牌创建不到位很有可能导致用户的流失。

企业品牌营销所面临的困境
品牌缺乏足够的公众认知度，缺乏曝光以及后续的持续影响力，与竞品相比较为被动
口碑效应
认知程度
品牌口碑效应差
产品质量很好但卖不过杂牌？很多时候是因为品牌的口碑建设不到位，用户选择时没有可靠的参考信息。
用户认知程度低
用户感觉产品不错，但网络上甚至找不到公司或品牌的信息，最终导致无奈放弃。

图 1-11　企业品牌营销困境

许多企业花了大量的广告预算但实际成交者寥寥，获客成本居高不下，很大程度上是由于品牌有效信息的缺失，缺乏信服力和号召力，导致客户的成交意愿低，如图 1-12 所示。

品牌有效信息少，客户成交意愿低到底该怎么办
广告投放了很多，但客户不信任问题到底在哪儿，我们的品牌到底有没有给客户传递价值？
正面信息少
网络上没有有用的可供参考的信息
我们的用户在做购买决策的时候难以选择
信息陈旧过期
有一定的信息但都是几年以前的陈旧信息
客户怀疑我们是否还存在，业务是否还在持续
口碑就是企业的生命
失实差评信息
网上一查到处是失实甚至差评信息
那个用户谁买一个别人都说不好的东西呢
查不到有效信息
企业或者品牌在网络上的信息寥寥可数
网络不是酒香不怕巷子深，好产品不让人看
会买单

图 1-12　企业有效信息少

在企业 2.0 的概念中，其核心就在于企业的业务形态。一方面，它促进了业务效益提高的创新形态，把产品和服务创新、企业利润和业务成本等紧密联系起来；另一方面，积极打造企业核心竞争力方面的业务形态，把客户管理和员工管理发展到新高度，如图 1-13 所示。

可预期的效果提升 小品牌也可以有大作为
我们帮助做好全网的品牌信息铺设和价值塑造，通过我们的营销服务，您可预期得到以下7个方面的效果提升
品牌热度提升
通过社群话题制造，问答，评论引导、头条热点等植入品牌信息，提升品牌在网络上的活跃度。
降低获客成本
任何不实信息对企业品牌的影响都是巨大的，好产品拥有好的评价，就会有更多的客户愿意买单。
客户信任度提升
品牌在全网持续的信息输出，并保持一定热度，让网民随时能够查询到我们，提升客户对我们的信任感。
品牌口碑效应提升
口碑需要长期的价值塑造和积累，随着口碑建设的优化，客户量的提升，品牌在业界的口碑效应也会随之增大
在线沟通 >>

图 1-13　企业有效信息少

其中，注重分享的业务管理形态是云计算与移动物联网结合的重要表现，它使得企业成员能实现更便捷地沟通，形成一个稳定的企业 2.0 社区。其实，企业 2.0 就是新时代背景下发展的企业转型策略。因此，通过其平台有效地实施，企业 2.0 在多个方面体现了它的应用价值，如图 1-14 所示。

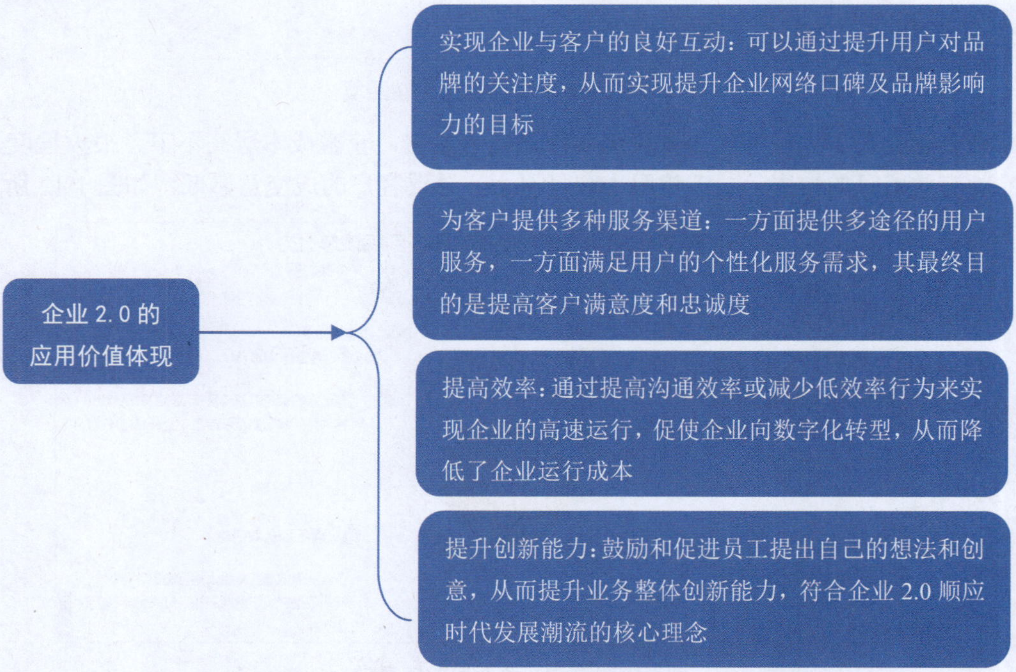
企业 2.0 的应用价值体现
实现企业与客户的良好互动：可以通过提升用户对品牌的关注度，从而实现提升企业网络口碑及品牌影响力的目标
为客户提供多种服务渠道：一方面提供多途径的用户服务，一方面满足用户的个性化服务需求，其最终目的是提高客户满意度和忠诚度
提高效率：通过提高沟通效率或减少低效率行为来实现企业的高速运行，促使企业向数字化转型，从而降低了企业运行成本
提升创新能力：鼓励和促进员工提出自己的想法和创意，从而提升业务整体创新能力，符合企业 2.0 顺应时代发展潮流的核心理念

图 1-14　企业 2.0 的应用价值体现

1.3　云计算的应用案例

物联网时代的今天，越来越多的企业意识到云计算的重要性，并将云计算投入到生产及产品中去，为企业带来了全新的创业方向、商业模式和投资机会。本节主要介绍云计算在建设智能社会中的实际行动。

1.3.1　健康云

上海市市北医院健康云系统是全国建成的第一朵健康云，此举对云计算在行业市场的应用有着极为重要的借鉴意义。该套健康云系统是基于华为和易可思复高等平台共同打造，在试运行中表现良好，效果远超预期。图 1-15 所示，为华为医药云解决方案。

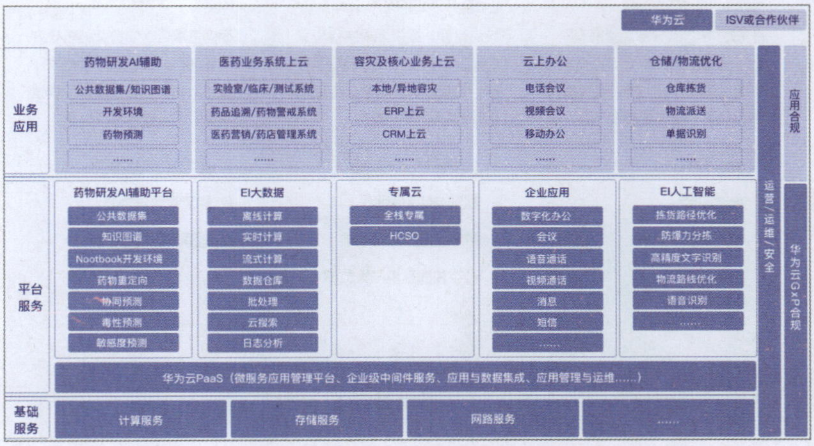

图 1-15　华为医药云解决方案

基于云计算平台上 EI 大数据和各种专属云医疗诊治软件，其业务处理速度和信息传递效率大大超过以往，给病患带来了极大地便利。除此之外，部署健康云系统后，还具有省电、省空间和减少噪音等功能。健康云系统又可分为 3 个基础层，如图 1-16 所示。

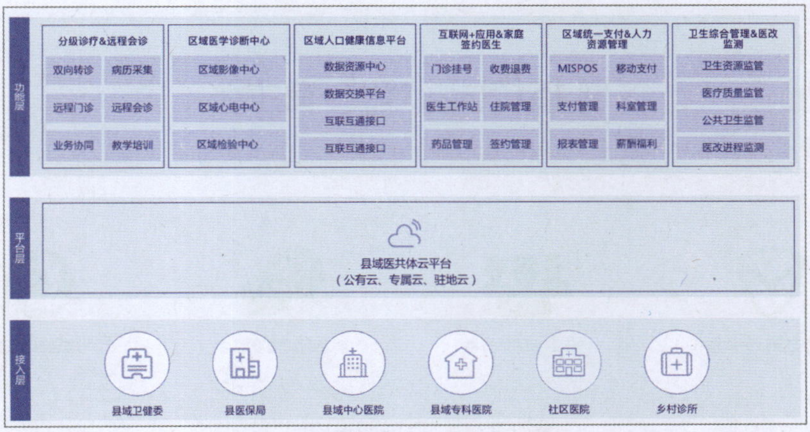

图 1-16　健康云系统的 3 个基础层

华为在通信行业的经验，加上其对云计算基础技术的实践积累，使得华为云计算平台功能层、平台层和接入层的对接能力和兼容能力都非常强大，促进了上海市北医院健康云的成功创建。

1.3.2 教育云

为助力校园升级，腾讯结合多资源平台，打造了 AI 教学、高效教育和 K12 教育等智能教学环境，如图 1-17 所示。

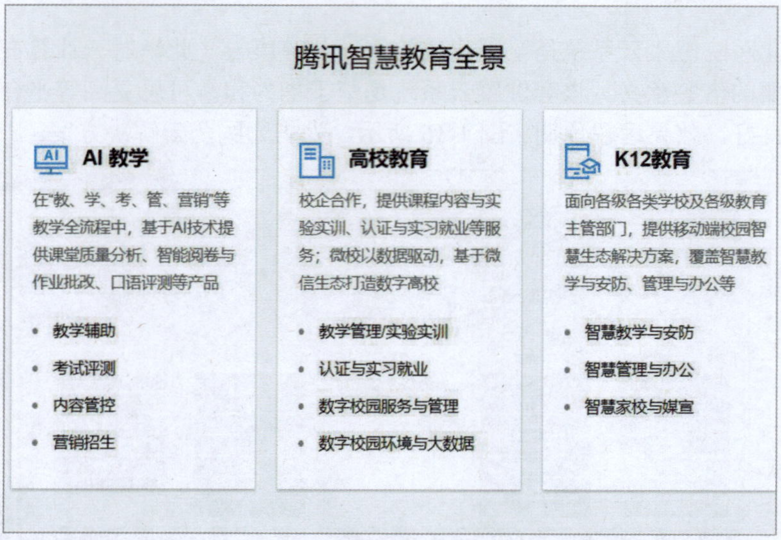
腾讯智慧教育全景
AI 教学
在"教、学、考、管、营销"等教学全流程中，基于AI技术提供课堂质量分析、智能阅卷与作业批改、口语评测等产品
教学辅助
考试评测
内容管控
营销招生
高校教育
校企合作，提供课程内容与实验实训、认证与实习就业等服务；微校以数据驱动，基于微信生态打造数字高校
教学管理/实验实训
认证与实习就业
数字校园服务与管理
数字校园环境与大数据
K12教育
面向各级各类学校及各级教育主管部门，提供移动端校园智慧生态解决方案，覆盖智慧教学与安防、管理与办公等
智慧教学与安防
智慧管理与办公
智慧家校与媒宣

图 1-17　腾讯智慧教育云

利用教育云平台，腾讯为校园打造了一系列智慧教育应用，例如智能阅卷、作业批改、口语测评和课堂质量分析等，有利于推动校企合作，帮助校园进行数字化升级。

只有营造一个积极向上的智能环境，才能找到适合学生发展的教学方法，为学校教育提供新的途径和策略。腾讯智慧教育为学校提供了一个“互联网＋校园”的智慧生态解决方案，如图 1-18 所示。

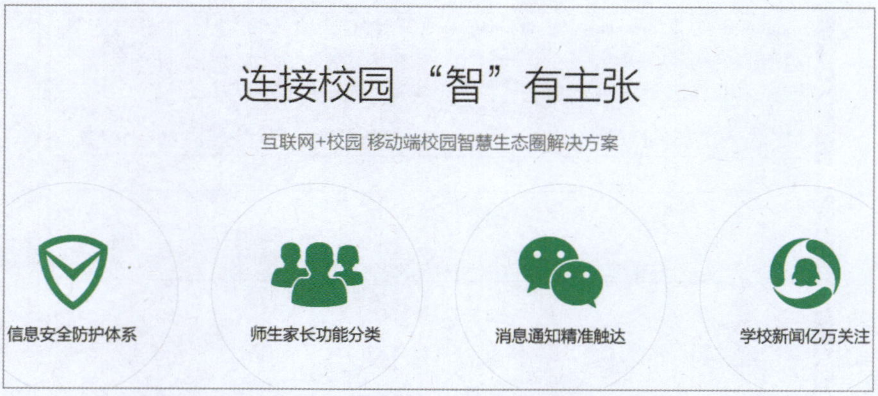
连接校园 “智” 有主张
互联网+校园 移动端校园智慧生态圈解决方案
信息安全防护体系
师生家长功能分类
消息通知精准触达
学校新闻亿万关注

图 1-18　“互联网＋校园”

部分家长可能因为工作忙碌无法及时关注学校的活动信息，无法了解孩子的基本动态，考虑到这一点，腾讯教育云平台还研发了智慧消息功能，如图 1-19 所示。

NEWS
智慧
消息
校园新闻，走不出学校的圈？
学校新闻，门户推荐
整合校园自媒体，打造高校媒体平台。
校园新闻推荐至腾讯新闻客户端，数亿网民能看到。

图 1-19　智慧消息

将校园信息与微信企业号相联合，可以每天无限量定时发布校园信息，并实时进行校园数据分析跟踪，确保每一位家长都能及时关注学校信息，方便快捷。同时，腾讯教育云平台还具有信息保密功能，不支持校外查看，保障精准送达的同时还能保护校园信息的安全，为每一个学生提供安全的成长环境。

腾讯教育云平台还为每一个学生提供了智慧学习功能，如图 1-20 所示。智慧学习是指学生在手机移动端可以一键查课表、成绩学分或者空自习室等校园数据，并且可以实现手机无线解决课程考勤问题。

到
智慧
学习
在点名的路上、可以走的很欢快
点名不用喊，答到不看脸
手机无线解决课程考勤老问题，一键点名签到、学期考勤汇总。
学生宿舍睡觉，舍友伪装答到的日子一去不返了。

图 1-20　智慧学习

智慧学习可以将数据精确定位到每一个学生，包括他们的上课状况、自动完成课堂点名状况和学生听课质量评估等。这种模式推动了学习方式的改革和教学模式的创新，提升了课堂检测的效果，而且使学校班级建设更加全面化和智能化。

腾讯教育云平台的优越性还体现在它为学生打造了一套包括教学和生活上的全栈式校园生活，如图 1-21 所示。利用微信它可以解决所有的校园缴费，例如学费和水电费等。

智慧
生活
饭卡空空的，手机来充值
餐费学费都能交
微信支付解决一切缴费难题，一卡通、学费、水电、手机，实时充值。
学校补助、奖学金，发放到人更简单。生活服务功能全。

图 1-21　智慧生活

另外，智慧生活还为学生提供了一个统一的社团活动平台，在没有外界社会信息的干扰下，为学生打造了一个纯净的活动交流中心。腾讯在云计算的基础上，实现了教育与实践的充分融合，给学校带来了实实在在地改变，推动了教育信息化的发展。

1.3.3　金融云

金融壹帐通是国内客户数最多的金融商业云平台，集智能运营、智能问答、模型系统和标签系统为一体，如图 1-22 所示。

金融壹账通
ONECONNECT
面向金融机构的商业科技云服务平台

图 1-22　金融壹帐通智能化系统

云计算技术的运用，将客户端与坐席端相连接，使用户在智能电话中能得到更高级的金融营销服务，其保密性也更高，如图 1-23 所示。它还提供智能在线机器人、智能知识平台、智能质检和坐席辅助功能，帮助企业进行售后跟踪。

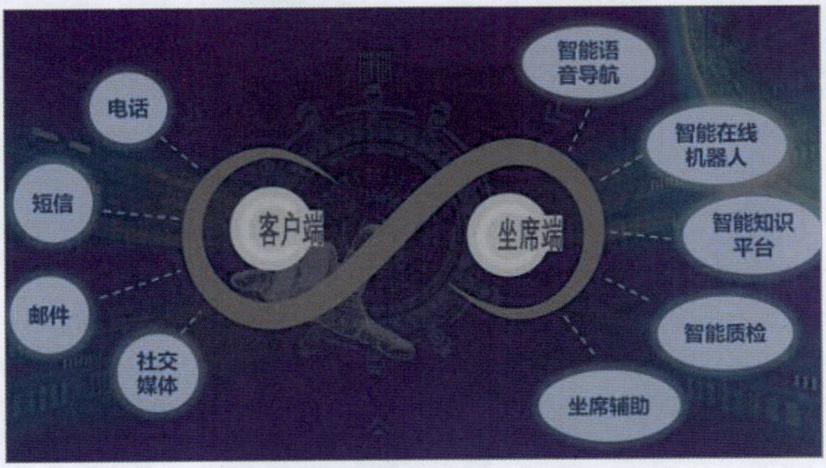

图 1-23　连接客户端与坐席端

银行与金融一般是分不开的。金融壹帐通有专属的银行云系统，能够为银行用户提供专属的服务，即移动银行 SaaS 服务，如图 1-24 所示。该系统能够帮助银行扩张线上业务，全面提升银行的服务能力。

图 1-24　智能银行 SaaS 服务

▶ 专家指点

充分利用云计算、大数据和物联网等技术，金融云平台将科技与常规金融模式相结合，进行多维度的数据分析，为用户提供了高质量的金融服务，也为银行和企业减轻了负担，营造了一个智能、安全和便捷的金融市场。

1.3.4　云试点

云计算作为一种新兴产业，自出现以来就备受关注，其中一个重要的表现领域就是市政建设方面的应用，如图 1-25 所示。

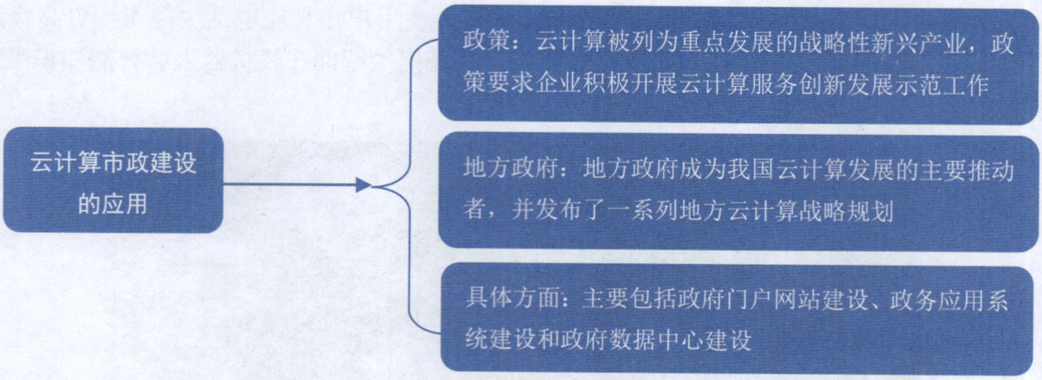
云计算市政建设的应用
政策：云计算被列为重点发展的战略性新兴产业，政策要求企业积极开展云计算服务创新发展示范工作
地方政府：地方政府成为我国云计算发展的主要推动者，并发布了一系列地方云计算战略规划
具体方面：主要包括政府门户网站建设、政务应用系统建设和政府数据中心建设

图 1-25　云计算市政建设的应用

下面就以深圳市为例，具体介绍云计算在市政建设方面的应用。深圳市电子政务建设实行云试点项目，很好地顺应了时代发展的需求，有效地提升了其服务水平。从深圳市电子政务云计算应用的具体实施和成果来看，主要包括五个方面的内容，如图 1-26 所示。

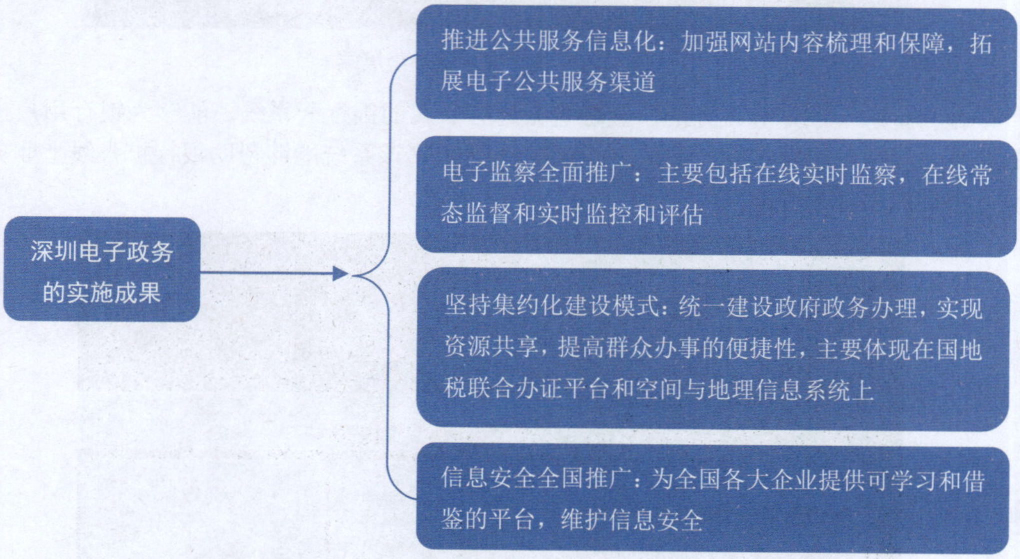
深圳电子政务的实施成果
推进公共服务信息化：加强网站内容梳理和保障，拓展电子公共服务渠道
电子监察全面推广：主要包括在线实时监察，在线常态监督和实时监控和评估
坚持集约化建设模式：统一建设政府政务办理，实现资源共享，提高群众办事的便捷性，主要体现在国地税联合办证平台和空间与地理信息系统上
信息安全全国推广：为全国各大企业提供可学习和借鉴的平台，维护信息安全

图 1-26　深圳电子政务的实施成果

1.4　云计算的安全性审查

云计算是一个极大的数据统计和应用平台，衍生出了许多云应用，具有许多优点，但是部分用户仍无法完全信任云计算系统。因为即便是世界著名的品牌服务商，也没有办法百分百保障云计算系统的安全性与可靠性。所以，在云储存的过程中，如果对用户服务数据的完整性进行审计，并验证其服务提供者正确合规地持有该数据，将会是一件很有意义的研究工作。本节主要介绍云储存的基本知识、云储存与云的关系以及云数据的隐私与隔离措施，以帮助读者更好地了解云计算。

1.4.1　云储存系统

云储存的概念大致与云计算相同，即通过集群、网络以及分布式系统来实现存储设备与软件的协调，为外界提供专业且快速的数据访问和存储服务。云储存系统的应用，不仅节约了企业云的存储空间，也最大程度地保障了数据的安全。

云储存的工作原理是利用网络进行程序拆分，再将拆分出来的子程序分别交给服务器进行计算处理，所有环节完成后再由服务器传回给用户。云储存不只是硬件，而是由多个分支构成的综合系统。

云储存这一全新概念是利用多种先进技术的集合协同所构成的，它是一个虚拟化性质的综合储存系统，是以存储设备作为核心，通过应用软件为用户提供服务，回应需求。图 1-27 所示，为云储存的应用结构。

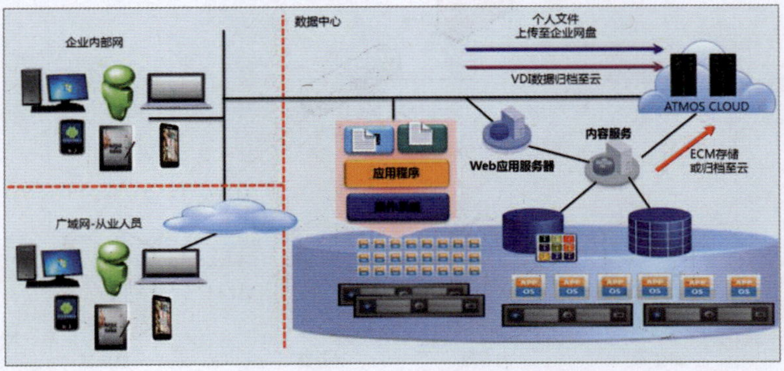
企业内部网
数据中心
个人文件
上传至企业网盘
VDI数据归档至云
ATMOS CLOUD
内容服务
Web应用服务器
ECM存储
或归档至云
应用程序
广域网-从业人员

图 1-27　云储存的应用结构

与此同时，云存储结构模型也是云存储系统的重要组成部分。图 1-28 所示，为云储存的结构模型，其主要包括访问层、接口层、管理层和存储层。

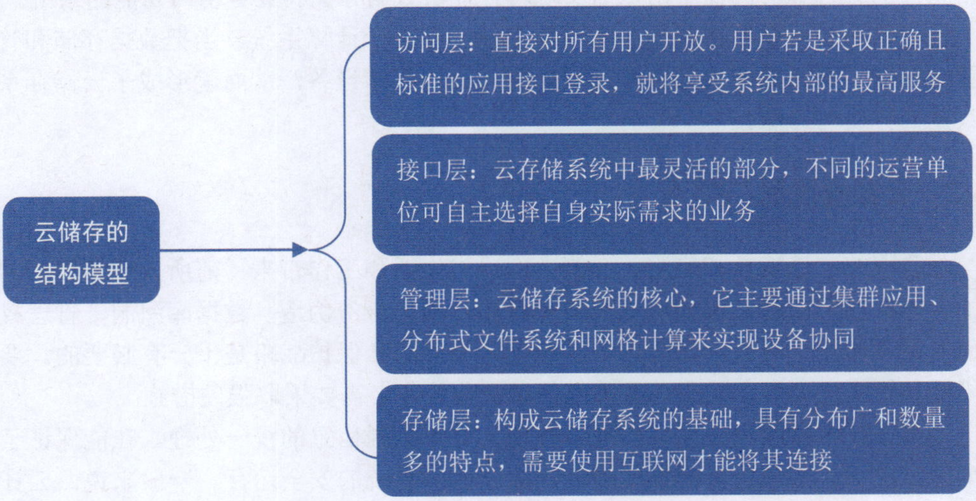
云储存的结构模型
访问层：直接对所有用户开放。用户若是采取正确且标准的应用接口登录，就将享受系统内部的最高服务
接口层：云存储系统中最灵活的部分，不同的运营单位可自主选择自身实际需求的业务
管理层：云储存系统的核心，它主要通过集群应用、分布式文件系统和网格计算来实现设备协同
存储层：构成云储存系统的基础，具有分布广和数量多的特点，需要使用互联网才能将其连接

图 1-28　云储存的结构模型

1.4.2 云储存与云的关系

云计算是分布式处理、并行处理以及网格计算相协调而共同发展的，能够透过网络自动拆分计算处理程序，然后利用服务器将计算分析结果传递给用户，实现与“超级计算机”同等的网络服务。建设云计算系统是为了将独立的运算统一集合，并迁移到规模庞大的服务器“云”中，再由云系统直接回应用户请求。总的来说，数据运算与处理是云计算系统的核心。图 1-29 所示，为云服务器系统应用架构。

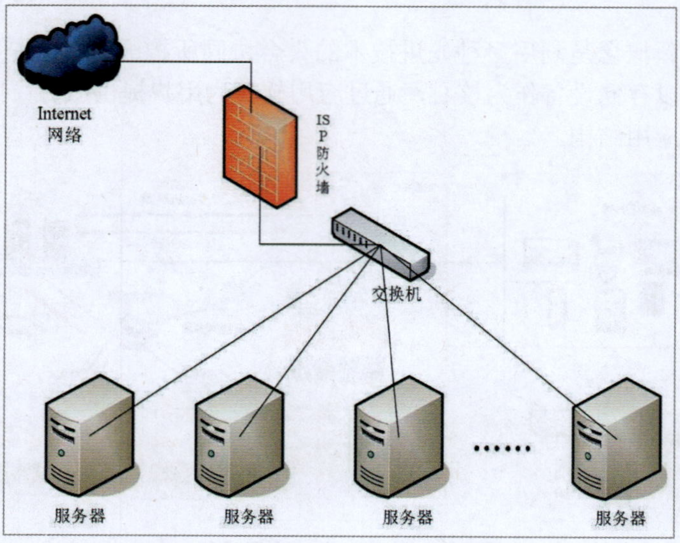

图 1-29 云服务器系统应用架构

云储存是云计算概念基础之上的进一步衍生，是通过其主要功能来满足网络存储设备中应用软件的集合和协同需求，从而实现对外提供数据存储和业务访问功能的系统。

云储存系统可以看作是一个大容量存储空间的云计算系统。当把数据存储和管理作为云计算的核心，那么系统内部也将需要配置大量的存储设备，从而就形成了云储存系统，实现了数据的分析与存储。

1.4.3 云数据隐私与隔离

互联网的广泛普及和应用，在给人们日常生活和工作带来了前所未有便捷的同时，也带来了一些潜在的威胁，例如非法拷贝和打印、用户身份伪造、数据库漏洞、管理权限泄露和外部入侵攻击等。在云计算应用中实施个人信息隐私保护战略是十分有必要的。要想最大程度降低和解决这一潜在隐患，有关部门和企业就务必需要采取强硬措施。

只有在技术和政策方面双向展开行动，进行数据信息的统一处理，在能保证云计算运行安全的情况下，实施可持续发展战略，才能保障系统的安全运行。一般来说，云计算个人隐私遭到侵犯的原因及应对措施主要可分为以下三点，如图 1-30 所示。

随着云计算技术逐渐走向成熟，陆续出现了三种完善且高效率的架构，帮助云计算系统实现了数据隔离，如图 1-31 所示。

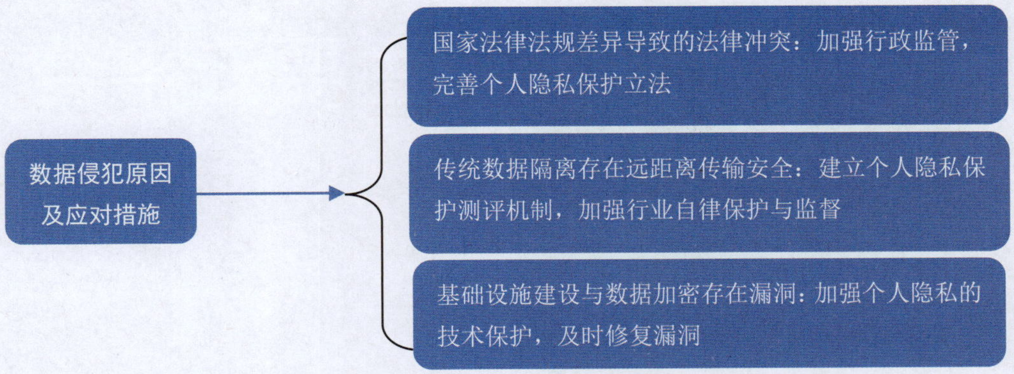
数据侵犯原因
及应对措施
国家法律法规差异导致的法律冲突：加强行政监管，完善个人隐私保护立法
传统数据隔离存在远距离传输安全：建立个人隐私保护测评机制，加强行业自律保护与监督
基础设施建设与数据加密存在漏洞：加强个人隐私的技术保护，及时修复漏洞

图 1-30　数据侵犯原因及应对措施

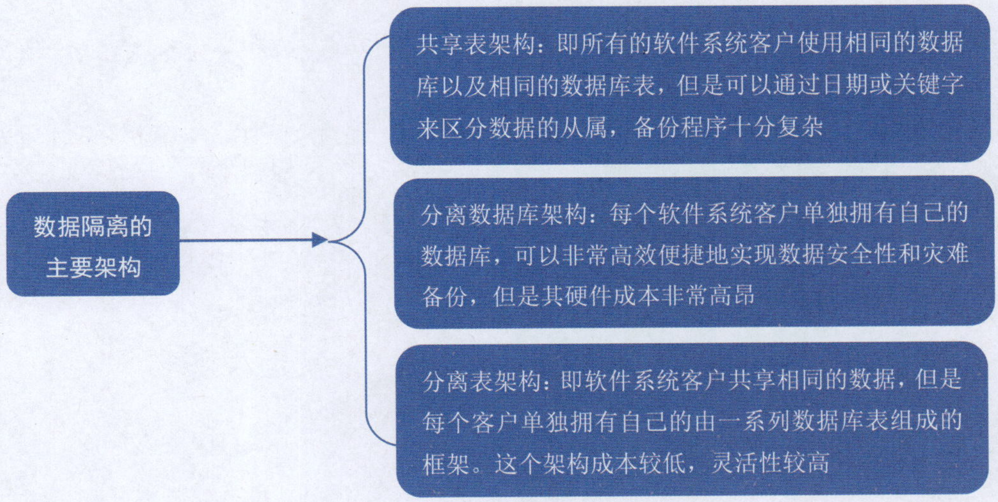
数据隔离的
主要架构
共享表架构：即所有的软件系统客户使用相同的数据库以及相同的数据库表，但是可以通过日期或关键字来区分数据的从属，备份程序十分复杂
分离数据库架构：每个软件系统客户单独拥有自己的数据库，可以非常高效便捷地实现数据安全性和灾难备份，但是其硬件成本非常高昂
分离表架构：即软件系统客户共享相同的数据，但是每个客户单独拥有自己的由一系列数据库表组成的框架。这个架构成本较低，灵活性较高

图 1-31　数据隔离的主要架构

因此，相关部门与企业需要定期对系统和架构进行维护和优化。在设计云端系统初期，一定要先对系统架构展开全面分析和考察，只有这样才能最大程度地提升系统运行的安全。

本章小结

本章主要通过介绍云计算的定义、背景、分类、技术和服务等，帮助读者初步了解云计算的基本框架，然后介绍了云计算的体系中心和应用案例，最后对云计算的安全性审查做了详细描述。

本章习题

1. 一般来说，云计算具体可以分为哪几种？
2. 对于云计算，国家和企业如何保障云数据的安全？

第 2 章　国内主要云平台

本章导读

云计算的广泛应用使得国内市场上涌现了一批以“云”为基础的技术平台，降低了生产管理的成本，推动了产业结构的数字化转型。本章以阿里巴巴、腾讯、京东和字节跳动为例，具体介绍它们的云平台产业布局及其技术架构，以帮助读者更好地理解云计算。

本章重点

- 阿里云服务
- 腾讯云服务
- 京东智联云
- 云图营销平台

2.1　阿里云服务

当前，随着生产和管理数字化的逐渐深入，越来越多的企业开始关注 IT 基础架构上智能化业务系统的支撑能力。面对越来越精细化的业务体系，传统的 IT 基础架构变得越来越复杂，成本也越来越高。考虑到云平台的优越性，所以众多企业开始将主要业务迁移到云端，从而衍生出了一系列云服务。

2.1.1　阿里云基础

阿里巴巴凭借其自身领先的技术和研究底蕴，在云计算方面取得了巨大的成就。首先，最值得一提的就是它的云服务器，如图 2-1 所示。云服务器是一种具有弹性扩容能力的计算服务，它具有多种存储选择，可以帮助用户降低 IT 成本，提升运维效率，并同时具备 VPC 专有网络、快照和多种镜像模型以及多种付费选择功能，更加贴近用户的需求。

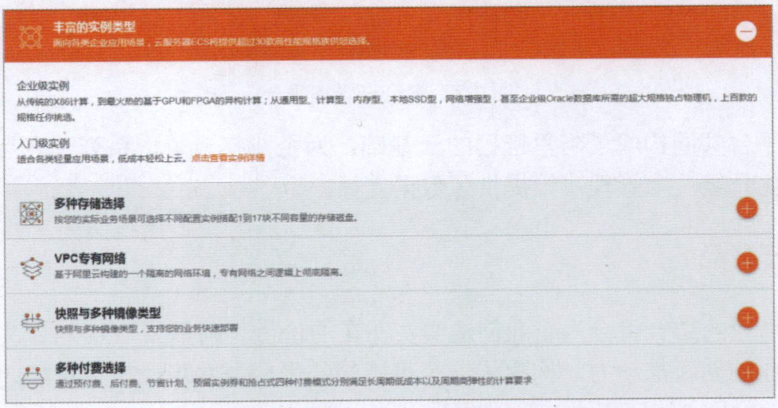
丰富的实例类型
企业级实例
从传统的X86计算，到最火热的基于GPU和FPGA的异构计算；从通用型、计算型、内存型、本地SSD型，网络增强型，甚至企业级Oracle数据库所需的超大规格独占物理机，上百款的规格任你挑选。
入门级实例
适合各类轻量应用场景，低成本轻松上云。点击查看实例详情
多种存储选择
按您的实际业务场景可选择不同配置实例搭配1到17块不同容量的存储磁盘。
VPC专有网络
基于阿里云构建的一个隔离的网络环境，专有网络之间逻辑上彻底隔离。
快照与多种镜像类型
快照与多种镜像类型，支持您的业务快速部署
多种付费选择
通过预付费、后付费、节省计划、预留实例券和抢占式四种付费模式分别满足长周期低成本以及周期高弹性的计算要求

图 2-1　云服务器

阿里巴巴研究的另一大云基础就是专有云，如图 2-2 所示。它是面向大规模客户管理的全栈云平台，是专门针对企业级市场构建的产品及服务，具有企业版、敏捷版和大数据版这三种类型。

专有云企业版
专有云敏捷版
专有云大数据版

图 2-2　专有云

公共云与专有云同根同源，而混合云就是基于公共云的最佳数字转型伙伴，可在任何环境下本地化部署公共云产品及服务，并具备多种移动应用服务，例如运营管理、自助服务和运维管理等，让用户可随时随地享受云服务。

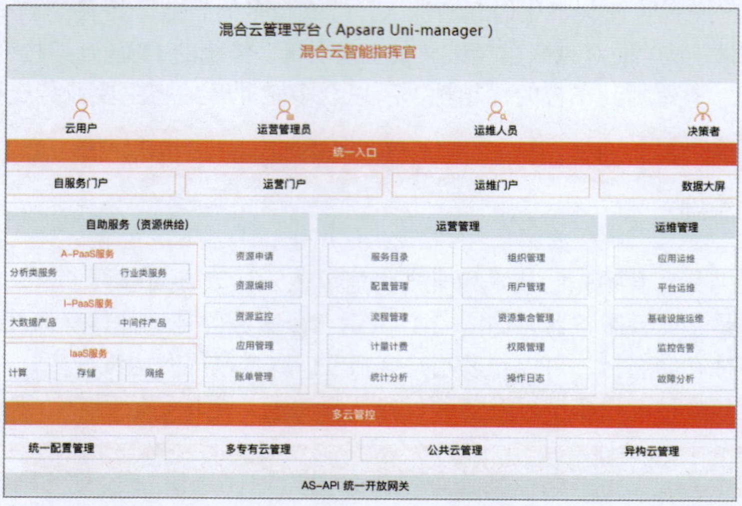

图 2-3　混合云管理平台

这三个云平台共同构成了阿里巴巴的云基础，为企业打造了一系列云产品及服务，促进了企业的数字化升级，为管理决策提供了数据支撑。

2.1.2　阿里云产品

云计算和商业的结合将会为企业创造实实在在的价值。阿里云 2.0 将领先的数字应用能力，转化为企业的创新推动力，构建了一个可感知的平台，并形成产业智能闭环，为企业注入了新的活力，如图 2-4 所示。

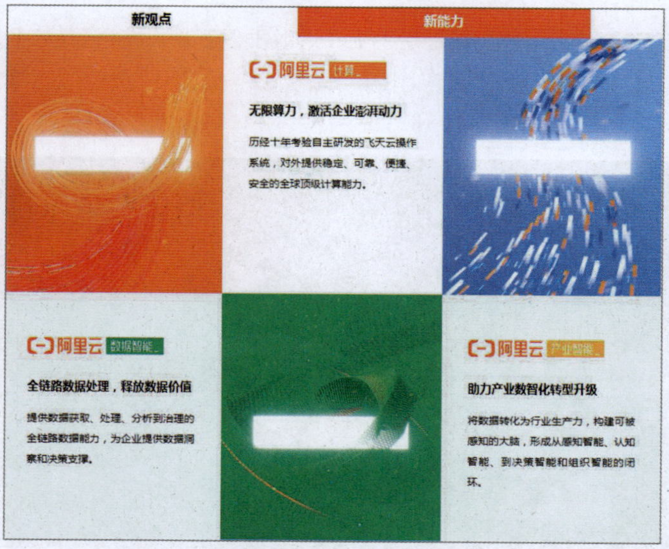

图 2-4　阿里云 2.0

阿里云 2.0 的核心观念就是“万物皆可云”。在数字化技术的大力支持下，它的产业应用包括教育、新零售、交通、金融和政务等多个方面，如图 2-5 所示。如今，“云”正成为时代的载体，成为数字化发展的一个标志，是企业发展的重大战略机遇。

图 2-5　企业应用

数字经济时代的来临，迫使企业不得不研发出数字化的生产力工具，“无影”就是阿里巴巴基于容器化架构，打造的可实现随时随地云上办公的平台，如图 2-6 所示。“无影”具有海量的算力和算法，具备协同办公、即时通讯、电子公文、文档编辑、用户管理、资源管理和日志管理等多个应用功能，可以给用户带来更流畅、安全和高效的办公体验。

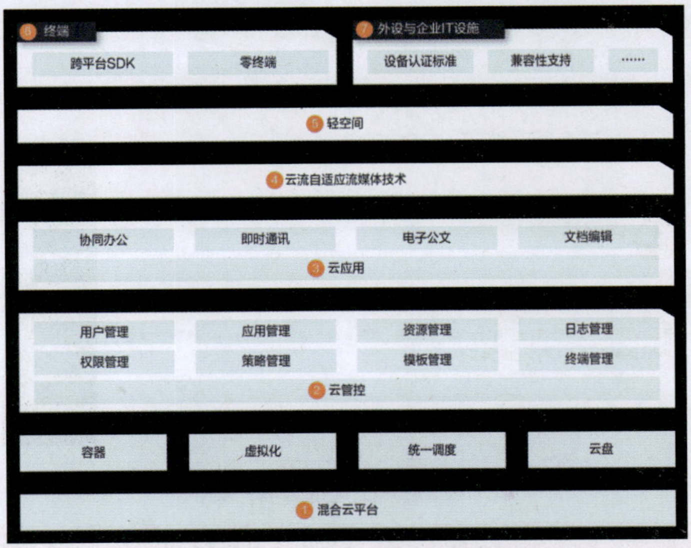

图 2-6　“无影”

阿里巴巴提供的云计算产品还包括应用上边缘云解决方案，如图 2-7 所示。它是借助阿里云全面覆盖的基础设施，为用户提供安全稳定的边缘算力，能够帮助用户快速创建边缘云上业务架构，解决企业业务本地化、低成本和易运维等业务诉求。

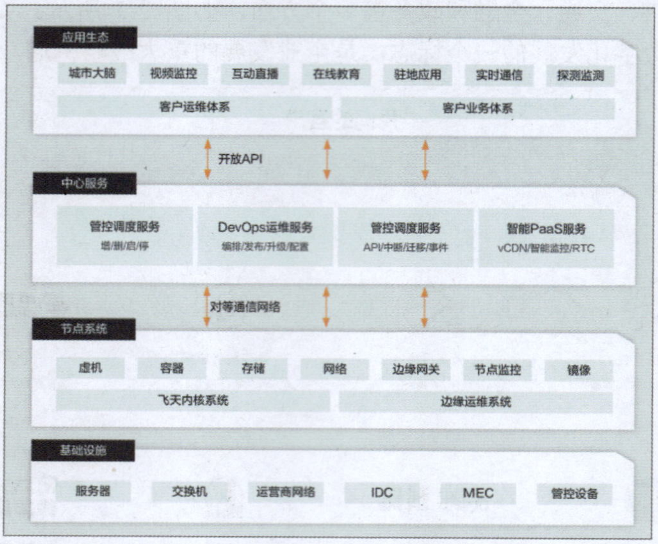

图 2-7 应用上边缘云解决方案

目前，许多企业都已经应用了边缘云解决方案，例如虎牙直播、猿辅导、拓课云和盒马鲜生等，如图 2-8 所示。边缘云弹性灵活的特点能够降低分布式运维的复杂程度，提升传输的可靠性，所以它能处理软件上众多常量的视频需求和防盗损业务，同时保障视频或直播的流畅运行。

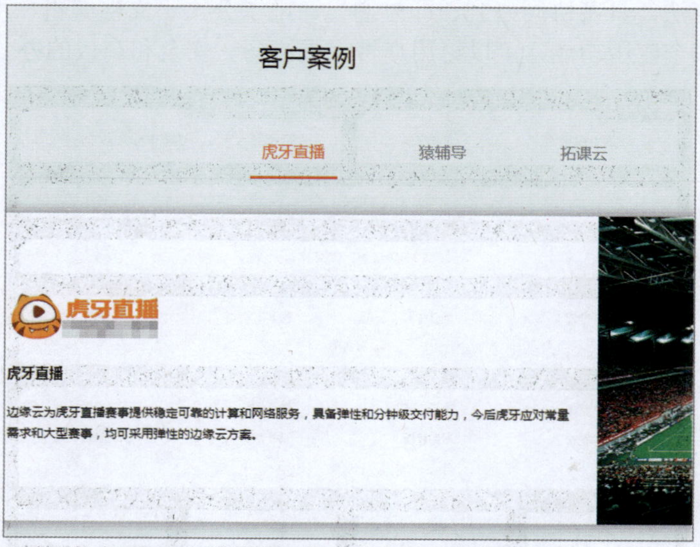

图 2-8 应用上边缘云客户案例

> **专家指点**
>
> 阿里云产品的应用，为企业带来了新的生命力。在这种大环境背景下，企业只有时刻跟紧技术发展的潮流，注意技术上的改革创新和企业数字化发展，才能在这飞速发展的时代中获得一席之地。

2.1.3　阿里云安全

阿里云是一个具有庞大数据量的云平台，那么如何确保它的数据安全，以避免被不法人士盗窃？为此，阿里巴巴研发了阿里云 DDoS 防护服务，如图 2-9 所示。阿里云 DDoS 防护服务是全球覆盖的，具有 DDoS 攻击检测功能和智能防护体系的云盾，可以轻松应对流量型攻击和资源耗尽型攻击，快速解决业务延迟、访问受限和业务中断等问题，从而达到减少业务损失的目的。

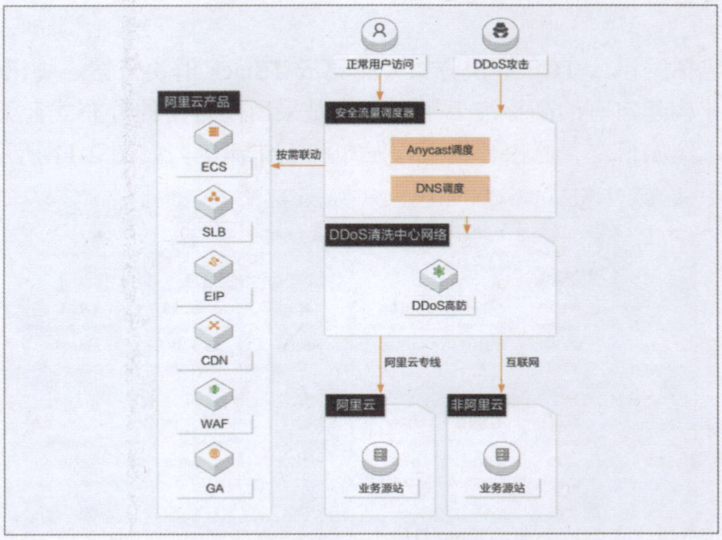

图 2-9　阿里云 DDoS 防护服务

另外，阿里巴巴还自主研发了 Web 应用防火墙，如图 2-10 所示。它能够对网站或者软件的业务流量的恶意行为进行识别及防护，保障核心业务的数据安全，并将安全的流量回源到服务器。

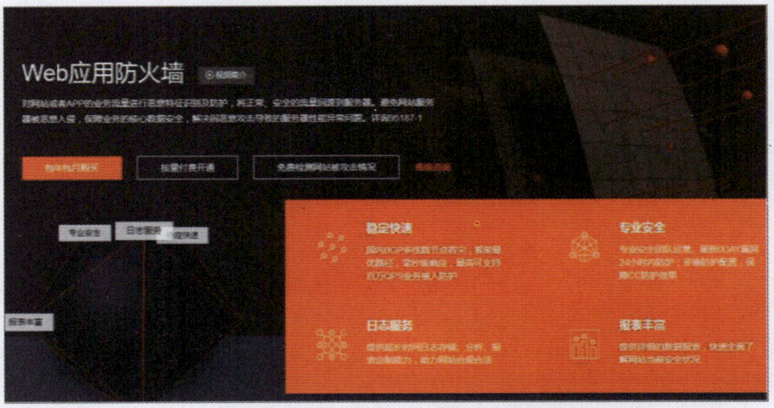

图 2-10　Web 应用防火墙

Web 应用防火墙能够实现毫秒级响应，具有安全稳定的特点，还具有日志存储、分析和制定报表的能力，多维度进行网络防护，快速全面地保障网络安全。

2.2 腾讯云服务

腾讯云与阿里云一样，都是在云计算或大数据的基础上构建的技术平台，但是腾讯云更加注重通信方面的应用，例如微信、QQ或者钉钉等社交平台。要想了解这一点，还得从它的基础架构开始说起。

2.2.1 腾讯架构云

腾讯架构云包括腾讯云TCE解决方案和腾讯云TStack解决方案。腾讯云TCE解决方案适用于大中型企业构建自有的高标准云平台，它是采用高可用的分布式云架构，可以提供多租户的复杂运营，例如日志、监控、报表、发布和工作流等，如图2-11所示。

图2-11 腾讯云TCE解决方案

腾讯云TCE解决方案也可以通过大数据来实现企业的私有化部署，为企业提供数据智能分析、智能推荐、用户洞察和风控反欺诈等应用服务，如图2-12所示。

图2-12 大数据的私有化部署

许多国内领先的企业和服务商都应用了腾讯云 TCE 解决方案，这说明云计算与大数据确确实实为用户带来了便捷，实现了经济上的高效益，比如东华云计算、华云中盛和博云等中国领先企业，如图 2-13 所示。

图 2-13　腾讯架构云合作伙伴

腾讯云 TStack 是聚焦政企，为他们提供私有全栈云的解决方案，如图 2-14 所示。它具有高效的运管能力，可以对平台进行模块化设计，借助于大数据平台、数据工坊和语音识别等能力中间件和云服务器、物理机、弹性伸缩和负载均衡等基础资源服务，可以为用户提供灵活的政务云、企业云、医疗云和教育云等解决方案。

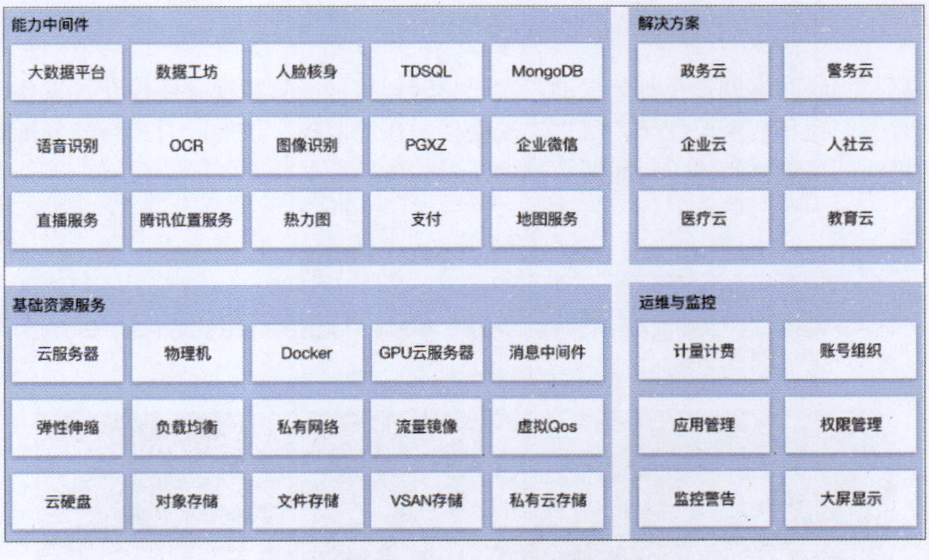

图 2-14　腾讯云 TStack 解决方案

▶ 专家指点

通过统一的云平台管理，企业可以实现更加高效和便捷的办公服务。可视化操作提高了系统运营的稳定性，而海量的数据为系统模型的构建创造了更多的可能性，这些都为云平台的应用打下了坚实的基础。

通过腾讯云 Tstack 解决方案，阿里巴巴还打造了腾讯云 TStack 一体机柜，如图 2-15 所示。它高度集成化的全封闭结构可以为用户提供私有云一站式解决方案，降低了基础建设成本。另外，腾讯云 TStack 一体机柜还具有触控监控屏，能够实现机柜的全面监控和检测，具有高效易用的特点。

图 2-15　腾讯云 TStack 一体机柜

2.2.2　腾讯企业云

云计算与物联网本就是相辅相成的。腾讯将云计算赋能智能视频硬件开发设备，例如智能手表、智能门锁和智能监控等，可以实现硬件的在线监控、录像回看和智能分析功能，给予了用户极致的视频物联体验，如图 2-16 所示。

赋能智能视频硬件设备开发
企业摄像头快速接入，云上 AI 赋能
消费版提供设备端、APP SDK 和开放 API 支持包含摄像头、儿童手表、智能猫眼、行车记录仪等各类硬件视频物联的赋能，实现视频接入传输、云存储和智能应用。
行车记录中

图 2-16　云计算赋能智能视频硬件开发

对于监控得到的数据，腾讯云平台会对其进行自动分析，并提供具备可视化和分析功能的智能仪表盘 Dashboard，如图 2-17 所示。Dashboard 会将数据以各种形式呈现在面板中，为管理者提供多个角度的数据分析，使数据更加直观。

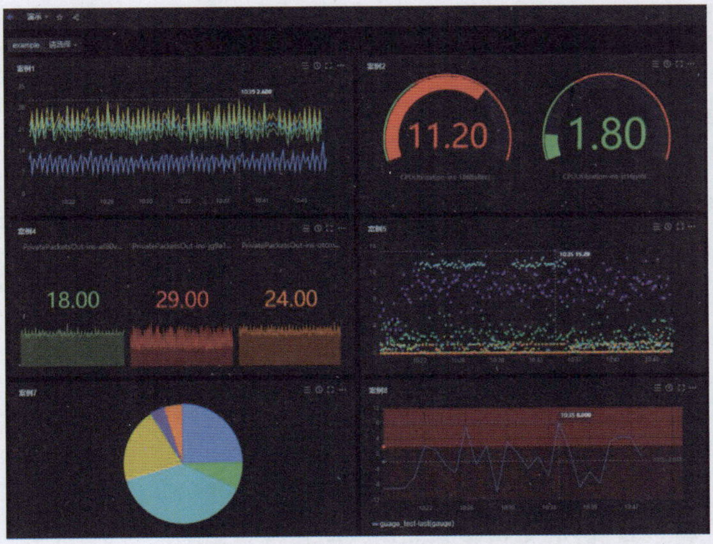
11.20
1.80
18.00
29.00
24.00

图 2-17　智能仪表盘 Dashboard

另外，针对企业商务会议、年会、论坛和演讲等诸多场景，并基于腾讯多年累积的云计算经验技术，腾讯还研发了腾讯云智慧会务 TCC 系统，并使其具有高效率、低成本、体验佳和服务好的特点，如图 2-18 所示。

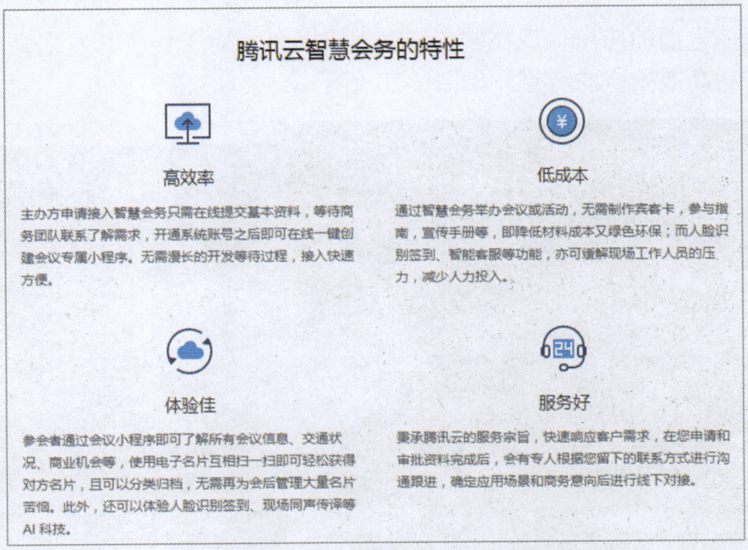
腾讯云智慧会务的特性
高效率
主办方申请接入智慧会务只需在线提交基本资料，等待商务团队联系了解需求，开通系统账号之后即可在线一键创建会议专属小程序。无需漫长的开发等待过程，接入快速方便。
低成本
通过智慧会务举办会议或活动，无需制作宾客卡，参与指南，宣传手册等，即降低材料成本又绿色环保；而人脸识别签到、智能客服等功能，亦可缓解现场工作人员的压力，减少人力投入。
体验佳
参会者通过会议小程序即可了解所有会议信息、交通状况、商业机会等，使用电子名片互相扫一扫即可轻松获得对方名片，且可以分类归档，无需再为会后管理大量名片苦恼。此外，还可以体验人脸识别签到、现场同声传译等 AI 科技。
服务好
秉承腾讯云的服务宗旨，快速响应客户需求，在您申请和审批资料完成后，会有专人根据您留下的联系方式进行沟通跟进，确定应用场景和商务意向后进行线下对接。

图 2-18　智慧会务 TCC 系统

腾讯云智慧会务 TCC 系统就是通过微信小程序或者 H5，再结合 AI 人脸识别技术、图像处理技术、自然语言技术、同声翻译和视频直播等技术，实现企业会议的无纸化、在线化和数字化。

对于大型企业来说，如何实现企业数据的快速采集、存储和清洗功能，同时降低楼宇能耗，也是一个值得引人深思的问题。在这一背景下，腾讯研发了物联网边缘计算平台 IECP，如图 2-19 所示。

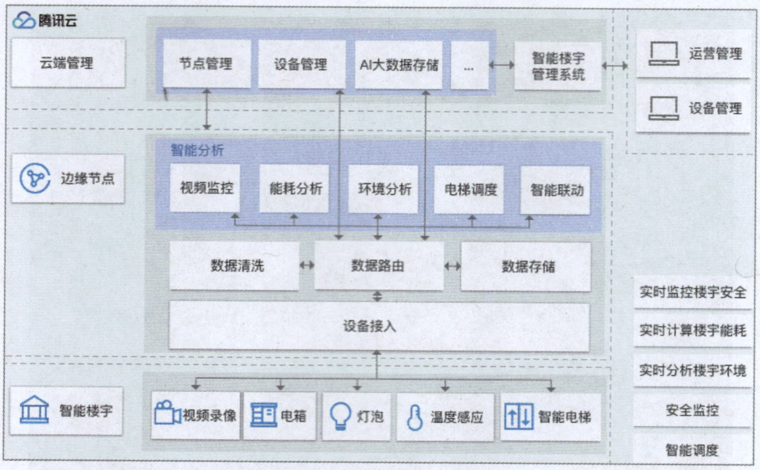

图 2-19　物联网边缘计算平台 IECP

物联网边缘计算平台 IECP 可以将企业边缘的计算节点联合起来，通过云端一体化的控制云台对楼宇的视频监控、能耗、环境和电梯调度等场景进行智能分析，并对其进行弹性调度，从而达到降低运维成本的目的。

2.2.3　腾讯云通信

腾讯云在通信方面的应用体现在它的云开发上面。相对于传统开发来说，云开发具有低成本、稳定可靠和高效安全的特点，如图 2-20 所示。

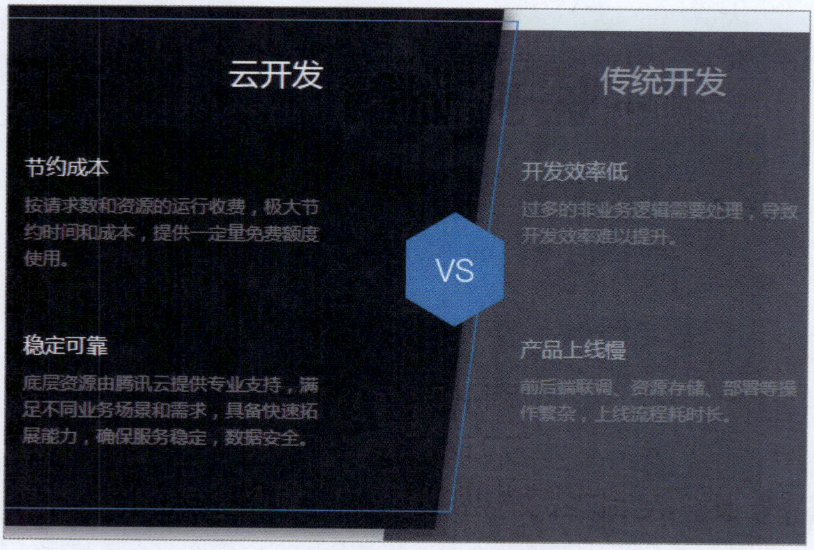

图 2-20　云开发与传统开发

基于云开发流畅的服务体验，腾讯打造了微信生态上云方案，如图 2-21 所示。微信是一款具有超高流量的软件，它具有独特的生态优势，再加上云计算和大数据等领先技术，可以带来最优的用户体验。

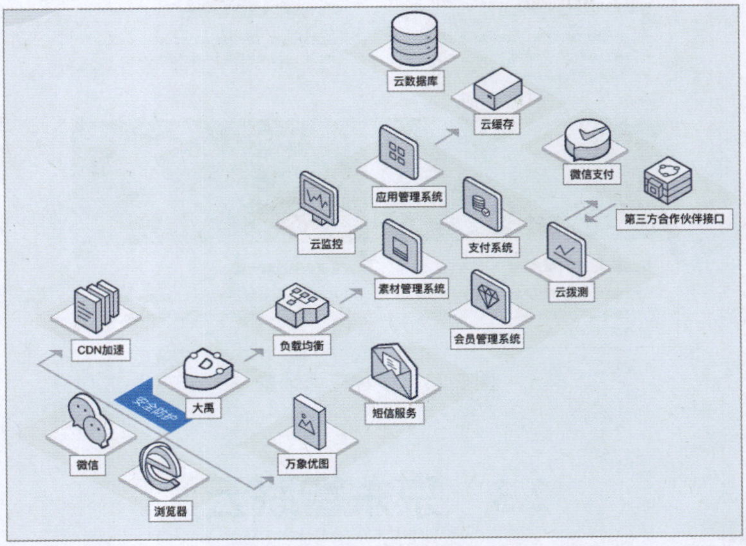

图 2-21　微信生态上云方案

微信生态上云方案实现了微信的消息传输、会话管理、群组管理和资料管理等多个功能，如图 2-22 所示。针对不同的应用需求，微信不仅可以发送文字、图片、短语音和短视频等富媒体消息，还支持自定义表情，为用户提供了灵活的服务体验。

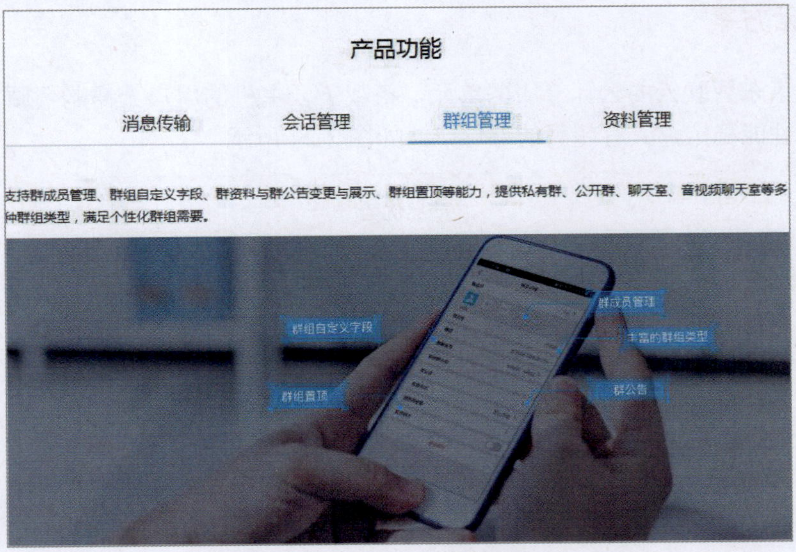

图 2-22　微信通讯云服务

基于微信社交的独特运营优势，腾讯还打造了社群运营工具平台，即将客户加到企业微信上，建立腾讯云微企管家，为客户提供专业的服务，从而达到使客户快速增长的目的，如图 2-23 所示。

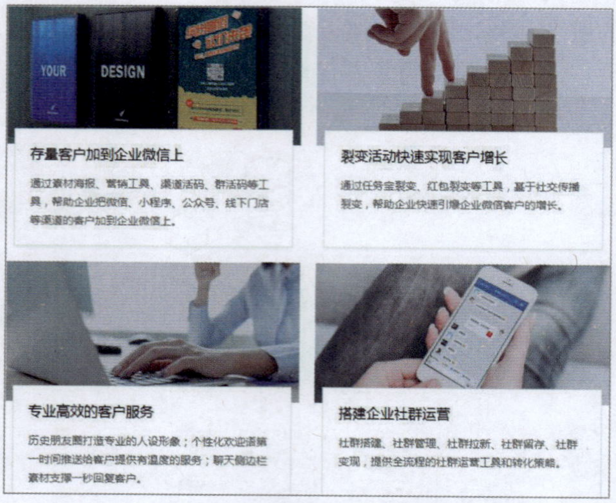
YOUR
DESIGN
存量客户加到企业微信上
通过素材海报、营销工具、渠道活码、群活码等工具，帮助企业把微信、小程序、公众号、线下门店等渠道的客户加到企业微信上。
裂变活动快速实现客户增长
通过任务宝裂变、红包裂变等工具，基于社交传播裂变，帮助企业快速引爆企业微信客户的增长。
专业高效的客户服务
历史朋友圈打造专业的人设形象；个性化欢迎语第一时间推送给客户提供有温度的服务；聊天侧边栏素材支撑一秒回复客户。
搭建企业社群运营
社群搭建、社群管理、社群拉新、社群留存、社群变现，提供全流程的社群运营工具和转化策略。

图 2-23　多种应用场景

2.3　京东智联云

京东智联云是原京东云、京东人工智能和京东物流 3 个品牌的集合体。目前，京东的智联云的数智化产业已经遍布全球，在教育、金融、零售和政务等方面发展得十分广泛，颠覆了传统的生产模式，推动了京东的数字化发展。

2.3.1　京东云方案

云主机是京东智联云的云计算服务单元，搭载了云主机的用户无需购买硬件也可以快速部署应用，且性能稳定，具有超高的性价比，如图 2-24 所示。

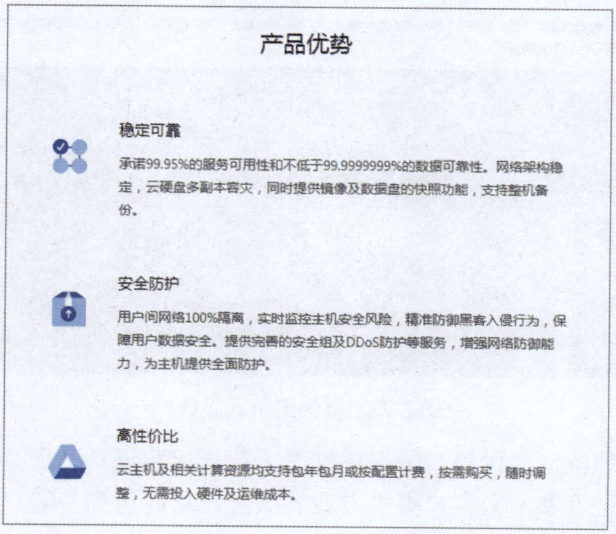
产品优势
稳定可靠
承诺99.95%的服务可用性和不低于99.9999999%的数据可靠性。网络架构稳定，云硬盘多副本容灾，同时提供镜像及数据盘的快照功能，支持整机备份。
安全防护
用户间网络100%隔离，实时监控主机安全风险，精准防御黑客入侵行为，保障用户数据安全。提供完善的安全组及DDoS防护等服务，增强网络防御能力，为主机提供全面防护。
高性价比
云主机及相关计算资源均支持包年包月或按配置计费，按需购买，随时调整，无需投入硬件及运维成本。

图 2-24　云主机产品优势

为云主机提供逻辑集合的就是京东智联云研发的高可用组，如图 2-25 所示。也就是说，当某一台 Web 服务云主机所在的物理资源发生故障时，由于不同的服务采用不同的组部署，其他 Web 服务将不受影响，保证了用户业务的高可用性。

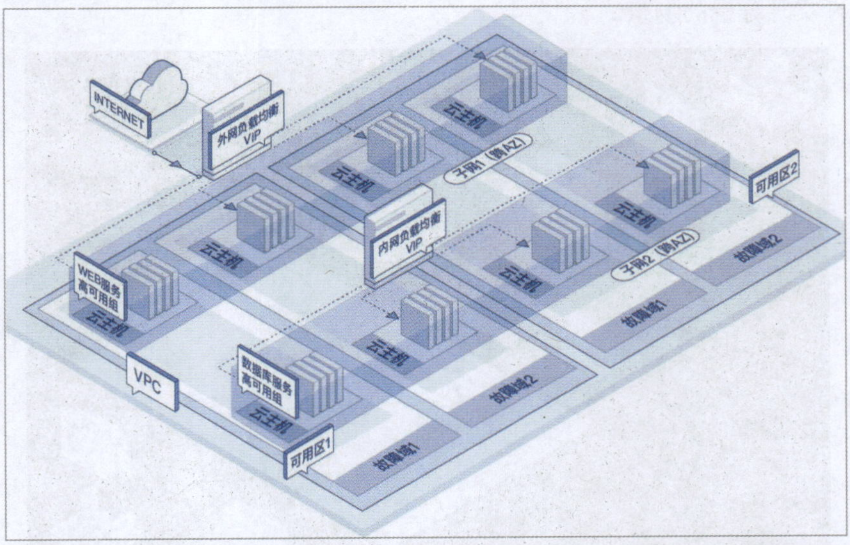

图 2-25　高可用组

2.3.2　京东云数据库

京东云数据库 SQL Server 是基于微软打造的适合企业核心应用或移动办公的需求，如图 2-26 所示。系统可根据用户设置的时间段自动进行备份，在线备份时间可长达两年。它具有多种防护安全机制，即将主机位于防火墙的保护之下，只开放必须的端口，保障了数据的安全运行。

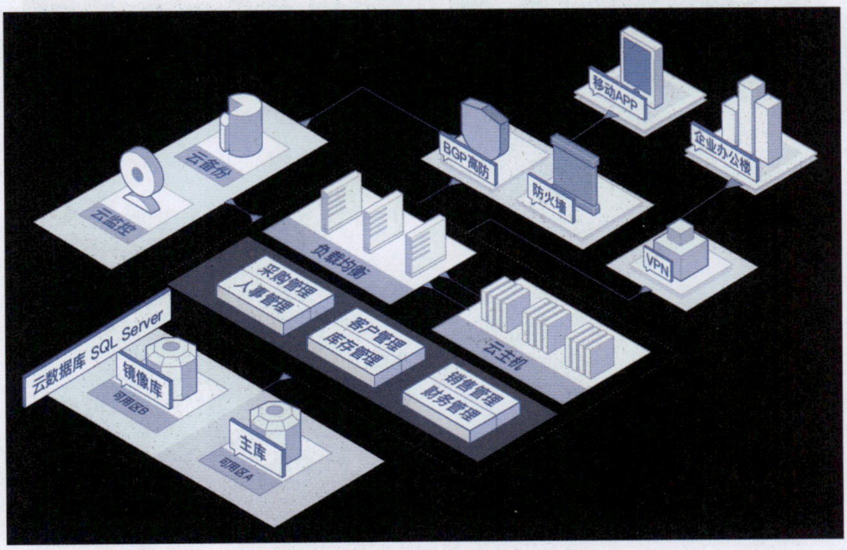

图 2-26　京东云数据库 SQL Server

另外，京东基于国内开源数据库 TiDB 还打造了一款具备联机事务处理和分析处理功能的数据库，即分布式数据库，如图 2-27 所示。它具有强大的分布式查询引擎，使得数据分析和联机交易能在同一台机器上完成，避免了传统数据转换和加工带来的麻烦，适用于各种需要对数据进行实时分析的场景。

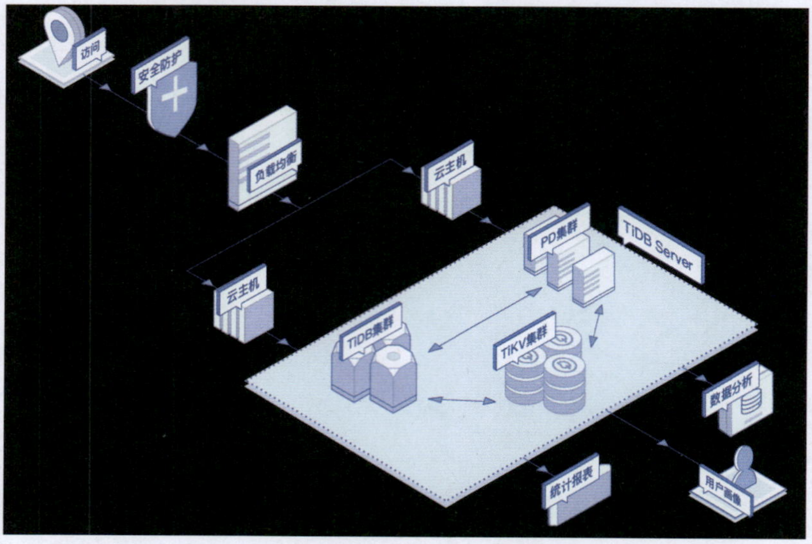

图 2-27　分布式数据库

在企业的日常经营活动中，通常需要将客户情况和销售情况等多种数据汇总到云数据库，并进行商业智能分析，从而实现对业务的具体应用，如图 2-28 所示。通过云数据库或者同步工具 ETL，可以为用户提供丰富的可视化监控数据指标，并设置自动报警规则，提高管理决策的精准度和效率，降低数据运维的成本。另外，云数据库还能在几分钟内创建出 JDW 实例，极大地缩短了业务等待时间。

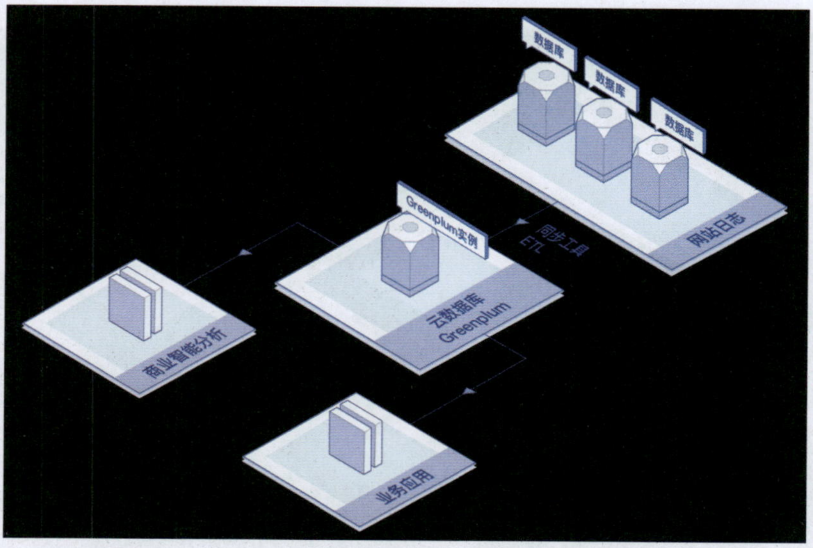

图 2-28　云数据库的应用流程

2.3.3　京东上云技术

京东推出的 Oracle 上云解决方案具有多种部署架构，例如 Oracle 灾备和 Oracle RAC 等，可以为企业提供完善的数据备份功能，助力企业数字化转型，为企业系统提供高效和安全的平台支撑，如图 2-29 所示。

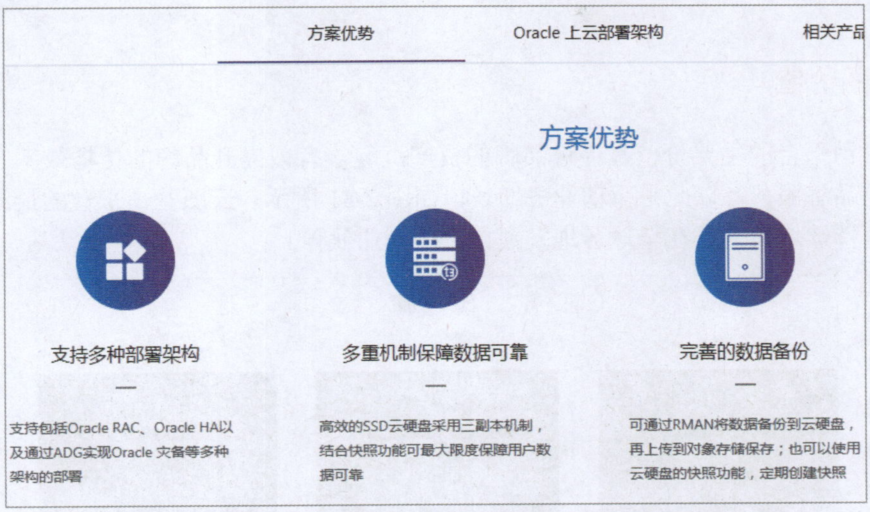

图 2-29　京东 Oracle 上云解决方案的优势

利用京东 Oracle 上云海量的数据存储和边界处理能力，将其与 5G 强大的数据传输能力相结合，京东还推出了 VR 直播服务，如图 2-30 所示。VR 直播可为用户提供多方面数据采集服务、拼接推流服务、云端服务以及播放服务，它强大的 VR 处理能力可以适用于多种业务场景，例如 VR 在线旅游、VR 家装、VR 事件直播、VR 会展、VR 商业包装、VR 会议和 VR 医疗等。

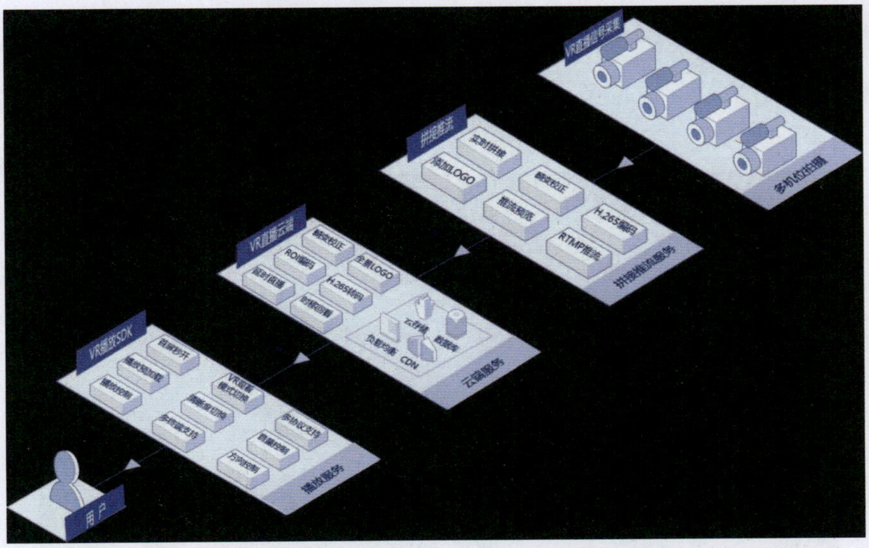

图 2-30　VR 直播

2.4 云图营销平台

随着私域流量的逐渐崛起，越来越凸显出市场精细化运营的重要性。字节跳动旗下的数字化营销服务平台——巨量引擎，以领先的技术重磅升级云图营销平台，以此来驱动生意的有效增长。

2.4.1 云图价值

云图营销平台的主要价值是促进品牌的资产沉淀，有效提升品牌的传播效率，为用户提供个性化的品牌服务，以此来驱动业务增长，如图 2-31 所示。云图营销平台的最终目的是推动商业的可持续增长，并在全球各地发展自己的商业伙伴。

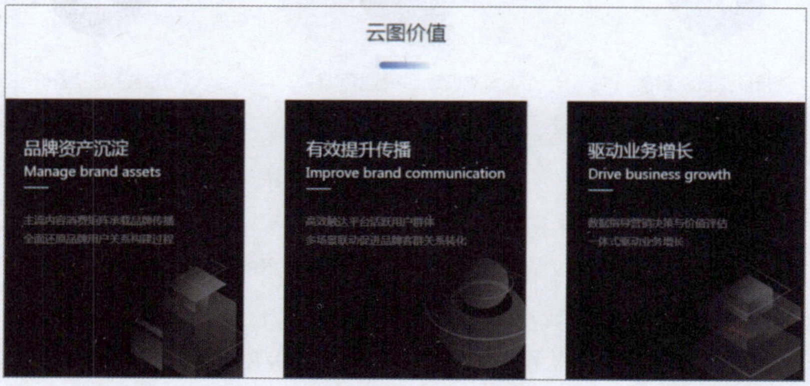
云图价值
品牌资产沉淀
Manage brand assets
全面还原品牌用户关系构建过程
有效提升传播
Improve brand communication
高效触达平台活跃用户群体
多场景联动促进品牌客群关系转化
驱动业务增长
Drive business growth
数据指导营销决策与价值评估
一体式驱动业务增长

图 2-31　云图营销平台的主要价值

2.4.2 核心功能

作为一体式数据云台，云图营销平台将私域运营、策略分析、DMP 定向和价值评估 4 大功能模块高效聚合，将巨量引擎产生的数据引入平台深度融合，以数据与技术双引擎驱动品牌增长，如图 2-32 所示。

核心功能
私域运营
策略分析
DMP定向
价值评估
01
指导品牌战略
数据先于决策，科学指导品牌营销战略与战术
02
挖掘市场机会
市场动态追踪与品牌机会点挖掘，实现有竞争力的长效增长
03
优化传播策略
满足多元营销需求制定高效沟通策略，降低试错成本提升传播效率
04
经营品牌口碑
时刻把控品牌口碑动态，引导长效品牌口碑建设

图 2-32　核心功能

从营销角度而言，云图营销平台背靠字节跳动，坐拥内容大数据，将平台上发生的消费行为与品牌相结合，从多视角出发指导品牌战略的制定，从而打造品牌的知名度，如图 2-33 所示。品牌知名度的提升具体体现在营销期间品牌新增的关系用户数量以及创造的价值总数，这一点要求企业深入挖掘市场机会，强化用户对品牌的认知。

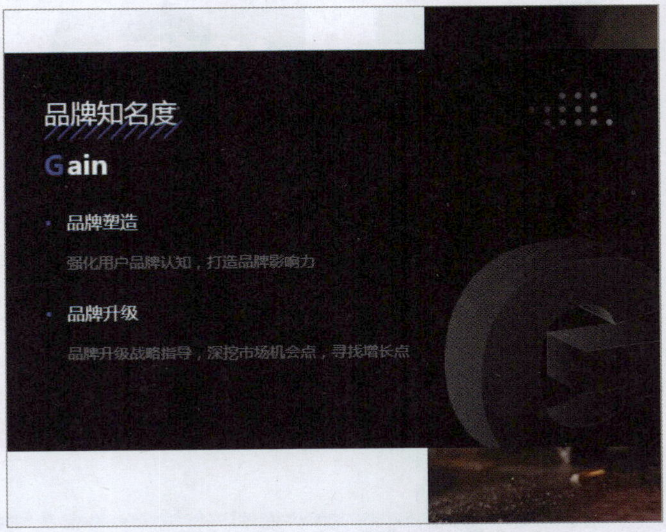
品牌知名度
Gain
品牌塑造
强化用户品牌认知，打造品牌影响力
品牌升级
品牌升级战略指导，深挖市场机会点，寻找增长点

图 2-33　利用云图提升品牌知名度

云图营销平台的另一营销场景就是深度种草，如图 2-34 所示。深度种草是指抓住用户的好奇心理，在他们好奇与疑惑之间，引导他们的行为，加强消费意愿，深化品牌与用户之间的关系，最终达到消费的目的。

深度种草
Relation deepening
深度驱动
促进品牌客群关系深化，强化行动意愿
引导转化
品牌活动引导与激励，促进最终行动转化

图 2-34　深度种草

巨量引擎还与抖音、今日头条和西瓜视频等广告投放平台合作，鼓励内容创新，力图打造更多的优质内容，促进商业营销，如图 2-35 所示。目前，巨量引擎利用云图营销平台还将业务向海外扩展，在全球范围内帮助品牌实现和用户的高效沟通。

多方内容合作 广告创意更优质
星图平台
抖音商业内容智能交易&管理平台，为广告主的品牌推广匹配优质达人
创意中心
激发创意灵感，汇集丰富视频制作模板、海量授权BGM和优秀视频案例

图 2-35　创意营销

例如，用户只要打开今日头条，在软件启动的同时，就可以看到预先设置好的广告样式，在广告即是内容的大环境背景下，提升品牌的出现次数，从而达到加深用户品牌印象的目的，如图 2-36 所示。

覆盖多场景的广告样式
潮牌0元领
今日头条
开屏广告
信息流广告
详情页广告
视频广告
开屏广告
在APP开机启动时进行展示的广告样式，强势品牌露出，提升品牌权威性

图 2-36　开屏广告

2.4.3　火山云引擎

火山云引擎也是字节跳动开发出来的弹性云计算管理系统，它具有一套完整而独立的服务体系。图 2-37 所示，为火山云引擎的结构图示。它是以云主机为基础架构，将管理员与网站用户连接起来的中间桥梁。

通过火山云引擎，管理员可以远程登录系统对用户进行统一管理，还可以实现销售报表的统计以及商品状态的自动管理。对于用户来说，还可以实现 DIY 产品配置，极大地满足了用户的个性化需求，同时降低了运营者的管理成本，增强了企业产品的市场竞争力，如图 2-38 所示。

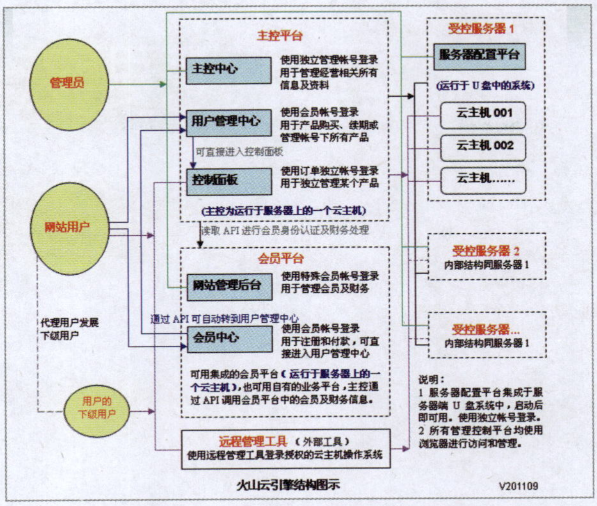
主控平台
管理员
主控中心
使用独立管理帐号登录
用于管理经营相关所有
信息及资料
用户管理中心
使用会员帐号登录
用于产品购买、续期或
管理帐号下所有产品
可直接进入控制面板
控制面板
使用订单独立帐号登录
用于独立管理某个产品
(主控为运行于服务器上的一个云主机)
网站用户
读取 API 进行会员身份认证及财务处理
会员平台
网站管理后台
使用特殊会员帐号登录
用于管理会员及财务
代理用户发展
下级用户
通过 API 可自动转到用户管理中心
会员中心
使用会员帐号登录
用于注册和付款，可直
接进入用户管理中心
可用集成的会员平台（运行于服务器上的一
个云主机），也可用自有的业务平台，主控通
过 API 调用会员平台中的会员及财务信息。
用户的
下级用户
远程管理工具（外部工具）
使用远程管理工具登录授权的云主机操作系统
受控服务器 1
服务器配置平台
(运行于 U 盘中的系统)
云主机 001
云主机 002
云主机……
受控服务器 2
内部结构同服务器 1
受控服务器…
内部结构同服务器 1
说明：
1 服务器配置平台集成于服
务器端 U 盘系统中，启动后
即可用。使用独立帐号登录。
2 所有管理控制平台均使用
浏览器进行访问和管理。
火山云引擎结构图示
V201109

图 2-37　火山云引擎结构图示

	业务平台界面设计	设计个性化界面的销售平台，费用另计。或者对接现有会员财务平台	支持	支持
管理功能	统计功能	多种销售统计报表，让经营者把握经营状态	✓	✓
	自动管理	过期自动暂停、自动安装产品，经营者只需要专注于销售即可	✓	✓
	灵活的付款周期	可设置任意方式的付款方式，比如周付、天付，让销售更轻松	✓	✓
	域名黑名单	支持自定义黑名单，把部分有风险的域名排除在系统之外。	✓	✓
	免费下载操作系统模板	火山提供操作系统模板，经营者不需要自己再安装制作操作系统模板	✓	✓
	自由定制操作系统模板	管理员可自由制作个性化的操作系统模板，从而提供个性化的产品和服务	✓	✓
用户功能	用户DIY产品配置	用户可根据自己的需要，自定义申请产品的各项配置，升级时也可根据需要自由升级。	✓	✓
	批量购买和管理	用户可以批量购买和批量续期，方便批量用户管理产品	✓	✓
	全自助管理	用户可自由通过web界面对服务器进行重启、重装操作系统、在线续期或升级	✓	✓
	VNC管理	可通过VNC对服务器进行安装系统或故障处理（比如网卡被禁用远程连接失效的情况）	✓	✓
	独立控制面板	用户可使用独立控制面板登录，对产品进行管理	✓	✓
	显示火山LOGO	系统页面下方将显示"基于火山云引擎"字样	✓	✓

图 2-38　火山云引擎具体功能

本章小结

本章主要例举了国内 4 大领先云平台，即阿里云、腾讯云、京东智联云和云图营销平台，从云基础、云产品、云方案或云通信等方面分别介绍了其在云计算的应用以及布局，目的是让读者对国内云市场有更全面的了解。

本章习题

1．阿里巴巴的云计算服务器有什么作用？

2．腾讯架构云具体包括哪两种？有什么作用？

第 3 章　国外主要云平台

本章导读

云平台所带来的快捷数据分析及其非常安全的数据存储等服务正是用户的根本需求，这一点在国外也受到了广泛地关注和欢迎。本章以国外 AWS 亚马逊云服务、Azure 微软云服务和 IBM Cloud 企业云服务为例，一一为大家进行具体介绍。

本章重点

- AWS 亚马逊云服务
- Azure 微软云服务
- IBM Cloud 企业云服务

3.1　AWS 亚马逊云服务

从分布式存储到分布式计算，从传统 ETL 到数据管道，云计算都能带来相应的解决方案。AWS 是亚马逊旗下的云计算服务平台，它可以向客户提供包括计算、存储、数据库、物联网、移动产品和企业应用程序等一整套基础设施和云解决方案。

3.1.1　AWS 云部署

AWS 的云计算部署模型主要有两种，如图 3-1 所示。云部署是指所有的应用程序都在云中运行或迁移到云中加以利用，每一个应用程序都代表着云计算堆栈的一个独特部分。混合部署是基于云与非云之间的方法，它是通过组织扩展的方式将云资源与内部系统相连接的。

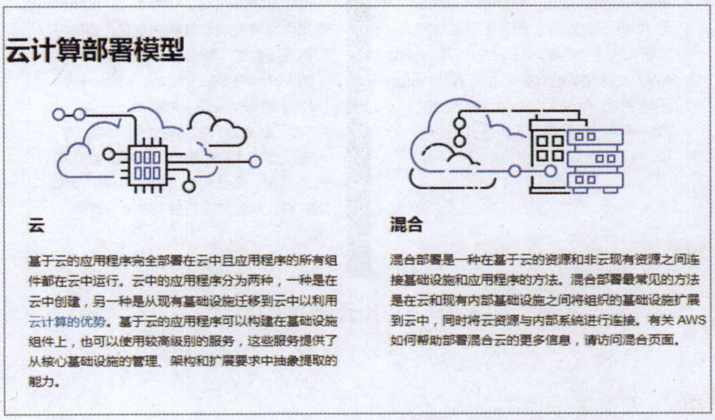

云计算部署模型
云
基于云的应用程序完全部署在云中且应用程序的所有组件都在云中运行。云中的应用程序分为两种，一种是在云中创建，另一种是从现有基础设施迁移到云中以利用云计算的优势。基于云的应用程序可以构建在基础设施组件上，也可以使用较高级别的服务，这些服务提供了从核心基础设施的管理、架构和扩展要求中抽象提取的能力。
混合
混合部署是一种在基于云的资源和非云现有资源之间连接基础设施和应用程序的方法。混合部署最常见的方法是在云和现有内部基础设施之间将组织的基础设施扩展到云中，同时将云资源与内部系统进行连接。有关 AWS 如何帮助部署混合云的更多信息，请访问混合页面。

图 3-1　AWS 云计算部署模型

云计算作为重要的基础设施平台，已经成为企业发展和转型的重要驱动力。那么，如何正确认识和应用云计算呢？AWS 在此基础上推出了 AWSome Day，如图 3-2 所示。

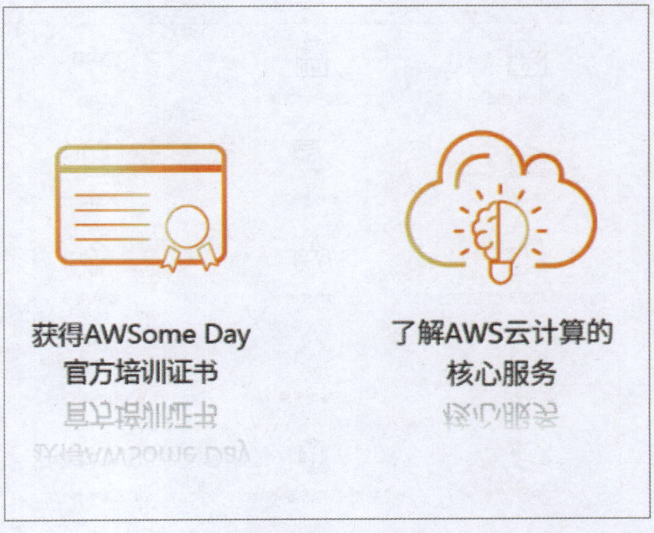

获得AWSome Day
官方培训证书
了解AWS云计算的
核心服务

图 3-2　AWSome Day

这是一套围绕 AWS 云计算核心服务的技术培训课程，目的是帮助用户全面了解云计算知识，其中还会介绍 AWS 系列云服务、AWS 经典技术架构以及客户案例，完成课程后即可获得 AWSome Day 官方培训证书。

AWS 的云部署还可以加快关键任务型工作大规模迁移到云中的进程，且具有成熟的灾难恢复解决方案，如图 3-3 所示。

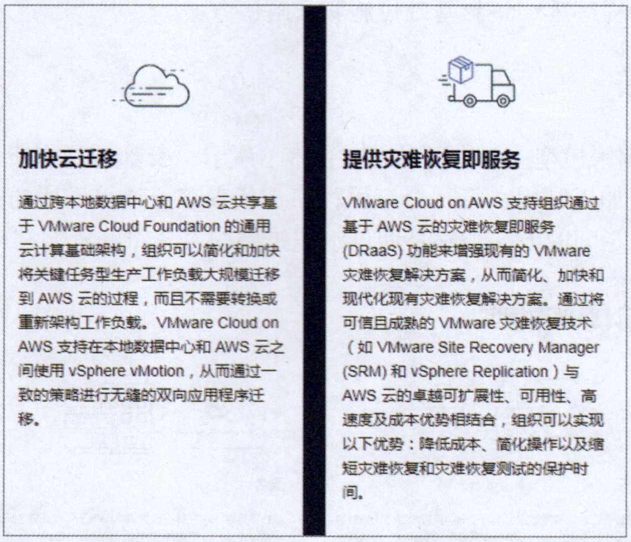
加快云迁移
通过跨本地数据中心和 AWS 云共享基于 VMware Cloud Foundation 的通用云计算基础架构，组织可以简化和加快将关键任务型生产工作负载大规模迁移到 AWS 云的过程，而且不需要转换或重新架构工作负载。VMware Cloud on AWS 支持在本地数据中心和 AWS 云之间使用 vSphere vMotion，从而通过一致的策略进行无缝的双向应用程序迁移。
提供灾难恢复即服务
VMware Cloud on AWS 支持组织通过基于 AWS 云的灾难恢复即服务 (DRaaS) 功能来增强现有的 VMware 灾难恢复解决方案，从而简化、加快和现代化现有灾难恢复解决方案。通过将可信且成熟的 VMware 灾难恢复技术（如 VMware Site Recovery Manager (SRM) 和 vSphere Replication）与 AWS 云的卓越可扩展性、可用性、高速度及成本优势相结合，组织可以实现以下优势：降低成本、简化操作以及缩短灾难恢复和灾难恢复测试的保护时间。

图 3-3　AWS 云部署的优势

3.1.2　AWS 云产品

AWS 为用户提供了一系列的“托管”产品，即在没有物理服务器的情况下，用户照样可以完成软件开发中的各种需求，也就是常说的云产品，例如 AWS 成本管理和 AWS 迁移和传输等，如图 3-4 所示。

应用程序集成
AWS 成本管理
区块链
容器
客户参与
数据库
前端 Web 和移动应用程序
游戏技术
物联网
媒体服务
迁移与传输
联网和内容分发
卫星
安全性、身份与合规性
无服务器

图 3-4　AWS 云产品

那么，AWS 是如何将数据迁移到云中的呢？这就不得不提到物联网设备平台（AWS IoT Core），如图 3-5 所示。在没有配置或管理器的前提下，使用 AWS IoT Core，将 IoT 设备连接到 AWS 云，连接规模十分庞大，可以支持数十亿台设备和数万亿条消息的发送。

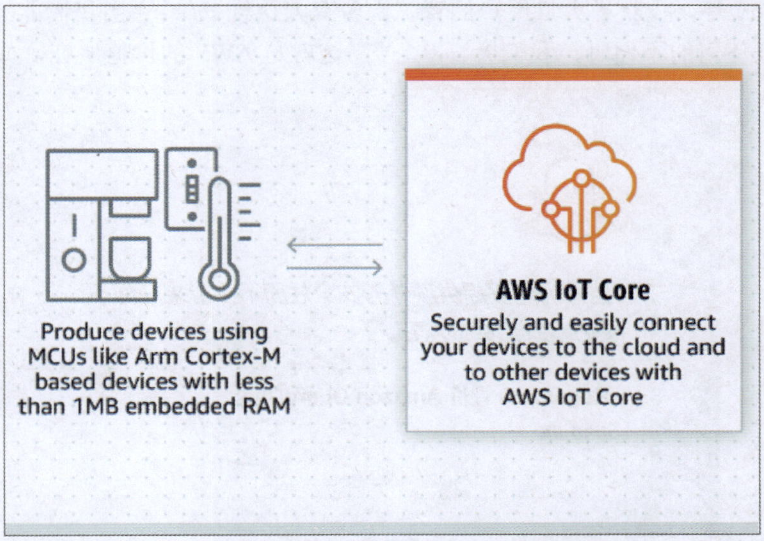
Produce devices using MCUs like Arm Cortex-M based devices with less than 1MB embedded RAM
AWS IoT Core
Securely and easily connect your devices to the cloud and to other devices with AWS IoT Core

图 3-5　物联网设备平台

借助 AWS IoT Core，用户可以随时跟踪所有的通信设备，不管这些设备是否处于连接状态。这是因为 AWS IoT Core 引入了一种新的云中虚拟 Alexa 内置设备，用户可以通过预留的 MQTT 主题与用户处于同一终端状态，并与其设备的麦克风或扬声器进行交互。

另外，AWS 还为用户提供了一种安全的桌面即服务(DaaS)解决方案，即虚拟桌面基础设施（Amazon WorkSpaces）。用户可以使用 Amazon WorkSpaces 在几分钟内预置 Windows 或 Linux 桌面，在简化桌面交付的同时保证空间数据的安全，如图 3-6 所示。

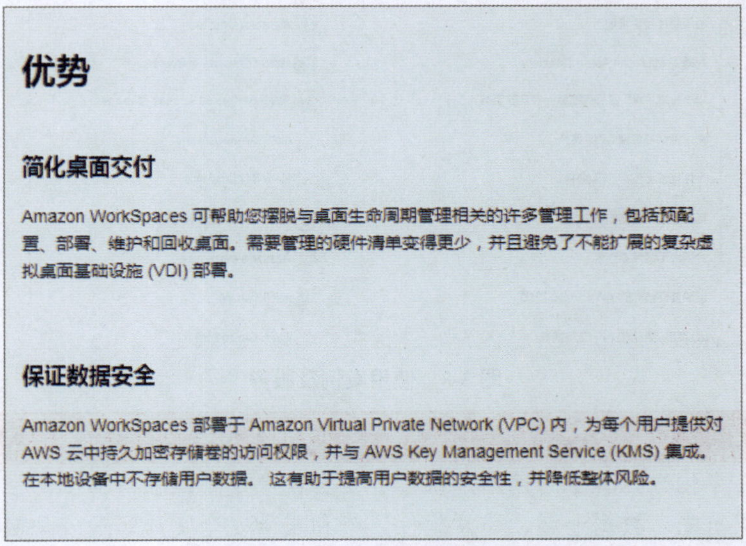
优势
简化桌面交付
Amazon WorkSpaces 可帮助您摆脱与桌面生命周期管理相关的许多管理工作，包括预配置、部署、维护和回收桌面。需要管理的硬件清单变得更少，并且避免了不能扩展的复杂虚拟桌面基础设施 (VDI) 部署。
保证数据安全
Amazon WorkSpaces 部署于 Amazon Virtual Private Network (VPC) 内，为每个用户提供对 AWS 云中持久加密存储卷的访问权限，并与 AWS Key Management Service (KMS) 集成。在本地设备中不存储用户数据。这有助于提高用户数据的安全性，并降低整体风险。

图 3-6　虚拟桌面基础设施

3.1.3　AWS 云安全

AWS 十分注重用户数据的隐私和安全，因此开发了一系列有关云安全的解决方案，例如 Amazon GuarDuty 等，收获了大量用户的青睐。曾有人这样评价：“当我们能够提供额外的安全性而不会带来任何的不便时，我们会喜欢它”，这就是 AWS 的价值所在，如图 3-7 所示。

“当我们能够提供额外的安全性而不会带来任何不便时，我们会喜欢它。”
- Roger Zou 评价 Amazon GuardDuty
Snap Inc.

图 3-7　AWS 云安全的价值

AWS 云安全服务主要是指对用户的数据库进行统一检测和管理，避免被外人盗取，具体包括云单点登录服务、应用程序身份管理、集中控制与管理 AWS 账户或托管的威胁检测服务等，如图 3-8 所示。

使用案例	AWS 服务
安全地管理对服务和资源的访问	AWS Identity & Access Management (IAM)
云单点登录 (SSO) 服务	AWS Single Sign-On
应用程序身份管理	Amazon Cognito
托管的 Microsoft Active Directory	AWS Directory Service
用于分享 AWS 资源的简单而安全的服务	AWS Resource Access Manager
集中控制与管理 AWS 账户	AWS Organizations
一体化安全性与合规性中心	AWS Security Hub
托管的威胁检测服务	Amazon GuardDuty
分析应用程序安全性	Amazon Inspector
记录并评估您的 AWS 资源的配置	AWS Config
跟踪用户活动和 API 使用情况	AWS CloudTrail

图 3-8　使用案例及服务

▶ 专家指点

随着企业数字化进程脚步的逐渐加快，云安全就像是隐藏在海面上的巨大冰川，不知道什么时候会冒出来。数据泄漏、恶意软件感染和账号安全受损等云安全威胁事件数不胜数，企业和用户一定要加强云安全意识。

由于 AWS 的安全与合规，越来越多的用户选择了使用 AWS，它在医疗保健、金融、教育、政务、能源、非盈利组织、软件、电子商务和媒体等诸多场景上都得到了广泛地应用，如图 3-9 所示。

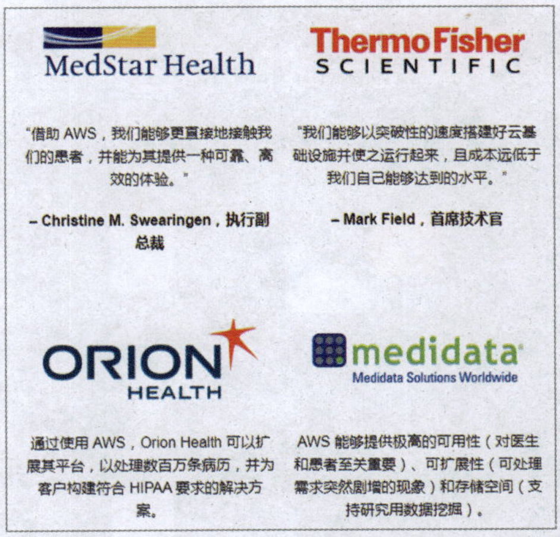
MedStar Health
ThermoFisher SCIENTIFIC
"借助 AWS，我们能够更直接地接触我们的患者，并能为其提供一种可靠、高效的体验。"
– Christine M. Swearingen，执行副总裁
"我们能够以突破性的速度搭建好云基础设施并使之运行起来，且成本远低于我们自己能够达到的水平。"
– Mark Field，首席技术官
ORION HEALTH
medidata
Medidata Solutions Worldwide
通过使用 AWS，Orion Health 可以扩展其平台，以处理数百万条病历，并为客户构建符合 HIPAA 要求的解决方案。
AWS 能够提供极高的可用性（对医生和患者至关重要）、可扩展性（可处理需求突然剧增的现象）和存储空间（支持研究用数据挖掘）。

图 3-9　AWS 客户应用

3.2　Azure 微软云服务

从云平台到大数据，从人工智能到智能边缘计算，微软用自己最大的努力通过技术去实现企业的数字化流程，将传统产品 office 与 Azure 云服务相结合，从而创造了让人眼前一亮的新世界。

3.2.1　微软云产品

Microsoft 365 是一种生产力云，它将 Office 应用、智能云服务和高级安全性整合到了一起，可帮助企业更高效地沟通，帮助员工规划并完成工作内容，如图 3-10 所示。

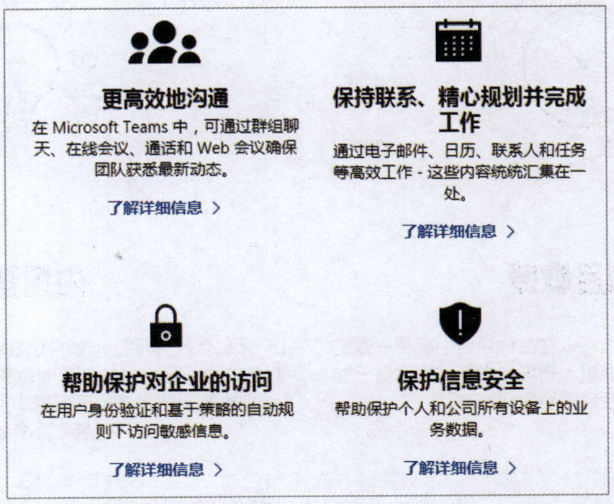
更高效地沟通
在 Microsoft Teams 中，可通过群组聊天、在线会议、通话和 Web 会议确保团队获悉最新动态。
了解详细信息 >
保持联系、精心规划并完成工作
通过电子邮件、日历、联系人和任务等高效工作 - 这些内容统统汇集在一处。
了解详细信息 >
帮助保护对企业的访问
在用户身份验证和基于策略的自动规则下访问敏感信息。
了解详细信息 >
保护信息安全
帮助保护个人和公司所有设备上的业务数据。
了解详细信息 >

图 3-10　Microsoft 365

微软自主研发的混合云具有极大的优势，因为它的 Azure 保护系统、Azure 管理与安全服务、Azure 数据服务和 Azure 服务背后的技术路径是一致的，如图 3-11 所示，使得企业可以灵活地面对各种业务场景。

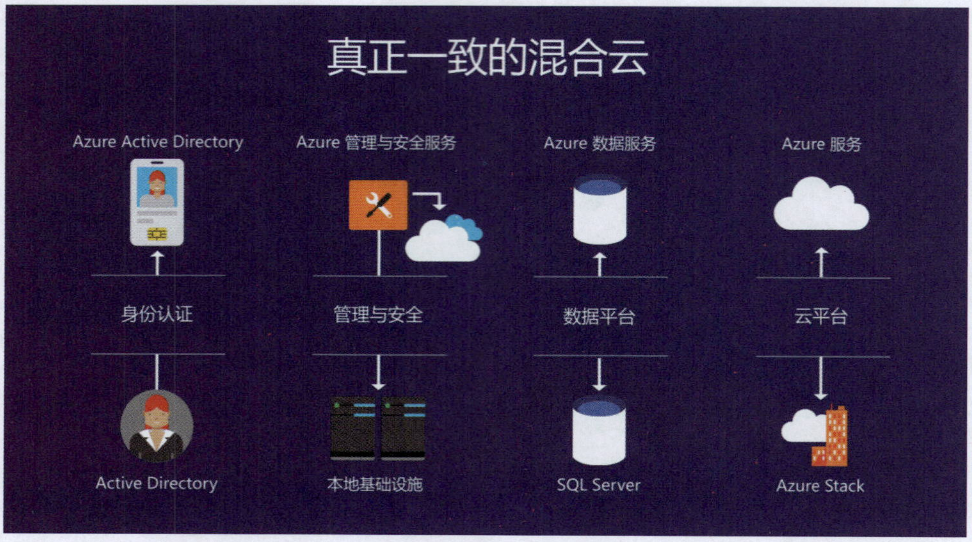
真正一致的混合云
Azure Active Directory
Azure 管理与安全服务
Azure 数据服务
Azure 服务
身份认证
管理与安全
数据平台
云平台
Active Directory
本地基础设施
SQL Server
Azure Stack

图 3-11　混合云

3.2.2　微软云数据

微软具有强大的 Microsoft 数据平台，可以实现所有数据的智能化，让数据更快地进入市场，然后在任意地方进行部署，为用户提供个性化服务。Microsoft 数据平台内部还包含 AI 人工智能技术，可以将机器学习应用于数据库，提升了软件的预测速度，提高了数据的安全性能，如图 3-12 所示。

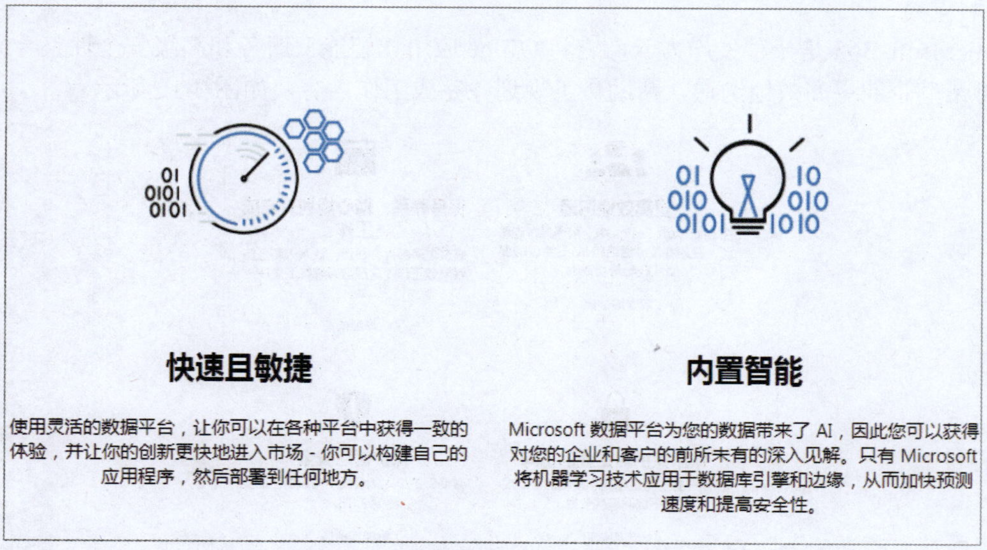
快速且敏捷
使用灵活的数据平台，让你可以在各种平台中获得一致的体验，并让你的创新更快地进入市场 - 你可以构建自己的应用程序，然后部署到任何地方。
内置智能
Microsoft 数据平台为您的数据带来了 AI，因此您可以获得对您的企业和客户的前所未有的深入见解。只有 Microsoft 将机器学习技术应用于数据库引擎和边缘，从而加快预测速度和提高安全性。

图 3-12　Microsoft 数据平台

目前，《财富》中排行世界前 100 强的企业里有 98 家已经使用 Azure 云服务，其自主研发 Microsoft 数据平台内置的智能预测服务可以达到 1M/秒，极大地提升了企业的业务办理效率，如图 3-13 所示。

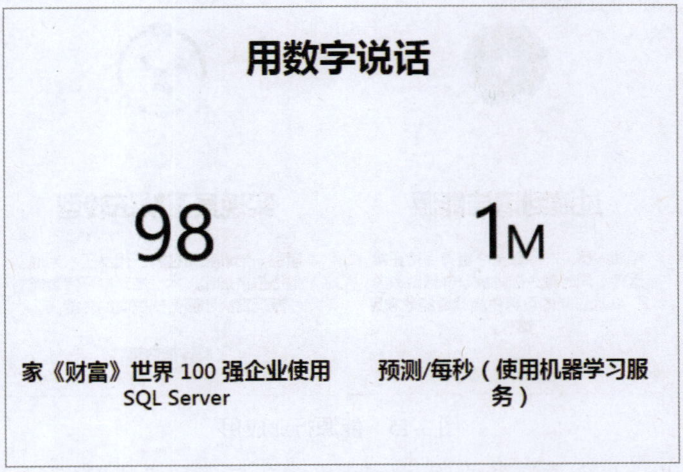
用数字说话
98
1M
家《财富》世界 100 强企业使用 SQL Server
预测/每秒（使用机器学习服务）

图 3-13　用数字说话

Microsoft 数据平台之所以如此受欢迎是因为它构建的智能应用程序可以跨越任何规模的数据，轻松地实现数据集成，将企业数据与全球的数据结合起来，再加上 AI 技术的推动作用，可以使企业获得根本上的变革，如图 3-14 所示。

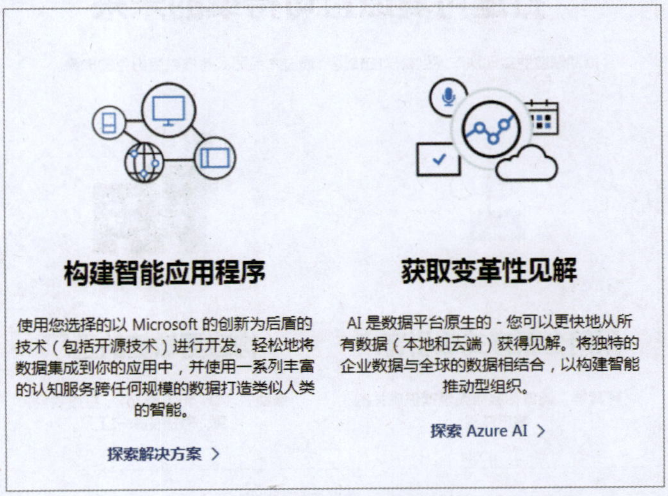
构建智能应用程序
使用您选择的以 Microsoft 的创新为后盾的技术（包括开源技术）进行开发。轻松地将数据集成到你的应用中，并使用一系列丰富的认知服务跨任何规模的数据打造类似人类的智能。
探索解决方案 >
获取变革性见解
AI 是数据平台原生的 - 您可以更快地从所有数据（本地和云端）获得见解。将独特的企业数据与全球的数据相结合，以构建智能推动型组织。
探索 Azure AI >

图 3-14　Microsoft 数据平台的核心优势

3.2.3　微软云案例

在能源方面，微软还开发了 Microsoft Sustainability Calculator 云服务，可帮助企业实现能源的可持续发展，减少 IT 基础设施的碳排放量，如图 3-15 所示。该云服务可以量化每个 Azure 用户在数据中心区域内的碳排放影响，它还可以通过互联车辆、智联城市和家庭进行智慧能源管理，利用云平台计算并节约能源，从而带来一定的社会和经济影响。

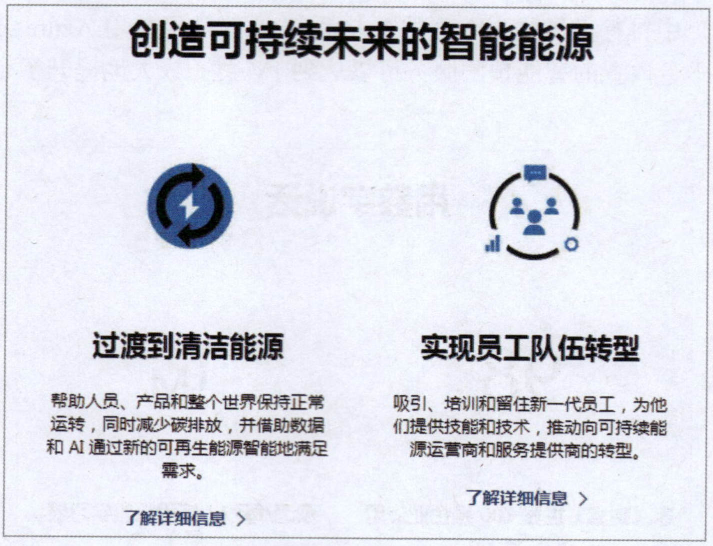
创造可持续未来的智能能源
过渡到清洁能源
帮助人员、产品和整个世界保持正常运转，同时减少碳排放，并借助数据和 AI 通过新的可再生能源智能地满足需求。
了解详细信息 >
实现员工队伍转型
吸引、培训和留住新一代员工，为他们提供技能和技术，推动向可持续能源运营商和服务提供商的转型。
了解详细信息 >

图 3-15　能源行业应用

微软在制造行业也具有广泛的应用，如图 3-16 所示。利用数据后台，微软可以促成制造业实现从车间到客户的转型，为客户服务提供多方位的销售和服务渠道，借助物联网和 IT 技术，微软还可帮助企业构建更敏捷的工厂。

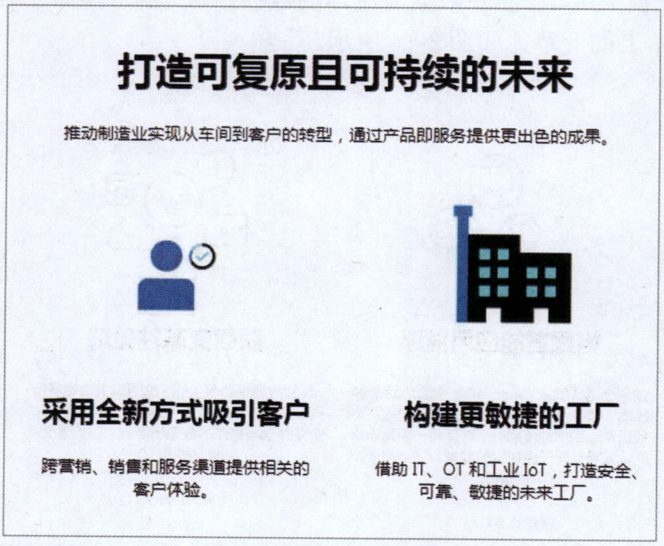
打造可复原且可持续的未来
推动制造业实现从车间到客户的转型，通过产品即服务提供更出色的成果。
采用全新方式吸引客户
跨营销、销售和服务渠道提供相关的客户体验。
构建更敏捷的工厂
借助 IT、OT 和工业 IoT，打造安全、可靠、敏捷的未来工厂。

图 3-16　制造行业应用

3.3　IBM Cloud 企业云服务

IBM Cloud 作为一个同时具有公有、私有和混合环境的企业全堆栈云平台，具有领先的数据底蕴、云计算功能以及 20 个行业深厚的企业专业知识，在云计算领域打下了专属于自己的一片蓝天。

3.3.1　IBM 云优势

随着云计算市场的扩大化，各大企业也纷纷凸显出了自己的优势。IBM 云计算与阿里云相比，具有更加真实的裸机云体验；与 AWS 亚马逊云相比，它的设置选项更多，更能处理复杂的工作任务，如图 3-17 所示。

【IBM 云计算 对比 阿里云】IBM 提供更加真实的裸机云体验，您可以直接操作整台裸机。
下载第三方对比报告
【IBM Cloud 对比 AWS】相比 AWS 解决方案，IBM 能应付更复杂的工作负载，并提供更多设置选项。
下载第三方对比报告

图 3-17　IBM 云计算的对比

IBM 云计算凭借其自身强大的实力，在这波云诡谲的市场中占据了一席之地。例如，IBM 海外公有云不仅具有稳定、快速和安全的特点，还支持游戏出海、视频业务出海和跨国业务等多场景功能，如图 3-18 所示。

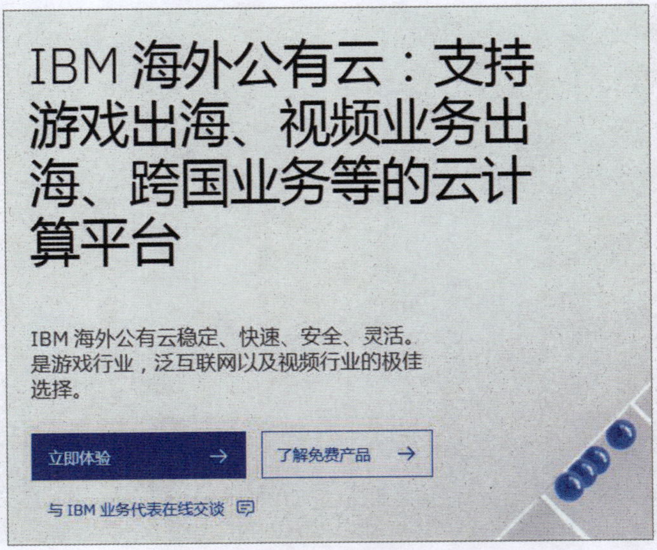
IBM 海外公有云：支持游戏出海、视频业务出海、跨国业务等的云计算平台
IBM 海外公有云稳定、快速、安全、灵活。是游戏行业，泛互联网以及视频行业的极佳选择。
立即体验
了解免费产品
与 IBM 业务代表在线交谈

图 3-18　IBM 海外公有云

3.3.2 IBM 云产品

IBM 混合云能够使用户进行多云构建和管理，它是基于 IBM 自研的混合云容器平台 Red Hat OpenShif 构建，用户可以随时随地从任何云开发使用云服务，从而实现数据预测和数据洞察等功能，如图 3-19 所示。

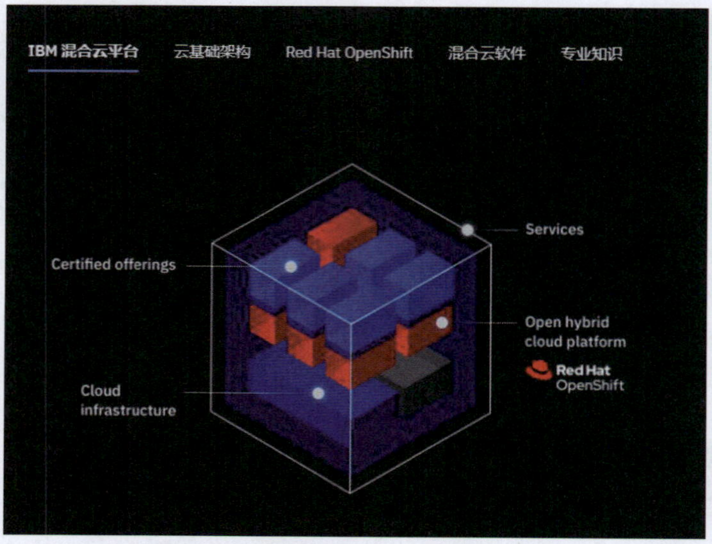

图 3-19　IBM 混合云

软件只有在用户能够跨多个工作流程并将其集成的情况下才能发挥最佳效用。IBM 混合云解决方案可帮助用户实现大规模自动化和现代化发展，保障企业数据安全，推进企业进行数字化转型，并支持跨行业工作，如图 3-20 所示。

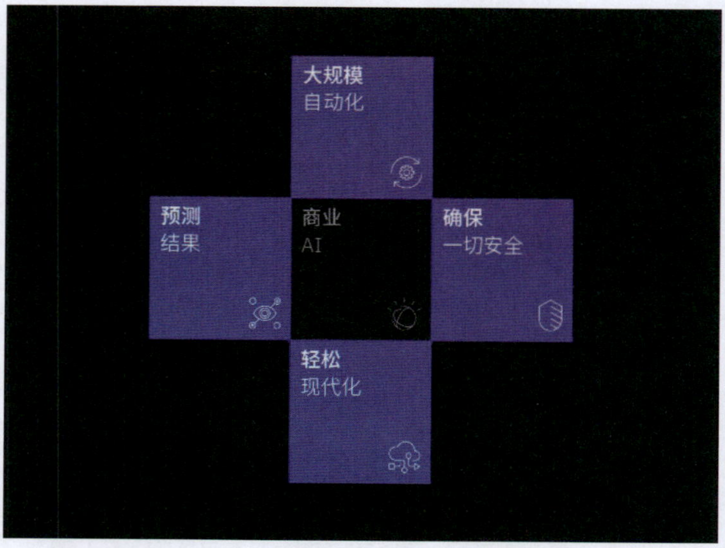

图 3-20　IBM 混合云的优势

随着 5G 技术的快速发展，IBM 也提供了有针对性的解决方案，如图 3-21 所示。IBM 将

5G 与边缘计算平台相结合，使数据存储更靠近生成数据的位置，降低了系统运行的成本，大大提高了数据处理速度。

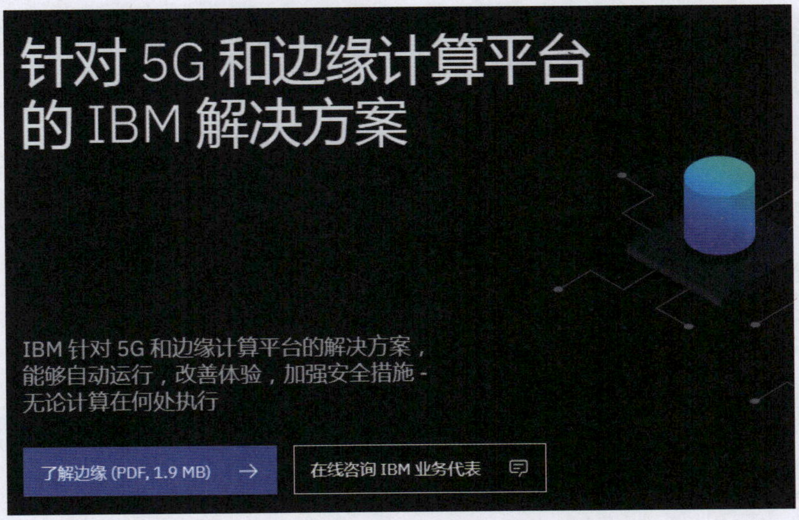
针对 5G 和边缘计算平台
的 IBM 解决方案
IBM 针对 5G 和边缘计算平台的解决方案，
能够自动运行，改善体验，加强安全措施 -
无论计算在何处执行
了解边缘 (PDF, 1.9 MB)
在线咨询 IBM 业务代表

图 3-21　5G 与边缘计算平台相结合

3.3.3　IBM 云发展

据报道，2020 年以后 IBM 将一分为二，将 IT 基础设施剥离出去，专注于发展云计算业务与 AI 技术，没有了客户捆绑束缚的 IBM 将有更大的自由去追逐和开拓混合云市场。图 3-22 所示，为与 IBM 合作的乐我无线直播公司和福耀玻璃工业集团。

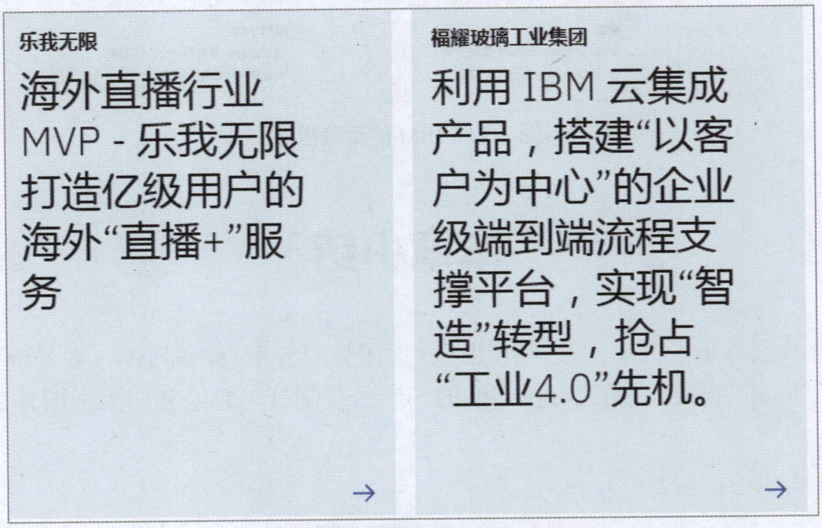
乐我无限
海外直播行业 MVP - 乐我无限打造亿级用户的海外“直播+”服务
福耀玻璃工业集团
利用 IBM 云集成产品，搭建“以客户为中心”的企业级端到端流程支撑平台，实现“智造”转型，抢占“工业4.0”先机。

图 3-22　与 IBM 合作案例

另外，在金融方面 IBM 研发了 QRadar SIEM 智能安全分析系统，它可以智能检测企业中的威胁并划分优先级，通过将分散在网络中的数千个设备终端相联合，使这些不同的信息集合起来，最终将异常数据汇总为警报信息，帮助用户快速响应，如图 3-23 所示。

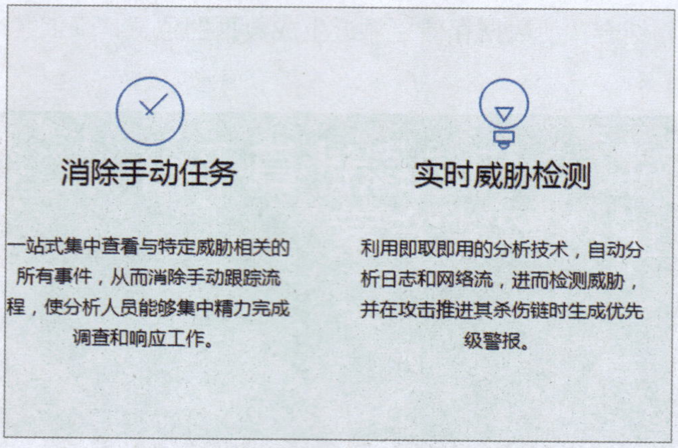
消除手动任务
一站式集中查看与特定威胁相关的所有事件，从而消除手动跟踪流程，使分析人员能够集中精力完成调查和响应工作。
实时威胁检测
利用即取即用的分析技术，自动分析日志和网络流，进而检测威胁，并在攻击推进其杀伤链时生成优先级警报。

图 3-23　IBM QRadar SIEM

IBM 的金融云服务方案还具有安全性、可视性和可控性的特点，如图 3-24 所示。它可以为用户提供可跟踪的审核日志，帮助用户设置访问权限，其自带的密钥功能还可以进行加密和擦除，极大地保障了用户的数据安全。

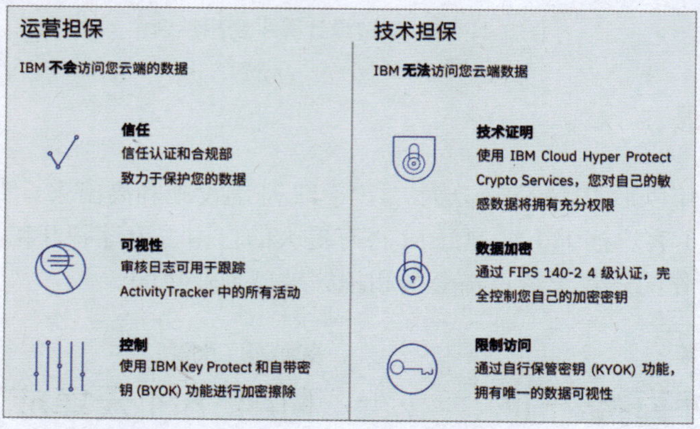
运营担保
IBM 不会访问您云端的数据
信任
信任认证和合规部
致力于保护您的数据
可视性
审核日志可用于跟踪
ActivityTracker 中的所有活动
控制
使用 IBM Key Protect 和自带密钥 (BYOK) 功能进行加密擦除
技术担保
IBM 无法访问您云端数据
技术证明
使用 IBM Cloud Hyper Protect Crypto Services，您对自己的敏感数据将拥有充分权限
数据加密
通过 FIPS 140-2 4 级认证，完全控制您自己的加密密钥
限制访问
通过自行保管密钥 (KYOK) 功能，拥有唯一的数据可视性

图 3-24　IBM 的运营担保

本章小结

本章主要从国外市场入手，重点介绍了 3 大国外的云平台，即 AWS 亚马逊云、Azure 微软云和 IBM Cloud 企业云，通过分析它们的云产品及部署，总结和归纳了国外云计算的发展前景及优势。

本章习题

1．微软强大的 Microsoft 数据平台之所以受欢迎的原因的什么？
2．IBM 云计算与阿里云、AWS 亚马逊云相比，具有哪些优势？

第 4 章　政企云平台

本章导读

云计算作为数字化发展的“大脑”，它在政企行业的应用也越来越广泛，众多领先企业率先打造政企云平台，例如华为云 Stack 和腾讯政务云等，给政府和公众带来了极大地便利。本章重点介绍政企云的数字化发展作用和趋势，并例举了五大政企云平台，希望能对各位读者有所启发。

本章重点

- ➢ 数字化的重要载体
- ➢ 政企云平台的案例
- ➢ 政企云的发展趋势

4.1 数字化的重要载体

云计算作为数字大脑的重要载体，是行业的主要业务能力平台，对政企行业的发展具有重要作用。如今，数字化转型已经成为政企行业下一步发展的主旋律，5G 作为通信行业的强势项目，也将间接带动政企行业正向发展。

4.1.1 5G 与云服务政企行业

很多人可能认为，5G 就是网络速度更快，延迟更低。但是，相比起 5G 带来的网络流量，它更大的应用在于与云计算的结合。

1. 5G + 云

云计算以互联网为中心，可以为用户提供庞大的数据资源，且不受时间和空间的限制。在 5G 技术的支持下，云计算下放至移动端设备成为可能。正因为如此，云计算被广泛用于各个方面。腾讯、三星和华为等领先企业迅速利用云计算低成本和高安全性能的优势，结合自身需求，构建出整体的解决方案。

相信很多政企人员都遇到过需要外出办公，无法参加重要会议的紧急情况。为解决这一问题，钉钉想出了一个办法，即将 5G 与云计算技术相结合搭载于 AR 眼镜之上，为用户构建一个与现实平行的 3D 世界，让用户即使在外地，也能形成一个虚拟的平台，在虚拟会议室洽谈工作。该 AR 眼镜套装包括一副 AR 眼镜，可单手持握的触控手柄和一个计算单元，轻便时尚，如图 4-1 所示。

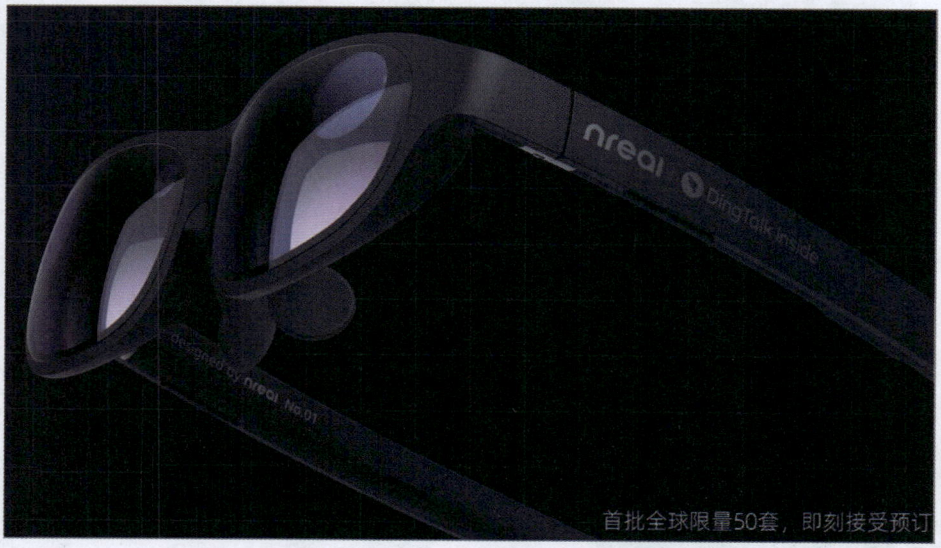

图 4-1 5G 与云计算的结合设备

AR 眼镜有 3 种模式，即环绕模式、演讲模式和协同模式。环绕模式适用于多人协同会议，开会时可与其他参会者进行流，可切换屏幕和调整屏幕位置，为用户带来沉浸式的会议体验；演讲模式主要适用于展示者演讲 PPT；协同模式是线上平行协同空间，适用于多个会议。

目前，AR 眼镜需连接手机或者电脑使用，但随着设备的发展和云计算越来越优的功能，未来 AR 的独立化发展也将成为可能。

2. AI＋5G＋云

基于云计算、5G 和人工智能的普遍发展，和政企有关的高科技产品不再高不可及。产品需要建立在云计算的基础之上，这样最大程度地降低了研发成本。

云计算、5G 和人工智能这三者之间只有相互协同配合，才能实现效益最大化。例如，使用云计算产生大量数据，5G 负责传输和连接，人工智能则是负责打造具有想象力的产品。AI＋5G＋云的巧妙组合，释放出无限的能量，让政企行业发展有更多的可能性。

4.1.2　为企业数字化转型赋能

云计算与大数据的发展实际上是一个为企业赋能的过程，只有将其与行业充分融合，才能实现企业的数字化转型。于是，政企云应运而生。例如，南宁市利用政府“云管家”，防范政府债务风险，打造了全国一体化的政务在线平台，通过该平台可以完成证照服务和智能审批等项目，如图 4-2 所示。

图 4-2　南宁市一体化的政务在线平台

通过智能云平台，政府还可以分散采集近 700 家事业单位或者国有企业的资产负债数据，采用高端云计算等科学技术合成电子动态演示图，一网掌控全市财政收支和重大项目进展，并实行动态监控。

4.1.3　为政企行业开源节流

政企行业的个性化需求是云计算服务的一个难点，同时开放与灵活也是政企成功运营的关键所在。开放是指政企云是以云计算为平台构建的，那么它的网络属性必须是开放的。网络资源是一个巨大的宝库，除了提供业务和承载之外，它还能进一步优化业务，更好地满足政企人员的需求。

节流对于政企工作人员的重要性不言而喻。通过虚拟的云平台，将大大节约政企工作的成本。例如，采用智能云打印代替传统的打印机，如图 4-3 所示。智能云打印能够实现跨网络全员共享，只需要一台电脑，一台打印机，利用云平台就能将打印机共享给全公司。

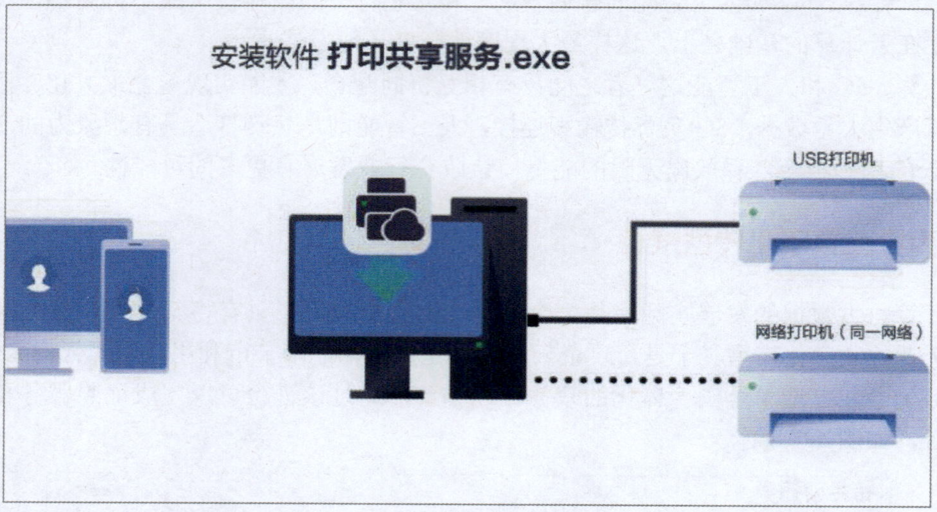

图 4-3　智能云打印

智能云打印不受网络和地区限制，即使工作人员在出差时也能打印，而且还能按部门统计消耗。政企人员也可扫码进行打印，防止信息泄露。

4.2　政企云平台的案例

通过政务云平台建设，可以解决大量文书工作占用政府工作人员时间的问题，保障了政企持续为人民提供高效、便捷的民事服务能力。本节主要介绍五大政务云平台，希望能对读者有所启发。

4.2.1　华为云 Stack

2020 年 9 月，华为人工智能大数据中心在成都高新区成功落户。据统计，总投资约 109 亿元，全产业链将支持华为自身研发体系，并满足行业上对于数据和算法模型的存储要求。

作为技术领先发展企业，华为的这一举动，进一步表明了云平台在行业发展中的重要性。同时，华为在城市建设方面也发挥了巨大作用，如图 4-4 所示。它面向政企持续输出新技术与新能力，构建了具有统一生态的政企混合云。

▶ 专家指点

目前，全球大部分的网络数据都是在近两三年之内，随着云计算以及网络的不断发展而产生的。在未来的时间里，数据基数会越来越大，数据的处理难度也会增加，它的应用也会越来越广泛。

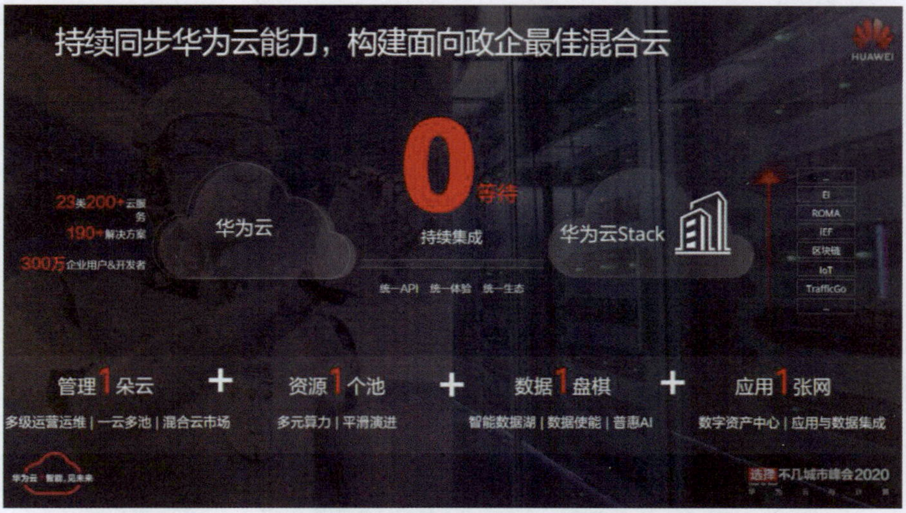

图 4-4　华为构建最佳政企混合云

华为政企混合云是基于云平台和智能数据湖，将其资源集成应用于政企市场，利用其多元算力与算法，为用户提供多样化的服务。另外，华为还自主研发了鲲鹏政务云平台，为政府和企业提供了一套全场景的政务服务，如图 4-5 所示。

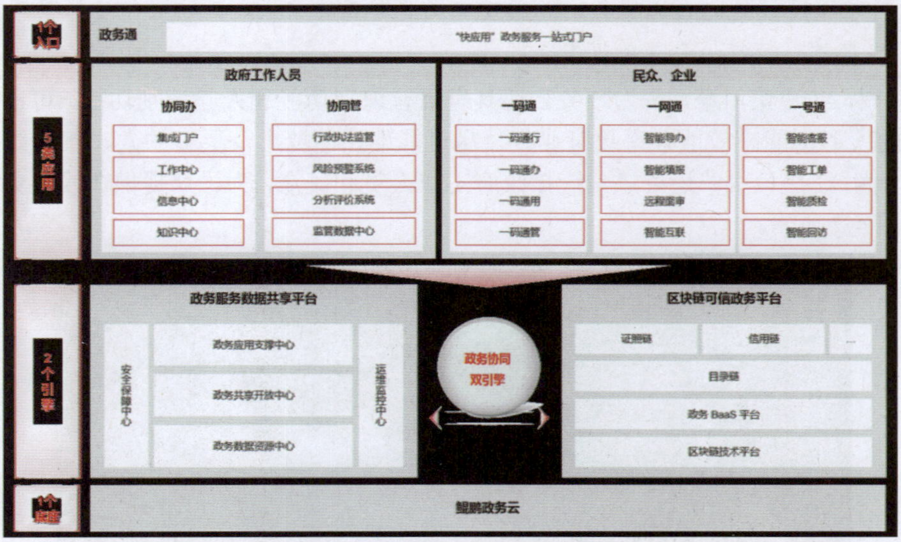

图 4-5　华为智慧政务解决方案

> **▶ 专家指点**
>
> 华为智慧政务解决方案分为 1 个入口、5 类应用和 2 个引擎，即利用政府服务数据共享平台和区块链可信政务平台，为政府工作人员提供了“协同办”和“协同管”的智能服务，为民众和企业提供了一码通和一号通的全栈式服务。

通过云平台与网络的连接，还可以实现政务的线上办理，简化了政务办理流程，从真正意义上实现了利国利民。例如，一网通服务就是通过手机 APP 实现政府政务的全程网办，让行动不便的老人在家也能自助申请政府业务，如图 4-6 所示。

图 4-6　一网通

▶ 专家指点

党和国家的宗旨是全心全意为人民服务，建设政府的目的也是为了帮助人民更好地生活，那么科学也应该是为人民服务的。在技术飞速发展的今天，更应该关注那些弱势群体，帮助他们也享受科技发展带来的便利。

利用华为 AI 决策引擎，华为政务云还具有语音识别功能和人脸识别功能，可以帮助那些不会打字的人群也能高效地办理政府业务，尽可能地让便捷惠及更多的人，实现线上和线下一体化。华为 AI 决策引擎还可以与连接政府工作人员和民众，为民众提供在线政务办理辅助服务，如图 4-7 所示。

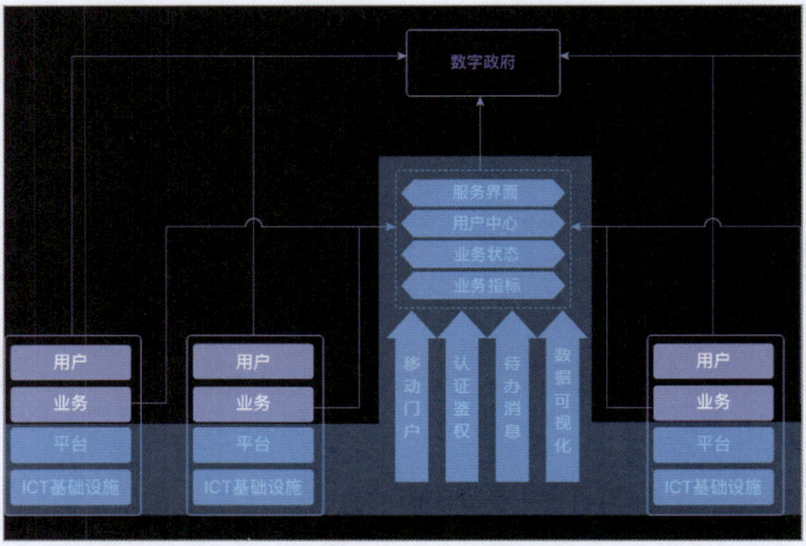

图 4-7　数字政府

另外，利用华为云技术的共享功能，可以对政务数据交换和共享进行试点和创新，促进区县或市级政府政务的信息资源共享，增加数据确权，促进政务系统的整合，真正实现政府部门共享交换的自组织模式，如图 4-8 所示。

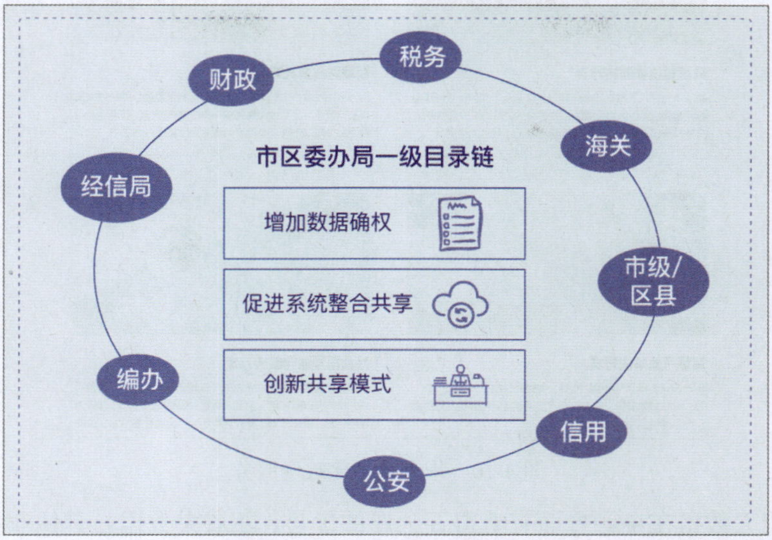

图 4-8 在线政务共享平台

除此之外，华为通过整合行业数据，还研发了智慧城市 IOC 平台，如图 4-9 所示。它是将大数据、云计算与政府业务相融合，围绕城市政务管理的中心应用，实现政府政务和决策的智能化管理。

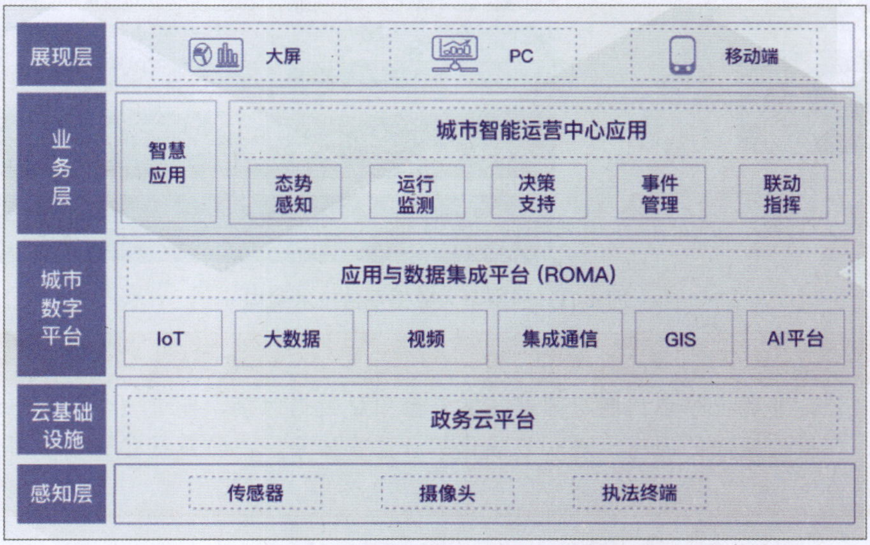

图 4-9 智慧城市 IOC 平台

华为的数字化政企服务在深圳得到了广泛的应用，如图 4-10 所示。通过华为云 Stack 平台，可以促进政府政务的数字化转型，为政府和企业提供交通云、政务云、财政云、气象云和社会视频网络云等一系列政府服务，为新型城市基础设施建设提供了新的动能，加速了城市智能化升级。

交通智能体解决方案
基于华为云人工智能和大数据技术优势，与交通行业深度融合，提供"感知-认知-诊断-优化-评价"体系化全流程的城市交通综合治理解决方案，让交通更智能，让城市更美好
智慧财政解决方案
华为云协助客户实现财政业务信息化的全覆盖，提升财政管理整体效率，使财政信息化成为财政追赶超越、管理模式创新发展、精准治理显著提升的重要保障和驱动力量
智慧气象解决方案
华为云提供智慧气象解决方案，包括高性能计算、人工智能、大数据等服务，助力气象行业智慧化升级转型，让气象预报算得快、测得准、服务好
社会视频联网解决方案
华为云社会视频联网解决方案将各类社会单位的前端摄像机接入华为云联网汇聚，实现各类社会视频的远程集中调阅、联网转发、智能分析，提升治安防控、维稳处突等治理效率

图 4-10　华为数字化政企服务

另外，智能大数据在金融方面有着得天独厚的优势。随着大数据与具体业务的不断融合，各大公司与银行的合作开始向科技部门转变。公司开始以平台化和抽象化的产品为主，使客户能自主应对不那么复杂的场景。下面以通用型大数据平台为例，分析它们的技术构造，如图 4-11 所示。

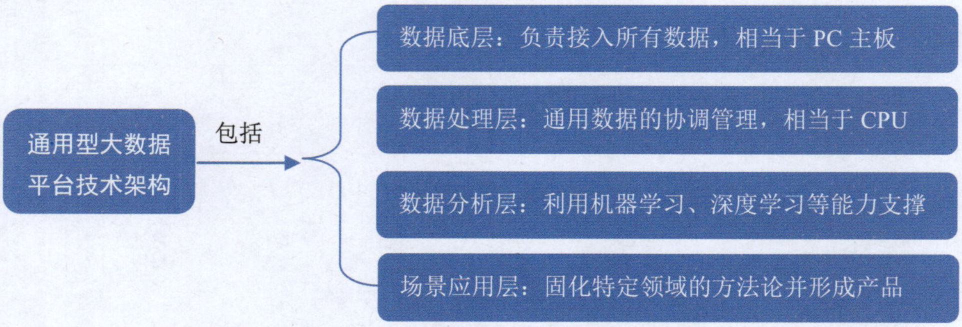
通用型大数据平台技术架构
包括
数据底层：负责接入所有数据，相当于 PC 主板
数据处理层：通用数据的协调管理，相当于 CPU
数据分析层：利用机器学习、深度学习等能力支撑
场景应用层：固化特定领域的方法论并形成产品

图 4-11　通用型大数据平台技术架构

> ▶ 专家指点
>
> 除此之外，智能云平台还能与国家扶贫资金项目数据对接，能进一步做到信息流畅和数据精准，在摸清家底的同时，进一步强化平台监管体系，为防范扶贫资金使用风险做出了重大贡献。

4.2.2　腾讯智慧政务云

腾讯智慧政务云依托于它特有的微信、企业微信和政务微信的全方面融合，可以实现政府工作人员、企业和民众的全面连接，从而打造了一系列政务 SaaS 产品，例如腾讯云源枢、未来社区政府平台、腾讯仓运通和政务微信等，为政务办理提供了更多地路径和选择渠道，如图 4-12 所示。

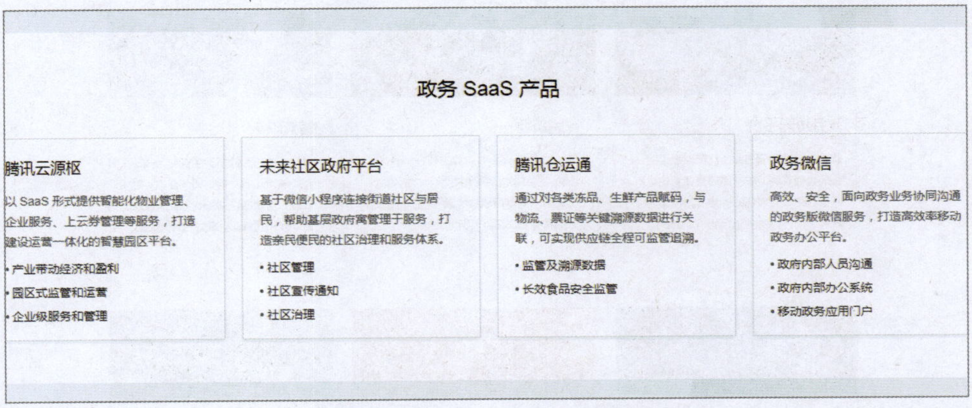

图 4-12　腾讯云政务 SaaS 产品

通过微信小程序可以实现政府基层设施管理和社区治理，通过政务微信可以实现政府内部高效和安全的政务沟通，这些数字化产品为政府提供了强有力的保障，促进了政府数字化转型的有机融合。

▶ 专家指点

腾讯智慧政务云基于对政府行业的的深度理解，并充分结合云计算技术，为政府提供了一系列的政府服务资源，构建了一个绿色健康的城市政务的生态圈，实现了城市政务的可持续发展，全面提高了政府办公效率。

图 4-13 所示，为腾讯智慧政务云的技术架构。该技术架构运用了腾讯云计算、存储、网络和安全等基础建设和腾讯自主研发的天玑 DaaS 和数智中台等基础平台能力，为政府服务构建了标准的行业规范体系、数据安全体系和运营保障体系。

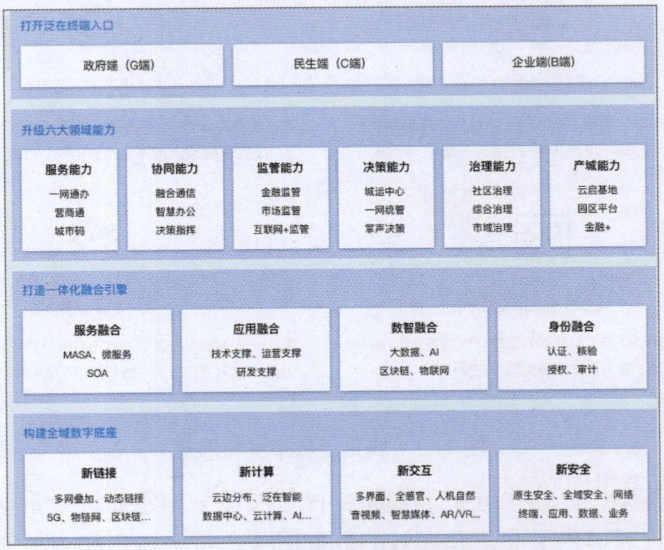

图 4-13　腾讯智慧政务云技术架构

基于智慧政务技术架构，腾讯云研发了多样化的政府办公平台和政务系统，例如政务协同平台、一网统管、智慧政法、智慧税务、智慧党建和数字乡村等，如图 4-14 所示。

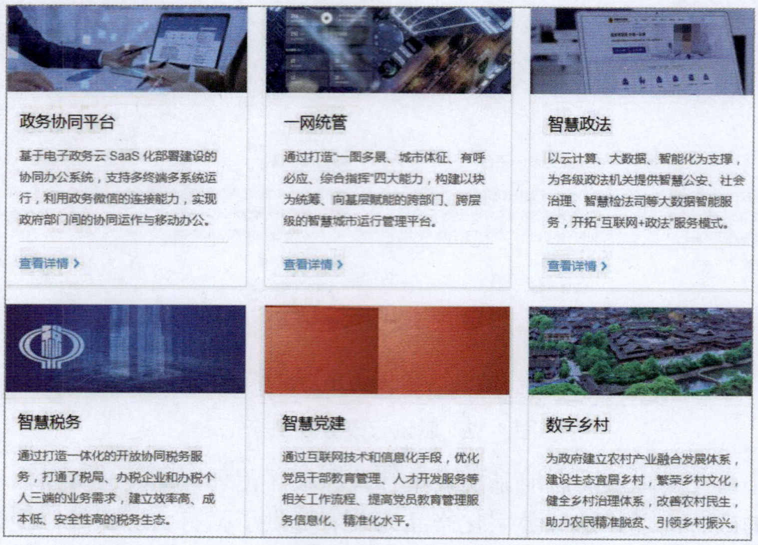
政务协同平台
基于电子政务云 SaaS 化部署建设的协同办公系统，支持多终端多系统运行，利用政务微信的连接能力，实现政府部门间的协同运作与移动办公。
查看详情 >
一网统管
通过打造"一图多景、城市体征、有呼必应、综合指挥"四大能力，构建以块为统筹、向基层赋能的跨部门、跨层级的智慧城市运行管理平台。
查看详情 >
智慧政法
以云计算、大数据、智能化为支撑，为各级政法机关提供智慧公安、社会治理、智慧检法司等大数据智能服务，开拓"互联网+政法"服务模式。
查看详情 >
智慧税务
通过打造一体化的开放协同税务服务，打通了税局、办税企业和办税个人三端的业务需求，建立效率高、成本低、安全性高的税务生态。
智慧党建
通过互联网技术和信息化手段，优化党员干部教育管理、人才开发服务等相关工作流程、提高党员教育管理服务信息化、精准化水平。
数字乡村
为政府建立农村产业融合发展体系，建设生态宜居乡村，繁荣乡村文化，健全乡村治理体系，改善农村民生，助力农民精准脱贫、引领乡村振兴。

图 4-14　政府办公平台和政务系统

这些系统和平台促进了政府治理的现代化转型，实现了政务的智能监控、智能预测和智能决策，为政府社会治理提供的海量的数据资源。为了实现全面的数字化转型，腾讯云的数字乡村服务为农业产业提供了互联网样板，如图 4-15 所示，搭建了城市与乡村有温度的连接桥梁。

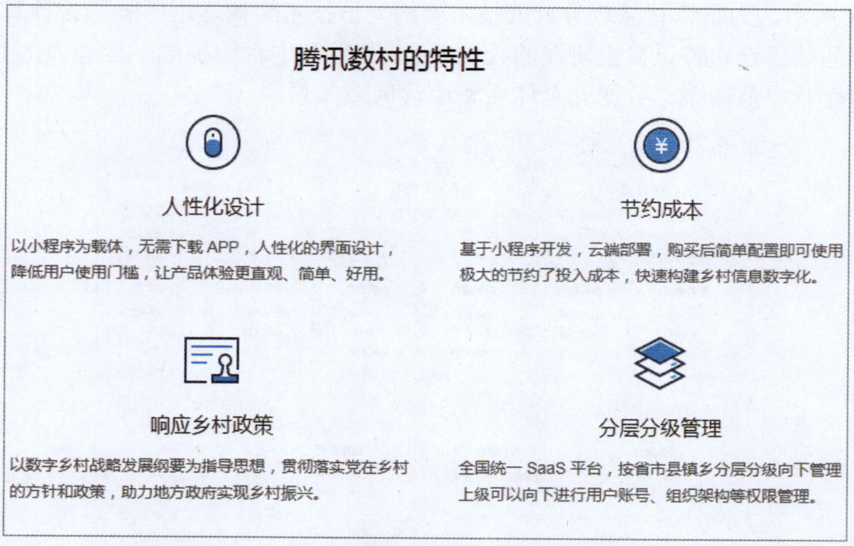
腾讯数村的特性
人性化设计
以小程序为载体，无需下载 APP，人性化的界面设计，降低用户使用门槛，让产品体验更直观、简单、好用。
节约成本
基于小程序开发，云端部署，购买后简单配置即可使用极大的节约了投入成本，快速构建乡村信息数字化。
响应乡村政策
以数字乡村战略发展纲要为指导思想，贯彻落实党在乡村的方针和政策，助力地方政府实现乡村振兴。
分层分级管理
全国统一 SaaS 平台，按省市县镇乡分层分级向下管理上级可以向下进行用户账号、组织架构等权限管理。

图 4-15　腾讯云数字乡村服务

利用全域数字基座、一体化融合引擎和乡村智能引擎构建的这一系列乡村应用，为未来农村生产、经营和管理提供了高质和高效的数据服务，符合城市和乡村的命运共同体的整体规范。另外，腾讯云还为政府提供了智慧场站服务，如图 4-16 所示。总的来说，就是为政府、机场、港口、铁路和火车等公共地区提供的基础设施服务，例如智能售检票、客流分布实时监测和人脸识别闸机等。

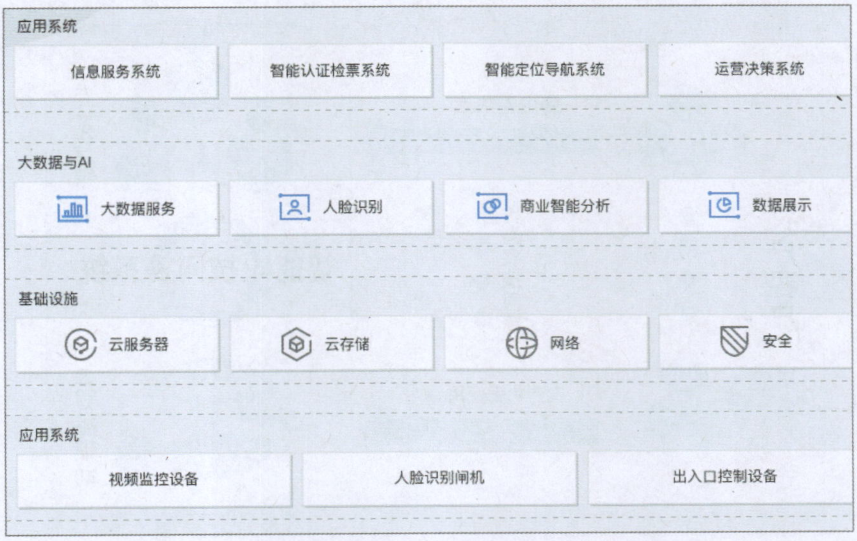

图 4-16　智慧场站

4.2.3　讯飞开放平台

科大讯飞本身强大的云计算能力是打造智慧政务和政府数字化转型的不二选择。它强大的云计算能力具体体现在其讯飞开放平台具有精准的认知能力、全面的数据能力、智能的交互能力、丰富的平台集成能力和 NLP 技术，如图 4-17 所示。

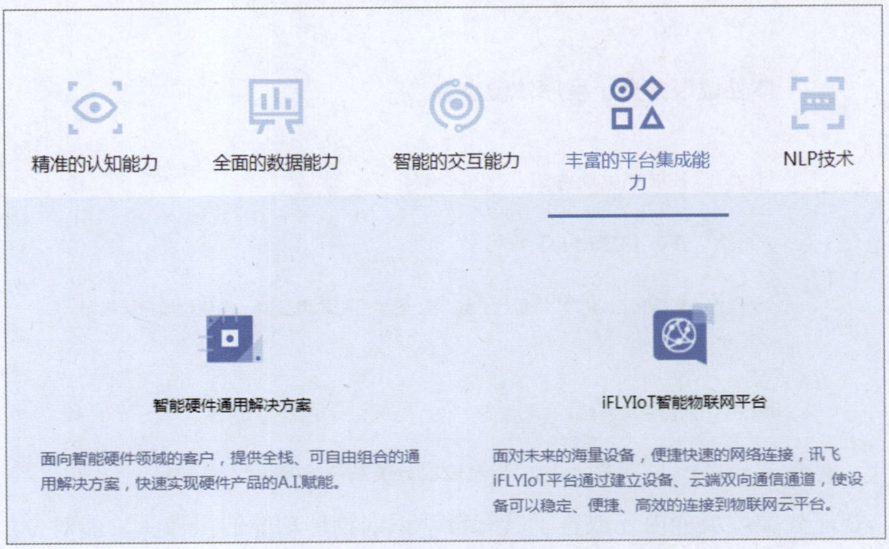

图 4-17　讯飞开放平台

基于讯飞开放平台，可以为用户提供智能受理、智能问答、智能检测和智慧搜索服务，如图 4-18 所示，可以解决民众农业方面的各种技术问题，为民众提供了高效和便捷的农业服务，达到了利用技术改善民生的目的。

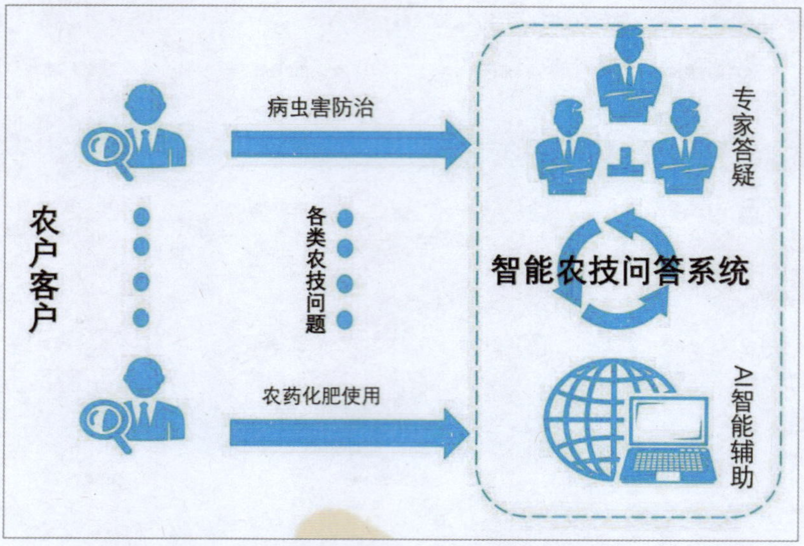
病虫害防治
农户客户
各类农技问题
农药化肥使用
专家答疑
智能农技问答系统
AI智能辅助

图 4-18　智能农技问答系统

为了方便进行社区统一化的智慧管理，实现政府对健康环保的集中化治理，讯飞开放平台还设计了智能垃圾分类解决方案，即利用微信小程序平台，用户只要扫描二维码，就可以得到垃圾分类结果，如图 4-19 所示。

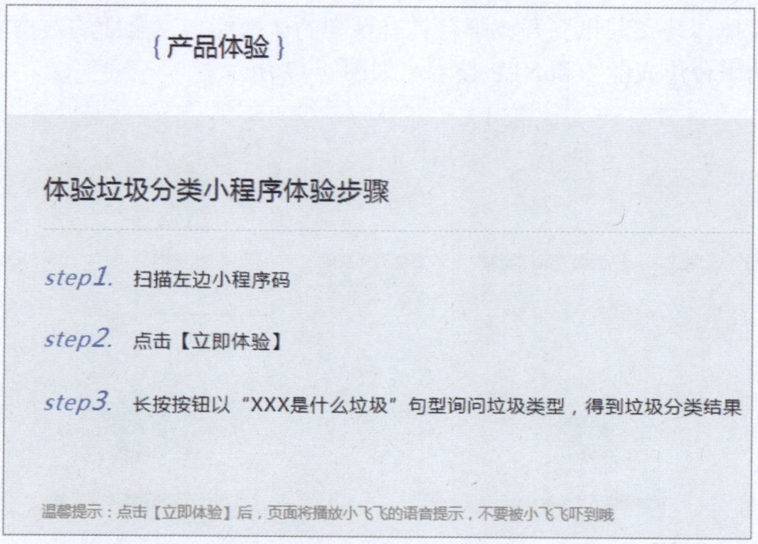
{产品体验}
体验垃圾分类小程序体验步骤
step1. 扫描左边小程序码
step2. 点击【立即体验】
step3. 长按按钮以“XXX是什么垃圾”句型询问垃圾类型，得到垃圾分类结果
温馨提示：点击【立即体验】后，页面将播放小飞飞的语音提示，不要被小飞飞吓到哦

图 4-19　智能垃圾分类解决方案

另外，智能分类垃圾桶内还放置了具有自动识别物体功能的摄像头，能对投放的垃圾进行拍照并进行自动分拣。在社区，居民还可以通过人机交互问答的方式进行垃圾分类，提高了居民的体验和分类效率。

除此之外，讯飞开放平台在司法方面也构建了云平台，如图 4-20 所示。针对诉讼参与人无法到达法院现场的问题，通过司法公有云可以将诉讼人员与法院连接起来，实现网络互联，提高了司法人员的办公效率。

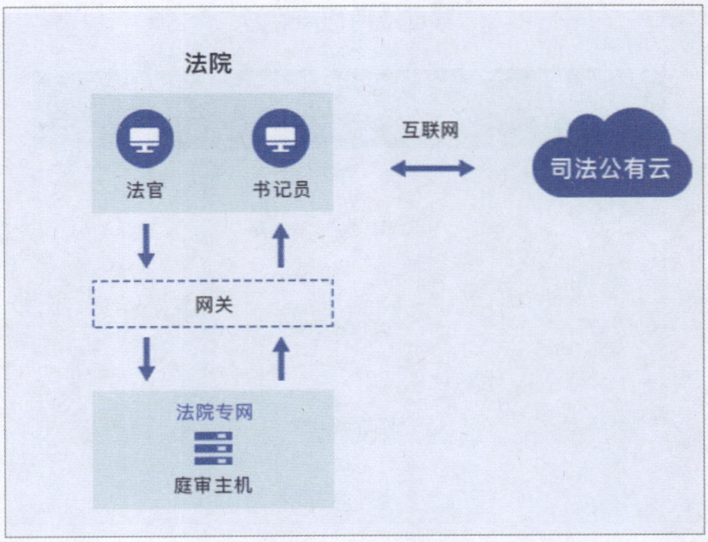

图 4-20　司法公有云

4.2.4　泛微政务小助手

泛微智能办公是腾讯战略投资的，能与企业微信相连的移动工作平台。基于 AI 语音交互技术和泛微 OA 场景，企业为每个成员配备了一个全天候智能语音助手——“小 e”。它具有 4 大智能化功能，例如业务处理智能化和知识问答智能化等，能帮助工作人员完成数据查询、审批和日程管理等日常办公问题，如图 4-21 所示。

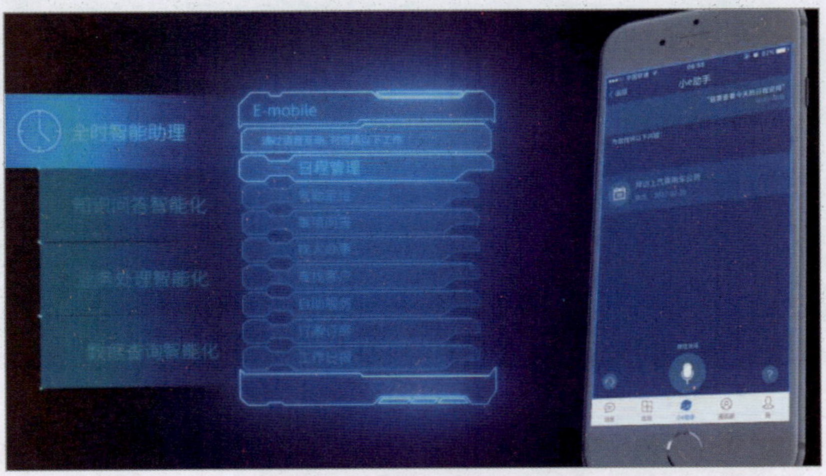

图 4-21　智能化功能图解

“小 e”通过人工智能技术具有感知、理解、行动和学习能力，这使它成为了一个新的智能应用入口，能够帮助工作人员进行考勤定位、事项问答、找人办事、查找客户和订票订房等基本工作，提高了工作效率。

除此之外，它还具有强大的移动引擎，能够跨平台将业务集成，并形成统一的用户管理平台，帮助用户进行业务处理，如图 4-22 所示。

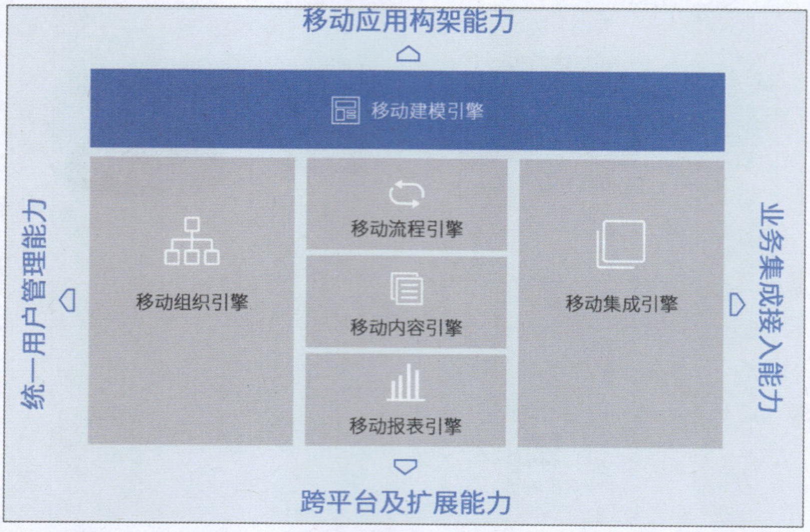

图 4-22　移动应用架构

泛微的智能化还体现在它能够签署智能合同。当领导出差时，合同无人审批，有可能会导致客户的流失。智能合同能让领导在外地也能审批紧要合同，同时它还提供合同内容自动审查和风险查询功能，电子签章同样具有法律效应，如图 4-23 所示。

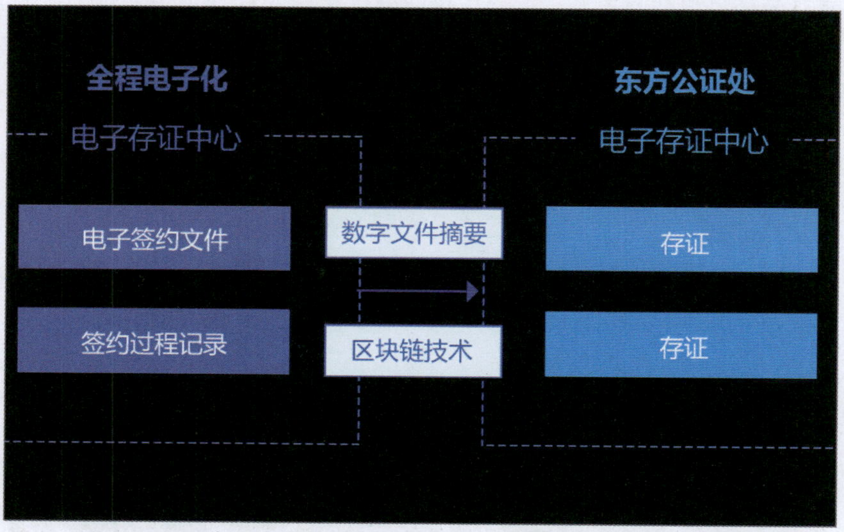

图 4-23　电子存证

▶ 专家指点

泛微政务办公的优越性主要体现在它能实现线上流程的一体化，事无巨细都能在网络上实现，甚至是手机移动端。这样的办公模式打破了空间的壁垒，将成为未来行业发展的主流。

另外，泛微政务办公还表现在它不仅能够智能收文和自动电子署名，还支持智能跟踪项目流程，具备流程审批、公文管理和党建管理等多种功能，帮助用户实时把握项目动态，如图 4-24 所示。

会议管理
系统化的开展会务管理，会前：会议申请、会议室预约...
流程审批
包含了流程的签批、知会、抄送、转办、加签、会签等传统的办公方式
督查督办
对重点工作的目标、结果、责任、时效等进行清晰下达与督办
建议提案
实现建议的提交、交办、承办、审核、答复、催办、督办...
党建管理
全系统采用"互联网+"模式，从传统的方式向科学党建的方式转变
知识文档
知识文档管理系统可对文件的存放、阅读和查找进行有效的组织与控制

图 4-24　泛微智慧政务办公

对于政府工作来说，要实行公开透明的政务管理。如果系统内部杂乱无章，将不利于群众的监督查询。为此，泛微推出了智能督察督办平台，可以简化工作页面，自定义平台功能，利用云平台对重点项目重点处理，如图 4-25 所示。

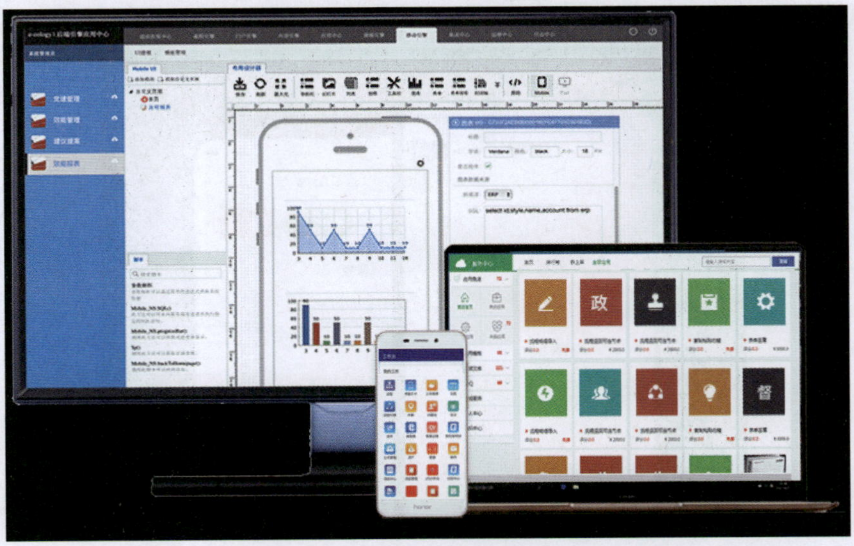
政
督

图 4-25　泛微简化政务界面

4.2.5　钉钉互联型政务

基于专属的安全、存储和开放的软硬件设计，钉钉打造了数字区县解决方案，如图 4-26 所示，即利用钉钉基座构建的“一个服务平台，三大协同，N 项服务应用”，让政策、服务和产品更加高效地落实，帮助政企快速发展。

图 4-26　数字化办公支付

政府的账户管理和财务审批也是无法避免的一项程序。钉钉的数字化企业办公支付功能同样也适合政府办公。它能够实现审批程序智能化，并且与支付无缝对接，让管理人员一键完成支付打款。另外，钉钉还能实现政务会议的线上预约，并将日程同步给所有参会人员，实现了平台的快捷办公，如图 4-27 所示。

图 4-27　钉钉会议的线上预约

> **▶ 专家指点**
>
> 线上处理事项的好处之一就是可以避免同事之间某些财务问题带来的尴尬，免去了面对面的交流。从某种程度上来说，更有利于企业的发展，无形中促使企业向更友好的方向前行。

智能文档是指能够实现多人文档协同工作和多端在线编辑的工作平台，这一功能极其适合政府工作人员，如图 4-28 所示。

产品设计
这是我们组的工作汇报表格，大家一起在线编辑，各自完成自己的部分吧！
工作汇报~1组.xls
在线编辑
我更新了【工作汇报~1组.xls】
新建

图 4-28　智能文档

4.3　政企云的发展趋势

据 IDC 数据显示，我国到 2022 年止，将有 60%的政企部门将实现以数据驱动政务决策，有 25%的制造业将运用以云计算和人工智能为中心的平台，搭建新的生态系统，使得一半的机器达到生产自动化。这样的预测为中国的技术行业带来了全新的挑战。由于政企行业本身具有离散化和碎片化的特点，所以云平台就像是一座优秀的桥梁，将政企业务很好地融入平台内，将数据交由平台处理，从而实现更快更好地发展。

4.3.1　政企云带来的价值

对于政企云来说一般有三个角色，即政府、公众和云服务提供商。换句话说，就是以政府人员为主导，面向企业和公众并为其提供服务的集合，如图 4-29 所示。

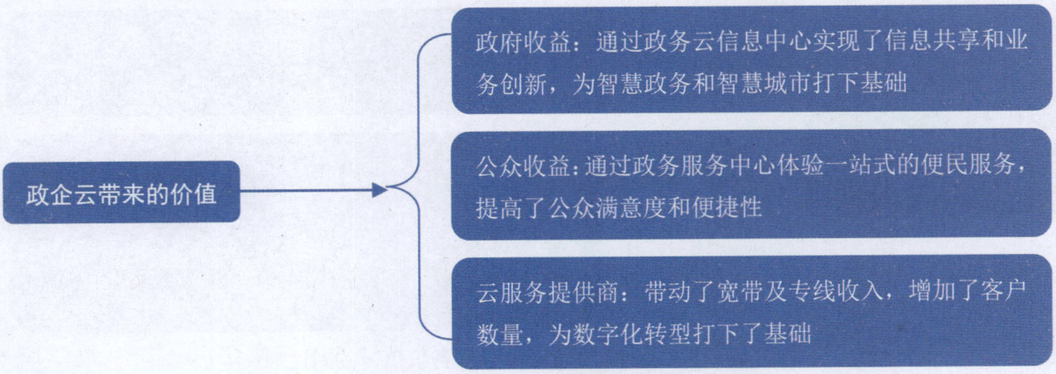
政企云带来的价值
政府收益：通过政务云信息中心实现了信息共享和业务创新，为智慧政务和智慧城市打下基础
公众收益：通过政务服务中心体验一站式的便民服务，提高了公众满意度和便捷性
云服务提供商：带动了宽带及专线收入，增加了客户数量，为数字化转型打下了基础

图 4-29　政企云带来的价值

目前，以大型政企为主角的互联网时代序幕已经拉开，政企的数字化转型已不再是“锦上添花”，而是企业发展和竞争的必要选择。以混合云为例，该方案要求运营商能够精通云计算、大数据、IT、通信和网络等多方面技术，构建难度较高，但是混合云一旦形成，能够满

足用户的全方位需求，将带领政企步入一个全新的工作体系。不同于传统互联网企业，安全、实时创新和稳定运维等已经成为政企用户的核心关注点，而这些正是云计算的优势。所以，大型政企要注重以数据为中心的云基础建设，为政企用户提供与本地部署一致的云上服务。

4.3.2 政企云带来的挑战

在新基建的时代背景下，数据已经成为新的生产资料，云计算变成新的生产工具。虽然已经有部分政企开始重视云计算的发展，但还是有一些技术或生态上的挑战，具体体现为以下三点，如图 4-30 所示。

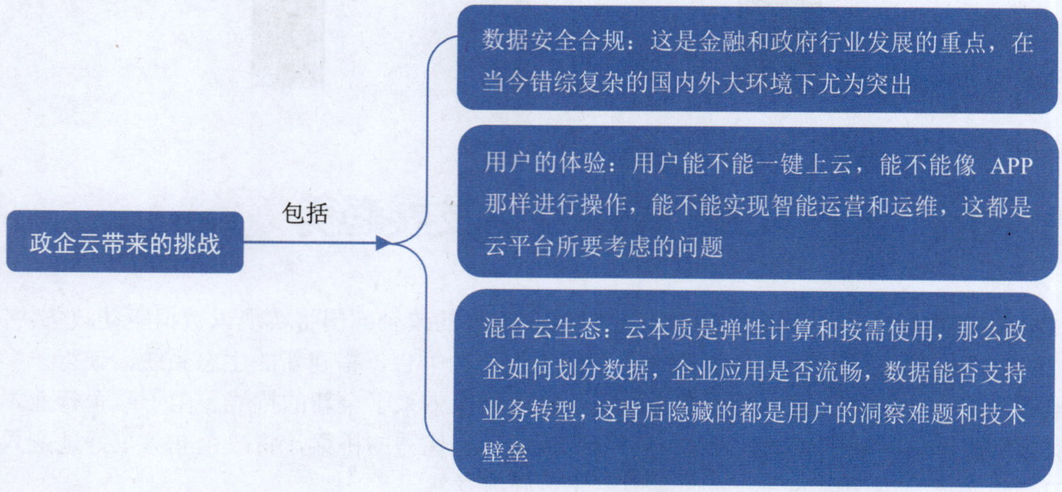
政企云带来的挑战
包括
数据安全合规：这是金融和政府行业发展的重点，在当今错综复杂的国内外大环境下尤为突出
用户的体验：用户能不能一键上云，能不能像 APP 那样进行操作，能不能实现智能运营和运维，这都是云平台所要考虑的问题
混合云生态：云本质是弹性计算和按需使用，那么政企如何划分数据，企业应用是否流畅，数据能否支持业务转型，这背后隐藏的都是用户的洞察难题和技术壁垒

图 4-30　政企云带来的挑战

4.3.3 运营价值链的核心

相较于传统 IT 价值链来说，云服务价值链更符合政企行业的工作需求，如图 4-31 所示。

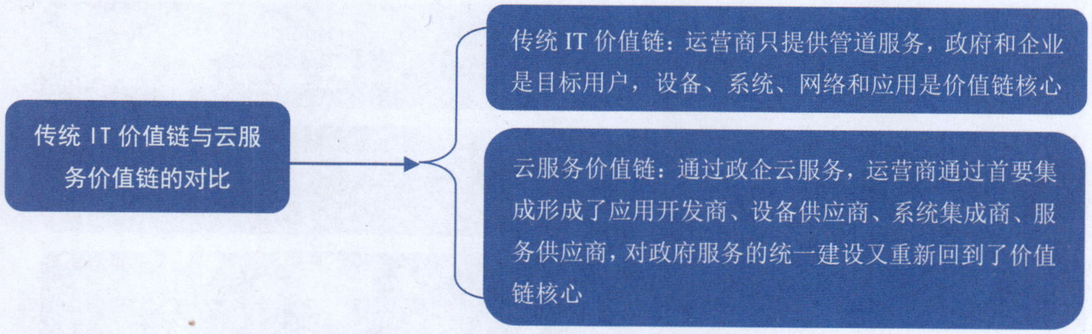
传统 IT 价值链与云服务价值链的对比
传统 IT 价值链：运营商只提供管道服务，政府和企业是目标用户，设备、系统、网络和应用是价值链核心
云服务价值链：通过政企云服务，运营商通过首要集成形成了应用开发商、设备供应商、系统集成商、服务供应商，对政府服务的统一建设又重新回到了价值链核心

图 4-31　传统 IT 价值链与云服务价值链的对比

政企云的运营核心就是基于云计算的虚拟平台和基础架构，为用户提供端到端的云服务，从而实现云与本地数据的生态协同。云服务时代的运维与传统 IT 相比，程序更加复杂，且智能升级更加频繁，对技术人员的在线化和专业化的能力要求更高。

4.3.4　政企云的行业优势

对于政企行业来说，一般具备了统一管理、数据治理和应用 3 大云服务能力，这使得其在行业应用时更具优势，具体体现在业务管理、用户服务能力、安全和发展潜力这四个方面，如图 4-32 所示。

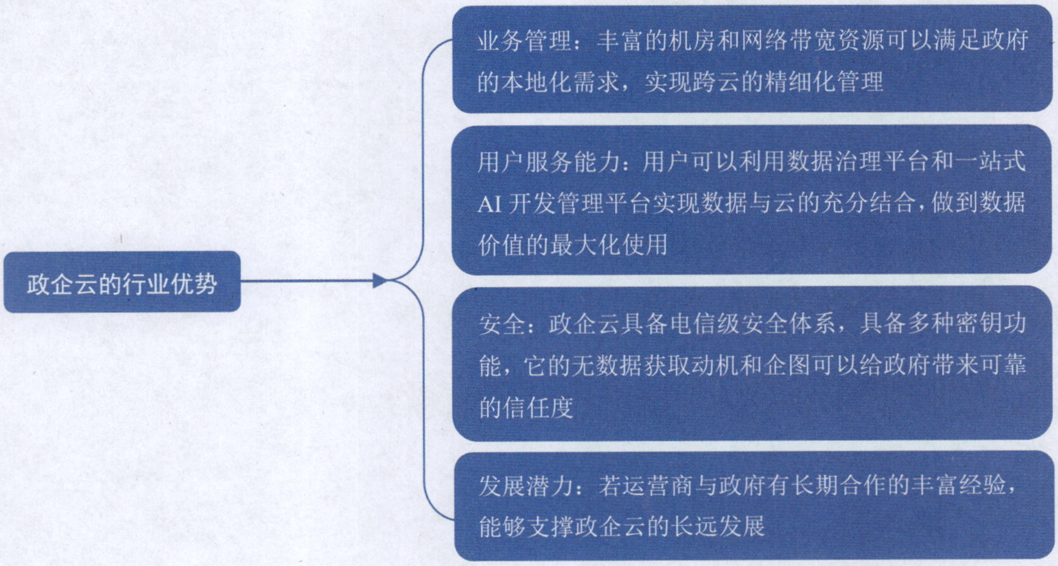
政企云的行业优势
业务管理：丰富的机房和网络带宽资源可以满足政府的本地化需求，实现跨云的精细化管理
用户服务能力：用户可以利用数据治理平台和一站式 AI 开发管理平台实现数据与云的充分结合，做到数据价值的最大化使用
安全：政企云具备电信级安全体系，具备多种密钥功能，它的无数据获取动机和企图可以给政府带来可靠的信任度
发展潜力：若运营商与政府有长期合作的丰富经验，能够支撑政企云的长远发展

图 4-32　政企云的行业优势

▶ 专家指点

如今，企业正在利用新技术进行智能化升级，企业的规模、业务模式和行业不同，信息化程度不同，对上云的需求也不尽相同。有的侧重弹性计算，如深圳机场；有的侧重边缘计算能力，如交通部路网，但是其核心、操作和管理是相同的。

本章小结

本章主要介绍了云计算在政企行业的应用以及发展，然后为读者介绍了华为云 Stack、腾讯智慧政务云、讯飞开放平台、泛微和钉钉在政务方面的解决方案，最后说明了政企云所带来的价值以及挑战。

本章习题

1．华为云 Stack 在政务方面有哪些作用？
2．在新基建的时代背景下，政企云带来了哪些挑战？

第 5 章　教育信息化的发展

本章导读

自 2008 年 IBM 提出“智慧地球”的概念之后，“智慧 + 行业”的代名词层出不穷，“智慧教育”的概念也应运而生。如果你用百度百科搜索，就会发现智慧教育就相当于教育信息化。教育信息化是一个很大的概念，它还包括了许多教育云科技平台。

本章重点

- 教育云的基本知识
- 教育云的科技平台
- 对教育云的初探索

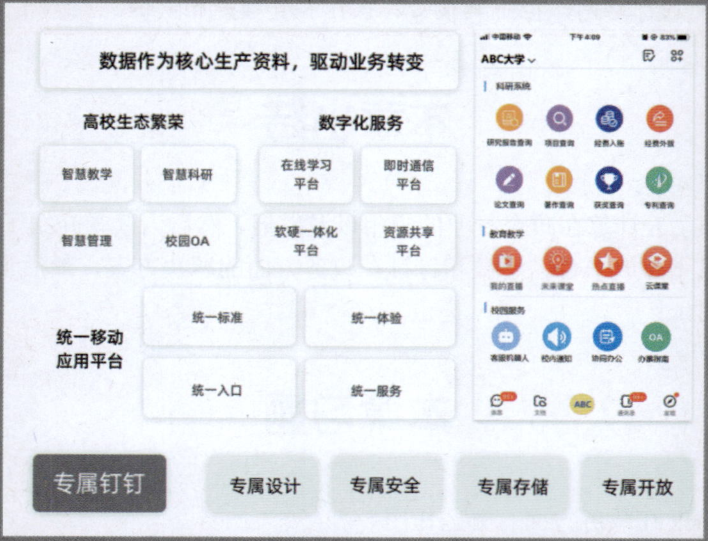

5.1　教育云的基本知识

当前，国家大力支持教育信息化的创新发展，推进教育云的建设。随着云计算逐渐走进人们的视野，学生在课堂上就可以体验个性化和沉浸式的教学体验，同时还可以提升老师的教学质量。

5.1.1　教育云的定义

云计算是教育信息化的基础架构，它在教育行业中的迁移称之为“教育云”。云计算包含了教育信息化需要的所有硬件计算资源，这些资源经过虚拟化之后，向学校、教育机构和学生提供了一个良好的平台，该平台的作用就是为教育提供云服务。

教育云以云计算、物联网和大数据等技术为基础，构建无线校园网络基础设施，为学校提供了智能教学平台，助力了各种校园智能场景的应用和落地。图 5-1 所示，为教育云的核心技术框架。

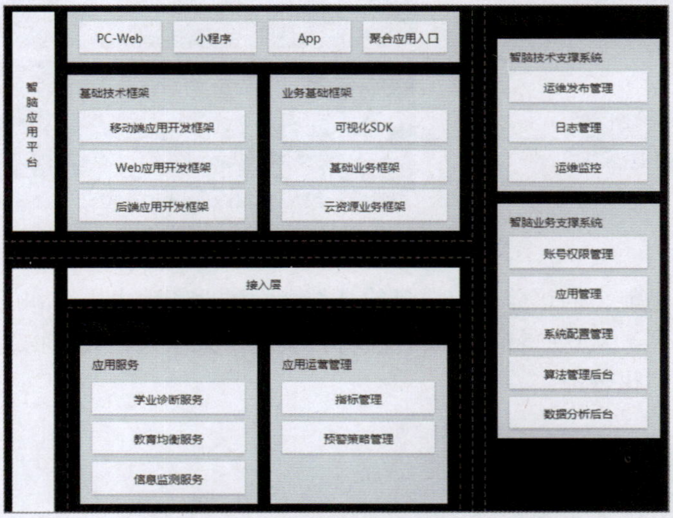

图 5-1　教育云的核心技术框架

> **▶ 专家指点**
>
> 教育云利用语音交互、图像识别和 VR 等多项技术，目的是为了更好地实现人机交互的教学体验，用更低的师资力量获得更高的教育效果，打造一个智慧便捷、统筹集约和精细管理的校园。

5.1.2　教育云的特征

信息技术的发展，为教育云的开展提供了多样地可能性。结合现代教育实际发展情况，将资源向教育中心偏移，深入教育改革和实现教育的智慧化，从而得出了以下五点教育云的特征，如图 5-2 所示。

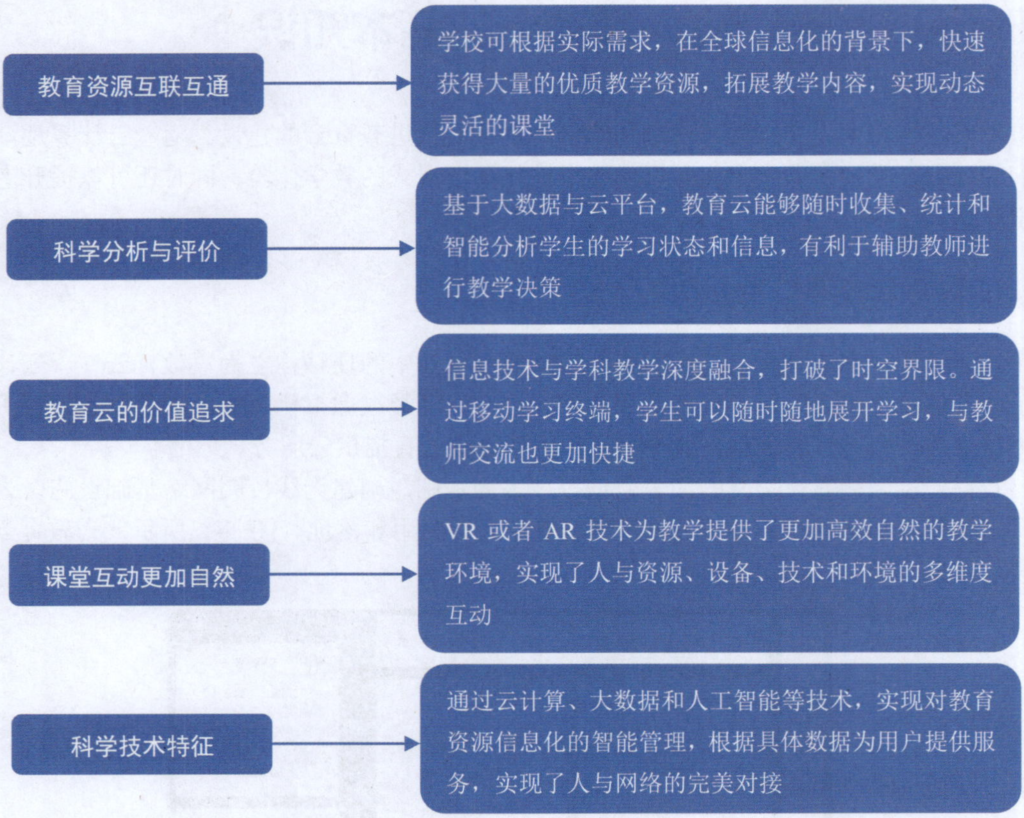
教育资源互联互通
学校可根据实际需求，在全球信息化的背景下，快速获得大量的优质教学资源，拓展教学内容，实现动态灵活的课堂
科学分析与评价
基于大数据与云平台，教育云能够随时收集、统计和智能分析学生的学习状态和信息，有利于辅助教师进行教学决策
教育云的价值追求
信息技术与学科教学深度融合，打破了时空界限。通过移动学习终端，学生可以随时随地展开学习，与教师交流也更加快捷
课堂互动更加自然
VR 或者 AR 技术为教学提供了更加高效自然的教学环境，实现了人与资源、设备、技术和环境的多维度互动
科学技术特征
通过云计算、大数据和人工智能等技术，实现对教育资源信息化的智能管理，根据具体数据为用户提供服务，实现了人与网络的完美对接

图 5-2　教育云的特征

教育云注重的是能力的培养过程，目的是教会学生理智地去思考和解决问题，教育的核心是让学生全面发展。从这些特征来看，教育云实现了人与人、人与物之间的统筹发展，实现了教育资源的智能化管理。

5.1.3　教育云的未来

教育云所蕴含的价值底蕴是十分强大的，可以从学生、教师和市场发展这三个方面来进行详细叙述，如图 5-3 所示。

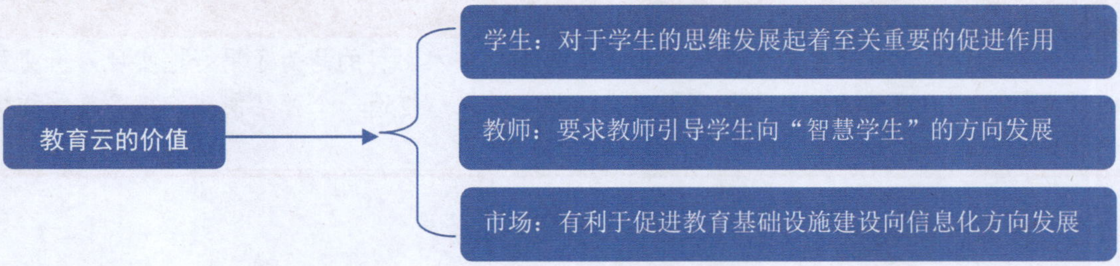
教育云的价值
学生：对于学生的思维发展起着至关重要的促进作用
教师：要求教师引导学生向“智慧学生”的方向发展
市场：有利于促进教育基础设施建设向信息化方向发展

图 5-3　教育云的价值

教育的目的在于为国家和社会培养出一个个智者，那就要求学生在处理问题时要融会贯通。当遇到专业化水准的问题时，大脑思维也可以灵活变通。教育云将重心放在学生的成长

和发展上，而不是一味地灌输教材，使得学生在这种教育理念中可以塑造良好的自身形象，这也是未来教育云的发展趋势。

从市场形势来看，教育云向着更新型的技术方面发展。但是，从市场分布来看，目前教育云主要集中在城市地区，尤其是一线和二线城市。这些城市相对来说，科技发展更快，市场竞争也较为激烈。

教育云的发展应该是一个全面化的过程。由于农村地区技术或资源等问题的限制，农村市场尚未完全打开。但是农村市场已基本具备教育云的服务能力和基础设施，可以作为市场长期发展的关键点和业务增长点。

5.2　教育云的科技平台

智慧校园是在物联网和教育云环境下实现教育跨越式发展的必然结果。本节主要介绍四大教育云平台，希望能帮助各位读者对教育地信息化发展具有更深层次地理解。

5.2.1　腾讯教育云

为助力校园升级，腾讯结合多资源云平台，打造了智慧教务、智慧办公、智慧后勤、智慧教研和精品云课等智能教学环境，帮助校园构建了一个可信赖的智能助手，促使老师和学生更好地进行教育和学习，如图 5-4 所示。

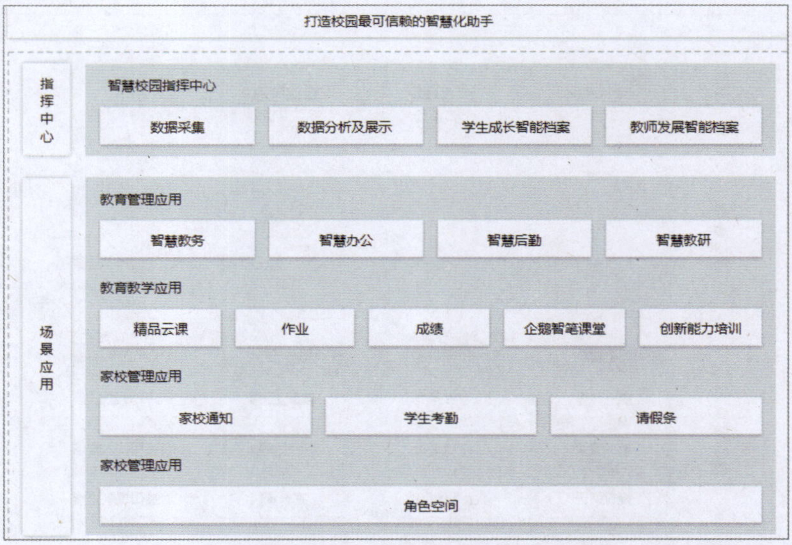

图 5-4　腾讯教育云全景

利用数据的采集、分析和展示以及采用云平台构建师生档案的技术，腾讯为校园打造了一系列教育云应用，例如智能阅卷、企鹅智笔课堂和创新能力培训等，有利于推动校企合作，帮助校园进行数字化升级。

只有营造一个积极向上的智能环境，才能找到合适学生发展的教学方法，为学校教育提供新的途径和策略。因此，腾讯教育云为学校提供了一个“教育大脑”的智慧生态解决方案，如图 5-5 所示，可以根据学生的学习能力与进度对其进行智能排课和智能作业批改。

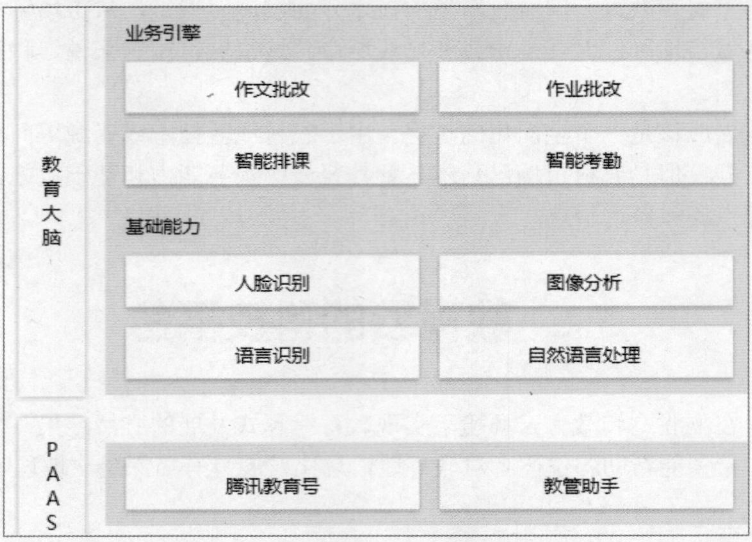

图 5-5 “教育大脑”智慧生态解决方案

另外，考虑到部分家长可能因为工作忙碌无法及时关注学校的活动信息，无法了解孩子的基本动态，腾讯研发了智慧消息功能，可以对校园内容进行精细化运营，并精准地发送到家长的校园账号，如图 5-6 所示。

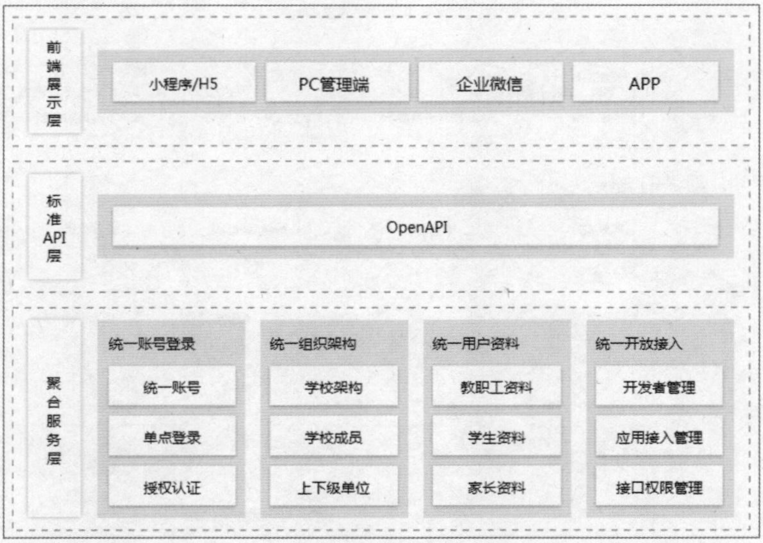

图 5-6 智慧消息

将校园信息与微信企业号相联合，可以每天无限量定时发布校园信息，并实时进行校园数据分析跟踪，确保每一位家长都能及时关注学校信息，方便快捷。同时，智慧消息还具有信息保密功能，不支持校外查看，精准送达的同时还保护校园信息的安全，为每一个学生提供安全的成长环境。

智慧教学功能是指老师可以在云平台上实现课前准备教学资源和课件、课中学情导入和课堂互动以及课后在线作业等功能，旨在将云技术赋能老师，帮助老师提升教学质量，为老师提供一个优质的教辅资源平台，如图 5-7 所示。

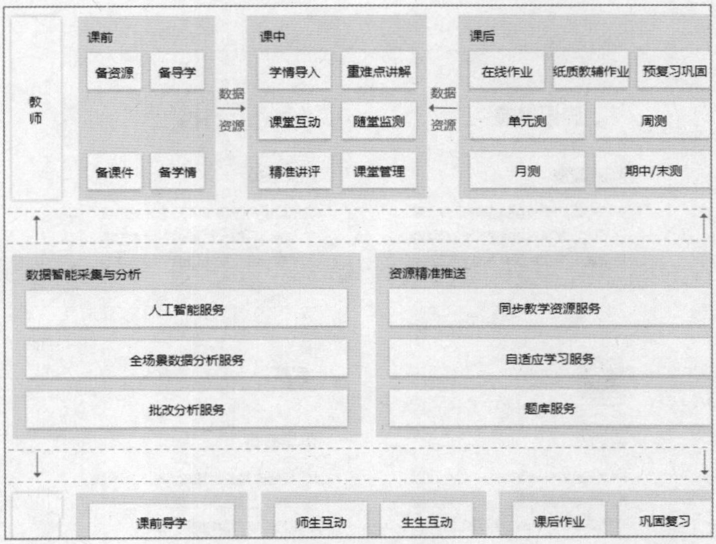

图 5-7　智慧教学

智慧学习可以将数据精确定位到每一个学生，包括他们的上课状况、自动完成课堂点名状况和学生听课质量评估等。这种模式推动了学习方式的改革和教学模式的创新，提升了课堂检测的效果，而且使得学校班级建设更加全面化和智能化。

腾讯智慧校园的优越性还体现在它为学生打造了一套包括教学和生活上的全栈式校园场景，如图 5-8 所示。利用微信、第三方 APP 或者学校 PC 端，它可以解决所有的校园缴费，例如学费和水电费等。

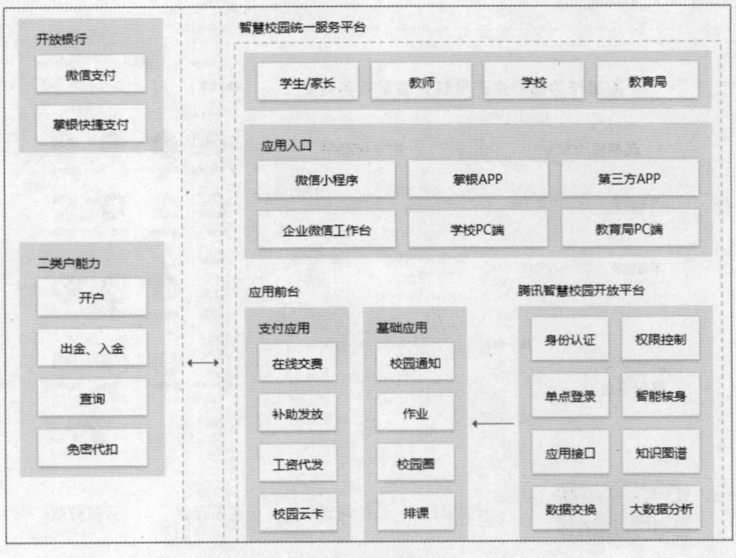

图 5-8　智慧生活

另外，智慧生活还为学生提供了一个统一的社团活动平台，在没有外界社会信息的干扰下，为学生打造了一个纯净的活动交流中心。腾讯在云计算的基础上，实现了教育与实践的充分融合，给学校带来了实实在在地改变，推动了教育信息化的发展。图 5-9 所示，为腾讯云在线教育客户案例。

图 5-9　腾讯云在线教育客户案例

5.2.2　钉钉教育云

为培养学生个性化的学习能力，提高学生的竞争力，钉钉以数据作为核心生产资料，实现了校园与数字化服务的全面融合，搭建了软硬一体化的教育云平台，实现了教育业务的统一管理，如图 5-10 所示。

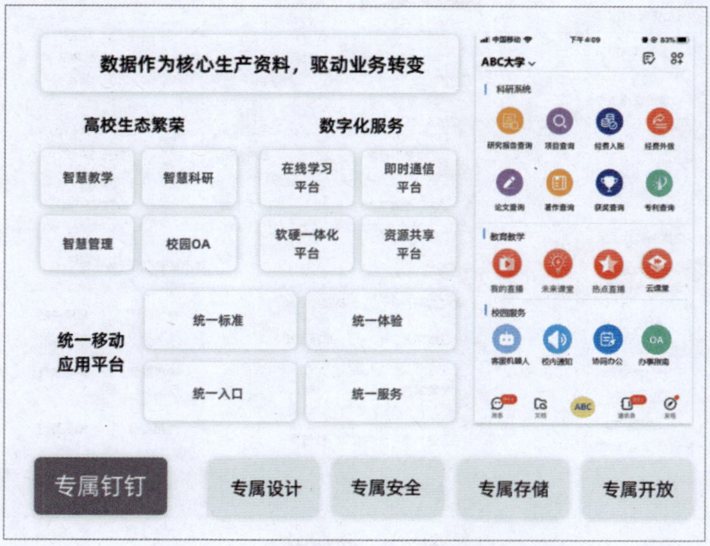

图 5-10　钉钉数字化校园解决方案

利用钉钉教育云平台，老师可以轻松地进行线上教学工作，学生可以通过实时观看直播或者通过观看回放的方式进行学习。教育云平台还会自动统计观看人数、签到人数或分析学习效果等，如图 5-11 所示。

图 5-11　钉钉智能调课

对于传统的教育平台来说，学生需要在多个工具之间跳来跳去，以实现提交作业或在线学习等多功能。针对这一问题，钉钉教育云平台只需一个社群运营就可以解决学生的大部分学习要求，如图 5-12 所示。

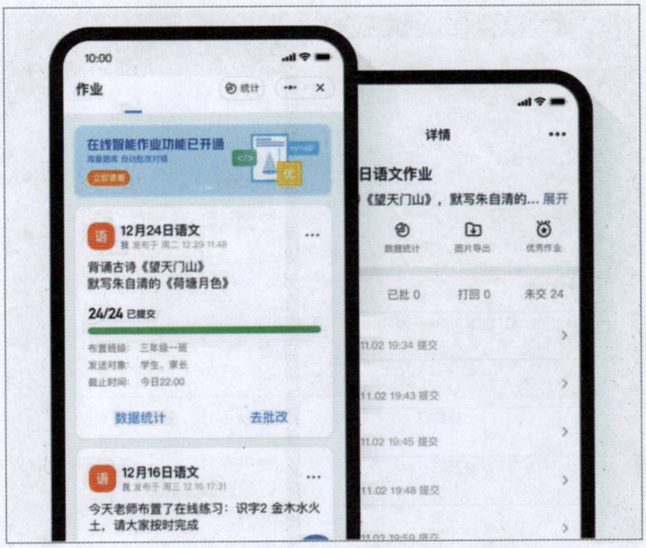

图 5-12　作业审批

学生在群里就能直接访问直播、作业或审批结果等教学应用，简单方便，给学生带来了良好的学习体验。这一应用的实现有利于学校提高教务管理水平与运作效率，为校园工作的开展提供了一种新的方式。

另外，钉钉教育云平台还具有“全员圈”功能，如图 5-13 所示。对于传统的群功能来说，如学生将精彩照片都发到群里，点赞互动很快就会把消息刷没了，但是钉钉的“全员圈”平台，会将学生的运动打卡或美食照片都沉淀到“圈”里，从而给团队留下珍贵的回忆。

图 5-13　全员圈

除此之外，钉钉未来教育平台还提供了数字化社群功能，通过钉钉圈子，用户可以快速关联上百个群，且运维高效简单，如图 5-14 所示。云计算赋能下的钉钉，为校园管理提供了一站式的管理解决方案，实现了智慧校园的高效运转，为全体师生带来了全新的校园体验。

图 5-14　数字化社群功能

钉钉数字化的校园模式吸引了许多学校前来实践和体验。例如，钉钉与浙江大学联合打造的“浙大钉”，实现了数字化的公共服务，以实时通讯为基础，为老师和学生打造了统一的用户入口，并为其提供了方便高效的移动化服务平台。

另外，钉钉教育云还设计了班级树教学平台。老师可以在班级群里种植一棵班级树，言传身教地培养学生的环保意识和团队意识，并且成功种植一棵班级树后，将会获得专属的班级证书，如图 5-15 所示，同时线下会有一颗真树种植在沙漠之中。

图 5-15 班级树教学平台

5.2.3 OK 智能教育云

北京点石经纬科技有限公司是由一家专门为教育打造的高新企业，他们以“OK 教育云”为品牌，为各地师生、家长、教育部门领导、合作伙伴和培训机构等多方角色提供优质的教育解决方案，让学生学习从被动变为主动，如图 5-16 所示。

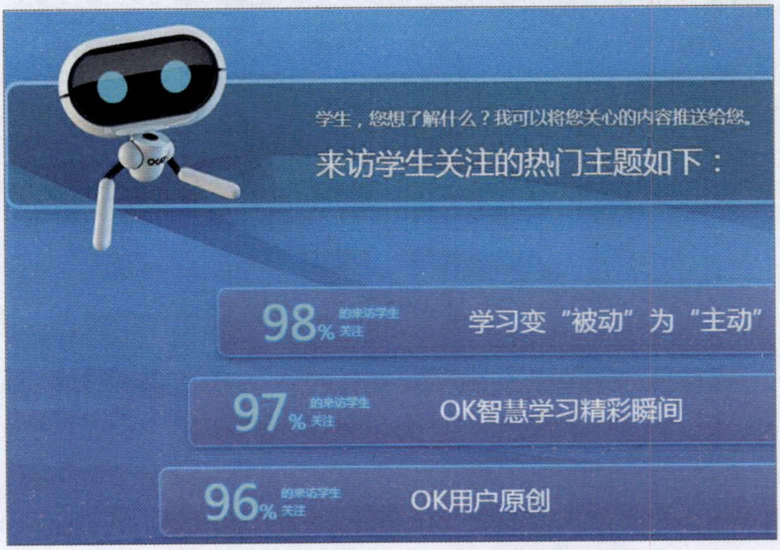

图 5-16 OK 教育云

OK 智能教育云解决方案涵盖了教学全流程，平台可以根据用户画像为学生推送适合的知识点，如图 5-17 所示。这种课堂内外的全过程数据收集模式，不仅可以实现教师精准教学，也可以让学生体验个性化学习，帮助学校实现了教学变革。

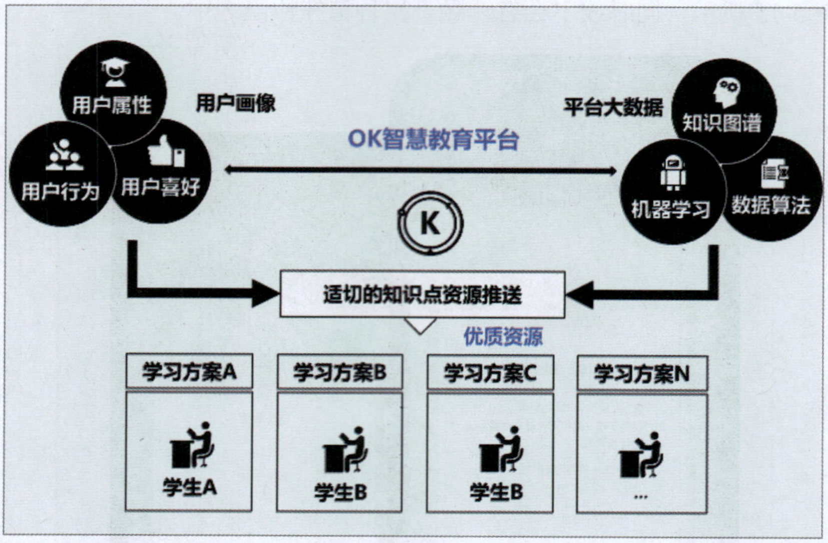

图 5-17　个性化学习

点石经纬是基于 OK 智能教育云平台，通过教室里的 5G 云盒，构建了万物互联的智能网络环境，如图 5-18 所示。5G 云盒具有高宽带、低延时和海量连接的优势，5G 和云技术的结合，可以让课堂更加智慧和流畅。

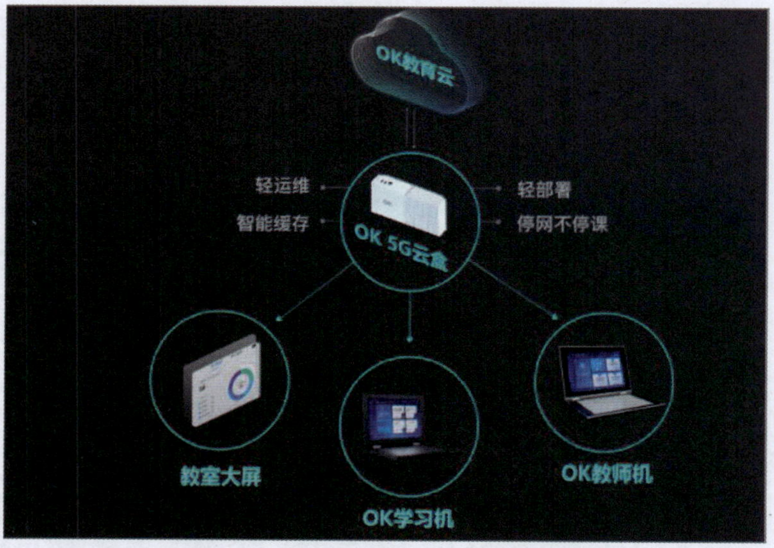

图 5-18　教育云基本技术框架

5G 云盒与点石经纬自主研发的 OK 学习机和教师机相连接，实现了智能路由、智能联网、轻运维和轻部署等诸多功能。OK 学习机可以利用云平台，对学习数据进行具体分析，精准定位学习拐点与学习区，使用数据驱动知识去找学生，使学生具有更高效的自主学习能力。图 5-19 所示，为 OK 学习机。

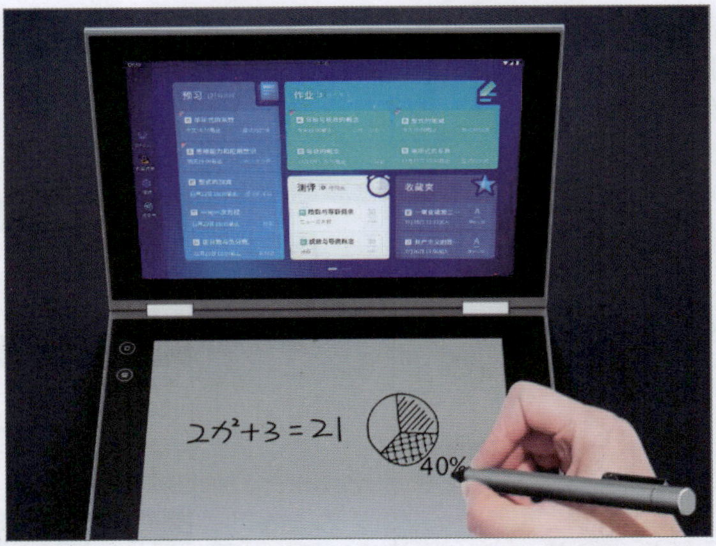

图 5-19　OK 学习机

OK 学习机还具有魔镜功能，即基于 OK 智能教育云平台，将大数据与 OK 学习机内学生的日常学习数据相匹配，根据题目统计学生不会的知识点，然后根据算法模型，推送难度系数相当的内容，让学生只练习不会的习题，极大地节约了时间，提高了学习效率，如图 5-20 所示。总的来说，魔镜功能就是让学生了解自己的优点和缺点，只针对自己不会的内容进行深度学习，从而达到事半功倍的效果。

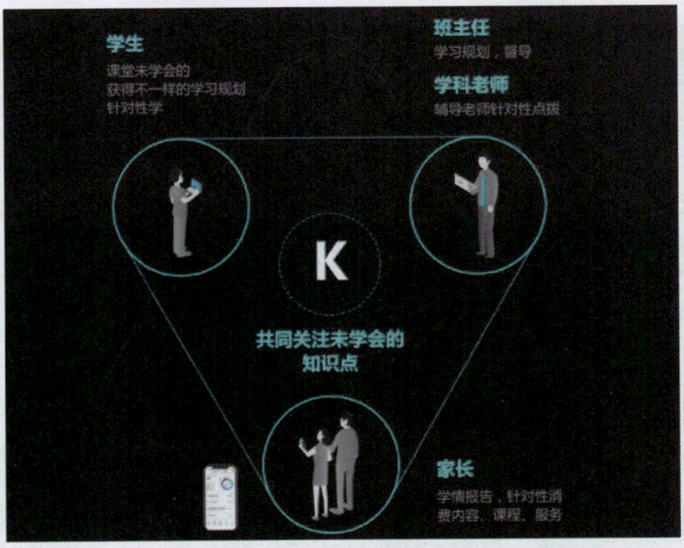

图 5-20　魔镜功能

▶ 专家指点

充分利用云计算、大数据和物联网等技术，OK 智能教育云平台将科技与常规教学模式相结合，进行多维度的教学分析，为学生提供了高质量的课堂，也为学校管理和老师教学减轻了负担，营造了一个智能、安全和便捷的校园。

与此同时，各个教育机构和高校的线上教育课程也加快了脚步，如图 5-21 所示。通过 OK 教育云平台可以为学生推送优质的课程，为教师提供资源共享、网络教研和名师培养服务，保障学校教与学有序地进行。

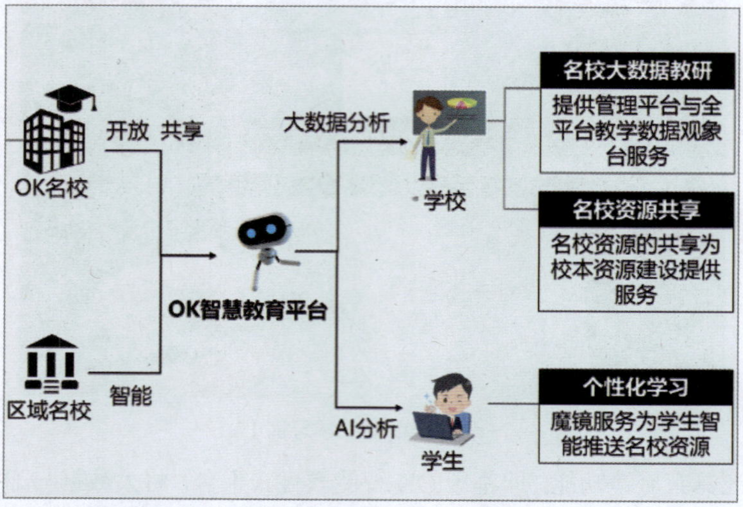

图 5-21　线上教育课程

当前，某些学校借助于 OK 教育云平台，打造了“停课不停学”教育方案，让学生不管是在家、在学校或是社区都能学习，实现了教育云的全面覆盖，如图 5-22 所示。他们可以在系统上接收老师布置的预习内容和微课，然后在网络上跟着老师一起上课。

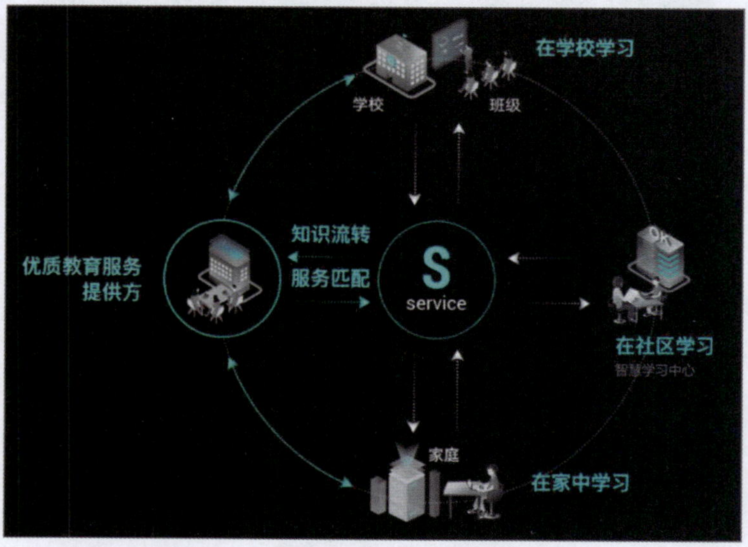

图 5-22　“停课不停学”教育方案

▶ 专家指点

利用 AI、云计算和大数据功能，还能实现学生的作业辅导功能，这种一体化的教学方案从根本上减轻了老师和家长的压力。同时，家长在客户端也能同步收到学情报告，并通过教育云空间向老师提问，与老师互动。

5.2.4　好未来教育云

以教育云为主体，基于人工智能开放平台，好未来致力于服务学校课内教育和课外辅导，是一个全球范围内的科技教育公司，如图 5-23 所示。基于云计算平台，好未来已累计研发语言、图像、算法模型和大数据等 8 个类型和 100 多项人工智能应用，开发了 10 余项 AI 教育场景解决方案。

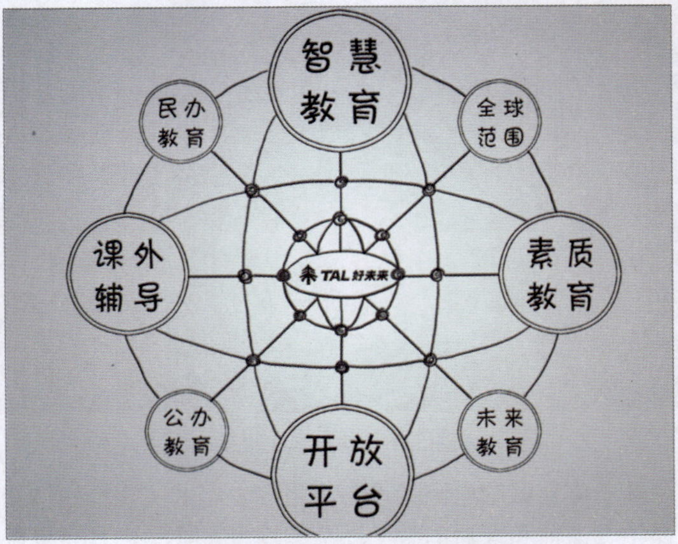

图 5-23　好未来教育方针

例如，基于优质的教育云平台和海量的数据，好未来自主打造了人工智能实验室，如图 5-24 所示。人工智能实验室秉持着好未来“爱和科技让教育更美好”的理念，为学生提供了 AI 课堂、智能作业批改和智能口语检测等多个教育应用。

图 5-24　人工智能实验室

另外，为了应对未来教育创新模式的变革，好未来与硅谷研发部合作，利用云计算和人工智能等技术，联合研究了青少年儿童大脑在学习和发展中的动态规律，希望能够发现与学习动力相关的内在动机和外部影响因素，并将其融入到教学中，如图 5-25 所示。

学习相关能力提升方法研究
基于儿童青少年的脑发育、和知识学习过程中能力发展规律，研究学习相关能力提升的机遇期及方法，开发融入教学内容和课内外练习的追踪评估和训练工具，减轻学习负担，提高学习效率，培养学生受益一生的学习能力。
基于可穿戴设备的教育过程评价研究
基于可穿戴脑电测量设备，对注意力和情绪的神经活动关联加以识别和区分，初步建立起基于脑生理测量的认知状态和效果的测评平台，并针对教育场景和需求不断更新迭代。

图 5-25 脑科学实验室

脑科学实验室是基于可穿戴脑电测量设备，将青少年的注意力和情绪等相关学习神经关联起来，开发贯穿课中、课前和课后的教学环节和模型，让学生具有良好的学习体验，减轻他们学习的负担。

教育是一个整体，科技可以促进教育的发展。在云计算、大数据和物联网技术的推动下，好未来也在加快教学方式的升级，为教育系统的良好运行创造了诸多模块，实现了教育的可持续发展，如图 5-26 所示。

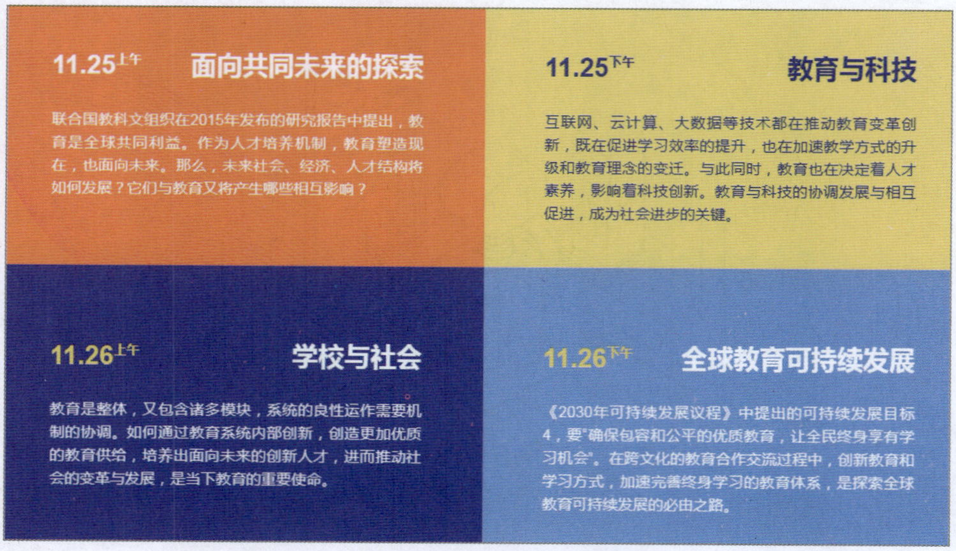
11.25上午
面向共同未来的探索
联合国教科文组织在2015年发布的研究报告中提出，教育是全球共同利益。作为人才培养机制，教育塑造现在，也面向未来。那么，未来社会、经济、人才结构将如何发展？它们与教育又将产生哪些相互影响？
11.25下午
教育与科技
互联网、云计算、大数据等技术都在推动教育变革创新，既在促进学习效率的提升，也在加速教学方式的升级和教育理念的变迁。与此同时，教育也在决定着人才素养，影响着科技创新。教育与科技的协调发展与相互促进，成为社会进步的关键。
11.26上午
学校与社会
教育是整体，又包含诸多模块，系统的良性运作需要机制的协调。如何通过教育系统内部创新，创造更加优质的教育供给，培养出面向未来的创新人才，进而推动社会的变革与发展，是当下教育的重要使命。
11.26下午
全球教育可持续发展
《2030年可持续发展议程》中提出的可持续发展目标4，要"确保包容和公平的优质教育，让全民终身享有学习机会"。在跨文化的教育合作交流过程中，创新教育和学习方式，加速完善终身学习的教育体系，是探索全球教育可持续发展的必由之路。

图 5-26 好未来教育的可持续发展

在这个大环境背景下，好未来还研发了教研云智能学习系统，并将其与电脑或者投影仪进行搭载，为学生打造了双师未来课堂教学系统，并将所有的优质教学资源汇聚到教研云上，如图 5-27 所示。

图 5-27　教研云智能学习系统

教研云智能学习系统可以根据学生的学习情况对课程内容进行智能匹配和调控。通过课堂答题器，师生和同学之间还能进行有趣的课堂互动和课间游戏，丰富了课堂内容，提高了学习的趣味性。

5.3　对教育云的初探索

教育是世界各个国家都非常重视的行业和领域，教育是否先进和完善决定着一个国家的未来。所以，在社会高速发展的今天，国家不断加大科技在教育领域的投入，力图建设教育强国，而云计算在教育领域也有了初步的探索。

从顶层设计来说，教育云包括两方面的内容，即智慧课堂和校园治理，也就是软件和硬件的结合体。在以云计算技术为核心的新一代学习空间内，可以实现多方教育资源的优化配置，从而为学生提供更好的教育设备，帮助学生更好地学习。

5.3.1　云计算改变校园生活

云计算正在大规模地改变人们的生活方式，那么应该如何适应这种改变？对教育又会产生什么样的影响？

俗话说，教育要从娃娃抓起。当云计算以迅雷不及掩耳之势，给社会各个产业和职位带来强有力地冲击时，这些生长在温室里的花朵如何面对未来产业的变革？学校应如何培养，才能让他们跟上时代的发展？答案其实很简单，就是让他们亲身体验未来真实生活的改变，让云技术出现在他们身边。

例如，为了方便家长关注孩子成长的每一个瞬间，学校可以根据需求配备智能远程摄像头，让家长随时都能关注孩子的上课状态，如图 5-28 所示。同时，学生也可以知道就算家长不在他们身边，也可以督促他们学习，从一定程度上提升了教学效率。

图 5-28　智能远程摄像头

智能远程摄像头的背后也是一系列领先技术的体现，例如云计算、大数据和人工智能等。AI 技术使其具有红外跟踪功能，可以智能识别人像；云计算使其具有数据存储功能，以便随时调用，其优势具体来说分为三点，如图 5-29 所示。

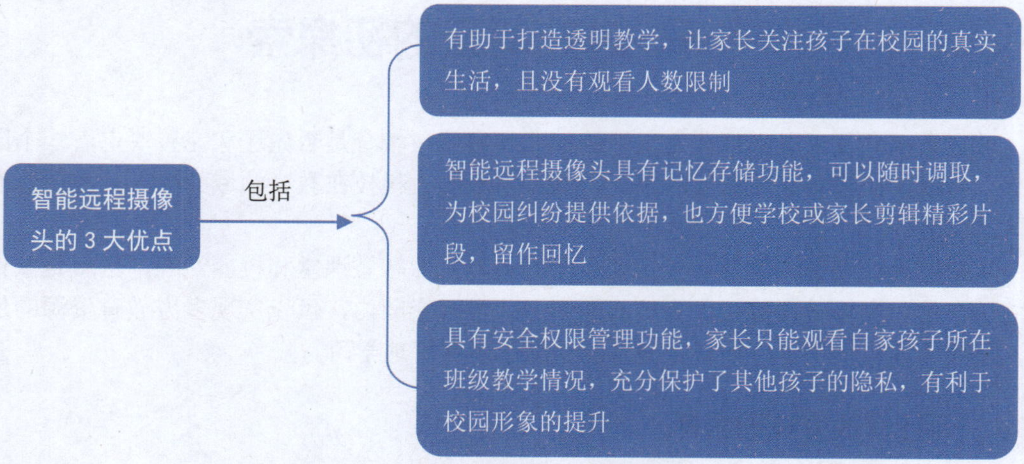
智能远程摄像头的 3 大优点
包括
有助于打造透明教学，让家长关注孩子在校园的真实生活，且没有观看人数限制
智能远程摄像头具有记忆存储功能，可以随时调取，为校园纠纷提供依据，也方便学校或家长剪辑精彩片段，留作回忆
具有安全权限管理功能，家长只能观看自家孩子所在班级教学情况，充分保护了其他孩子的隐私，有利于校园形象的提升

图 5-29　智能远程摄像头的三大优点

▶ 专家指点

在使用校车对幼儿园学生进行接送时，学生可以对着人脸识别车载系统进行打卡，系统会对已上车人数进行播报。手机上也可以对上下车人数进行查看，方便老师对人数进行统计，以免发生学生滞留、错数或漏数情况。

另外，为了保障中小学生的安全，学生在校期间一般采用封闭式管理，所以必须严格管理学生在校园的进出情况。学校可以提前通过微信端申请，将学生信息上传到人脸识别访客综合管理平台，如图 5-30 所示。

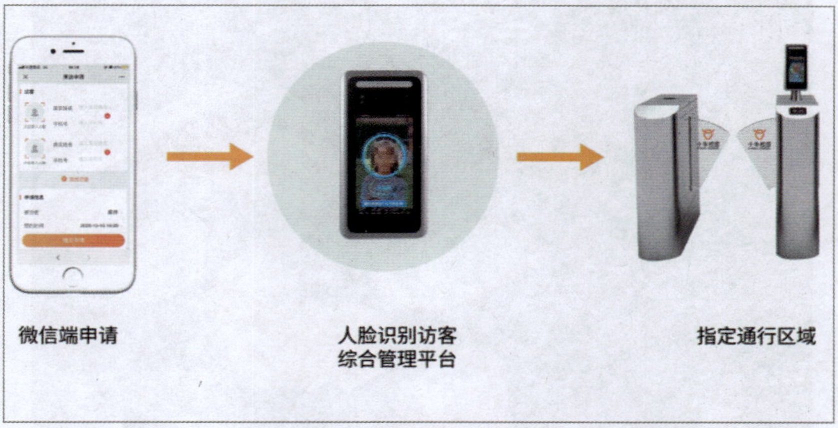

图 5-30　人脸识别访客综合管理

通过校园特定的人脸识别闸机，对学生人脸进行实时抓拍，若上传的照片与人脸信息库照片匹配成功，即可进入学校。这种模式不仅提高了学生在校的安全性，便于学校管理，还让学生体会到了云平台技术带来的便捷，有利于开拓他们的视野，为以后进入社会打下坚实的基础。

除此之外，云计算对校园生活的改变还体现在图书馆和教学楼等学习场所。随着科学技术的发展，图书馆也可以实现智能化操作。例如，AI 自助借还书机可以实现在无人值守的情况下，学生自主完成借取和归还等日常流程操作，如图 5-31 所示。

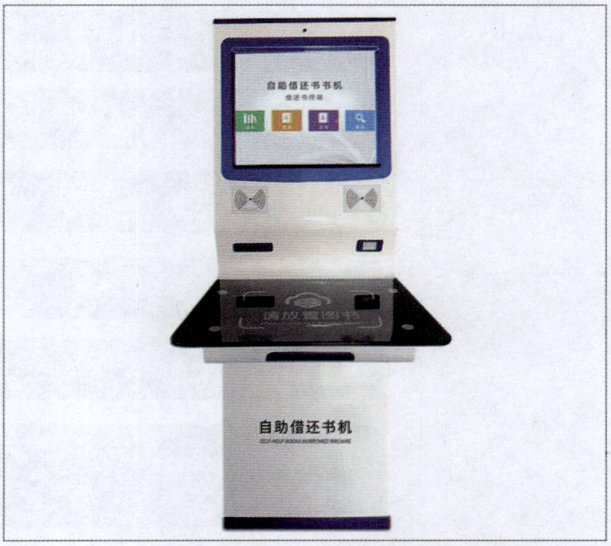

图 5-31　AI 自助借还书机

通过对校园门禁、教学楼和图书馆等多种场景的统一集成，可以实现教育的信息化管理，如图 5-32 所示。学校可以对校园的多方情况进行实时管控，有利于管理者综合把控校园状况，为学生提供更加高质量的学习体验。

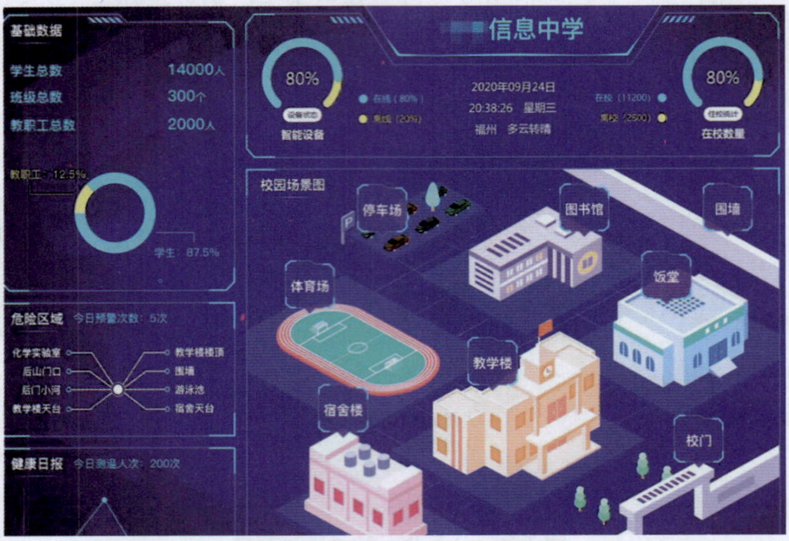

图 5-32　教育的数字信息化管理

5.3.2　云计算对教育的影响

随着云计算技术的发展，其在教育领域的应用会越来越深入。在未来，云计算可能会引起教育模式、引导方式和评价方式等一系列的变革，促进教育公平，提高教育质量和现代化程度。那么，云计算究竟会对教育行业造成哪些影响呢？云计算对教育行业的影响主要表现在以下六个方面，如图 5-33 所示。

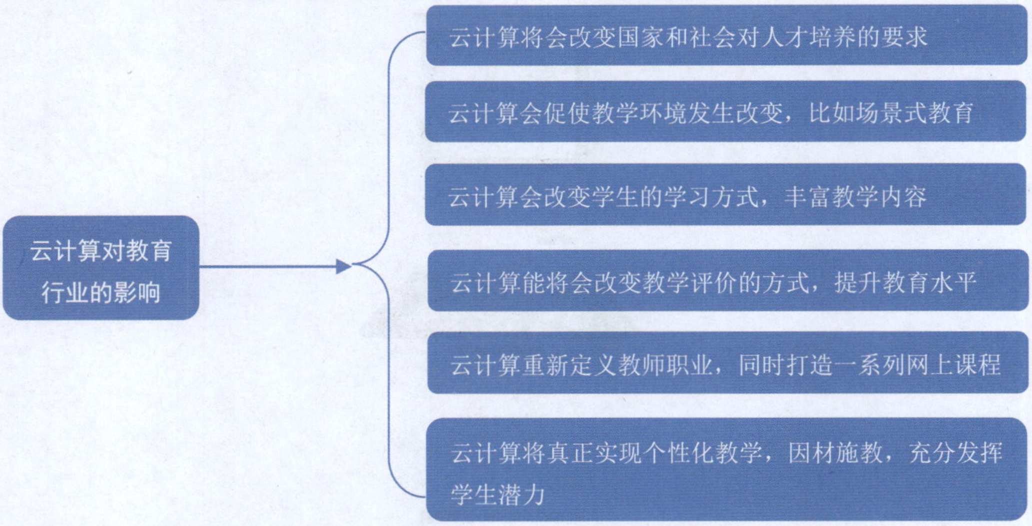

图 5-33　云计算对教育行业的影响

现今，家庭对孩子的教育越来越重视，希望能让孩子赢在起跑线上。对于孩子来说，玩具是孩子童年必不可少的玩件，而云计算的发展也推动了智能陪伴机器人步入市场的进程，给玩具市场打开了一扇新世界的大门。由此可见，云计算对教育的影响是不分年龄段和场合的。图 5-34 所示，为阿尔法蛋智能陪伴机器人。

智能陪伴机器人不仅是孩子的玩件，还是家庭小教师。它能同步中小学生教材，和孩子进行英语对话训练，还是孩子的百科小全书，能给孩子讲故事，回答孩子各种各样的问题。通过这种将教育资源信息化和平台化的智能陪伴机器人，可以多维度训练孩子的思维能力，帮助孩子全面发展，如图 5-35 所示。

图 5-34　阿尔法蛋智能陪伴机器人

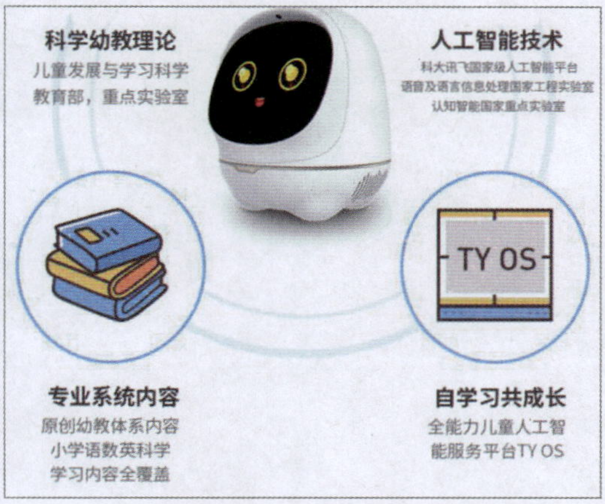

图 5-35　教育资源的信息化

本章小结

本章首先通过对教育云的定义、特征以及未来的发展形势作了详细介绍，其次例举了 4 大教育云平台，从多维度解析了其在教育方面的云产品及应用，最后具体讲述了云计算对校园以及教育的影响。

本章习题

1．教育云的定义是什么？
2．钉钉教育云具体有哪些应用？

第 6 章　智能零售的应用

本章导读

云计算的出现是智能零售发展的巨大推动力。在云平台的基础架构上，可以对零售数据进行存储和分析等诸多应用。本章将具体介绍智能零售的基础与核心，并分析“云转型”的 3 种方式，最后为大家例举了四大智能零售云的应用。

本章重点

- 智能零售的基础与核心
- “云转型”的 3 种方式
- 智能零售云背后的应用

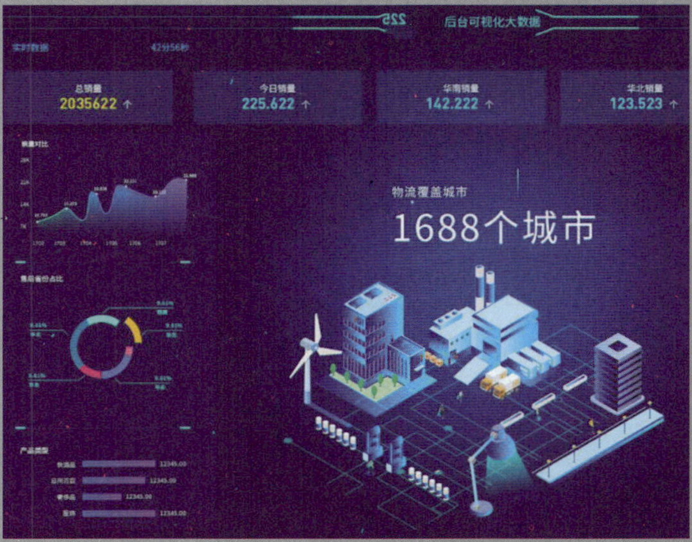

6.1 智能零售的基础与核心

在互联网虚拟架构中，中枢神经系统是核心层面，为互联网运作提供了强有力的支持。从这一点看，云计算系统大致与互联网虚拟架构相同。

云计算的运作主要是将计算分布到各大计算机上来进行，这能够帮助用户按照自身需求访问计算机。云计算是互联网、虚拟化技术和共享资源等先进技术系统相结合的产物，云计算的出现是计算机发明和升级后的又一大转变。

6.1.1 智能零售的概念

智能零售是指通过云计算或人工智能等技术，店铺内所有运营或部分运营，不存在人为干预的情况。其实很多年之前，智能零售这个概念已经出现。

例如，街上或小区随处可见的自动贩卖机，虽然过去的支付方式还不完善，人们只能通过现金或投币的方式完成付款，而且由于受体积的影响，自动贩卖机里的商品也仅限于饮料或者小零食。但是，智能零售已经开始慢慢地进入人们的生活。

而如今的智能零售，已基本实现了无人化管理运作。随后，有不少无人超市或者便利店相继落地。进入无人超市前，首先会有一个用户的身份认证识别。例如，用户站在屏幕前进行人脸识别认证，或是下载店铺专业 APP 实名认证。

身份认证成功后，用户就可以进入超市自助购物了，部分货架上的商品会标有“无人超市”字样。另外，有的用户可能会想偷偷带走超市的商品，这样做是非常不明智的。因为遍布超市的摄像头，会跟踪每一个用户的行动轨迹，可以说他们在超市的所作所为都是透明的。对于用户或管理者来说，无人超市主要有以下四大优势，如图 6-1 所示。

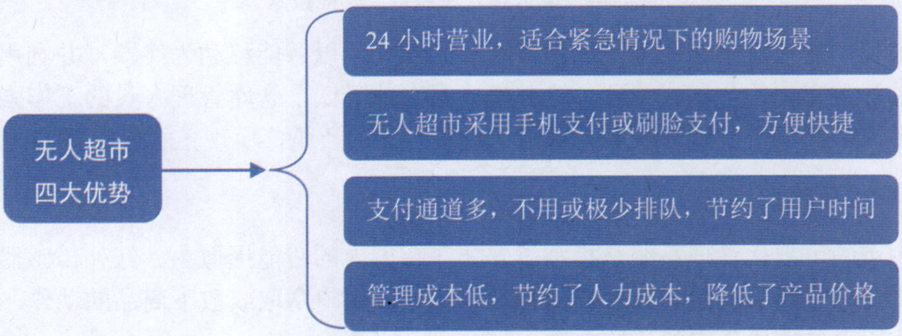
无人超市
四大优势
24 小时营业，适合紧急情况下的购物场景
无人超市采用手机支付或刷脸支付，方便快捷
支付通道多，不用或极少排队，节约了用户时间
管理成本低，节约了人力成本，降低了产品价格

图 6-1　无人超市四大优势

无人超市的支付方式也呈现出多样化的趋势。例如，京东无人超市在出口处会设置一个结算区，用户需要拿着商品站在结算区，结算完毕后，出口门会自动打开。一般来说，进入无人超市前用户还需签署一个免密支付条款，即最后的支付不需要得到用户确认，实现真正的即拿即走。对于用户来说，这一整套的购物流程是非常方便的。但是，从用户进入超市前的人脸识别，到最后的自主付款，这一路都是黑科技的体现，每一个黑科技的背后都需要相关科技的支持。

这也是为什么迄今为止无人超市并不是普遍存在的原因，对于开发者来说，无人超市前期的运营成本较高。芯片感应、自动识别、海量的数据、不断变化的算法模型以及各种电子材料，都需要消耗大量的人力和物力。

无人超市其本质上考验的是企业的技术研发能力。从签订物资合同开始，到货物验收，各个环节都需要云技术的支撑。总的来说，无人超市运营包括 3 大系统，即无人值守系统、可视化管理系统和 O2O 系统。

1. 无人值守系统

无人值守系统可以应用于超市商品的管理，相当于一个智能仓库。图 6-2 所示为无人值守系统所运用到的六大领先技术。

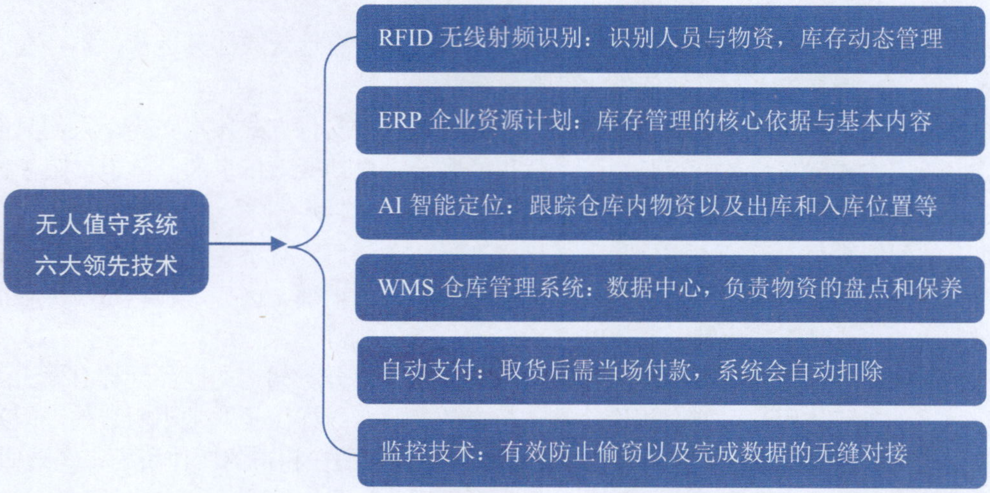
无人值守系统
六大领先技术
RFID 无线射频识别：识别人员与物资，库存动态管理
ERP 企业资源计划：库存管理的核心依据与基本内容
AI 智能定位：跟踪仓库内物资以及出库和入库位置等
WMS 仓库管理系统：数据中心，负责物资的盘点和保养
自动支付：取货后需当场付款，系统会自动扣除
监控技术：有效防止偷窃以及完成数据的无缝对接

图 6-2　无人值守系统六大领先技术

总的来说，无人值守系统就是以网络连接为媒介，以智能移动为终端，并利用云平台对超市仓库进行数字化的全栈式管理。这种模式极大地降低了仓库管理人员的工作强度，提高了管理效率，降低了企业管理成本，保障了物资存储的质量，实现了仓库管理的无人化。

2. 可视化管理系统

无人超市的可视化管理系统是指利用安装在超市内的智能摄像头、红外传感器和电子芯片等，监测货架中商品的状态或用户的行为。例如，用户拿取或放下商品的动作，或利用红外传感器和压力传感器确定商品的重量。

> ▶ 专家指点
>
> 通过可视化管理系统，深度挖掘和呈现背后深层次的指标及规律，并结合智能零售行业的业务需求，清晰有效地传达与沟通信息，给用户带来了良好的视觉效果，降低了用户的理解难度，从而实现帮助行业用户驾驭数据，洞悉价值，提升决策效率和能力的目的。

可视化管理系统检测到的所有数据都可以上传至公司或企业内部云平台，系统会自动将其制成报表或进行智能分析，为管理者决策提供数据支撑，如图 6-3 所示。

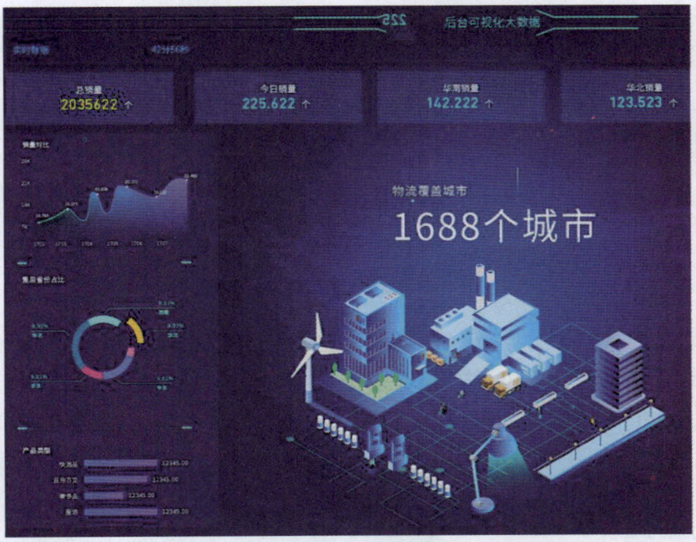

图 6-3　可视化管理系统

3. O2O 系统

O2O 系统即线上和线下的深层融合，从广义上来说，就是把商品采购、用户下单以及物流运输融入到生活场景中来，实现用户的一站式购物，打造用户良好的购物体验，于是就有了 O2O 无人超市，如图 6-4 所示。

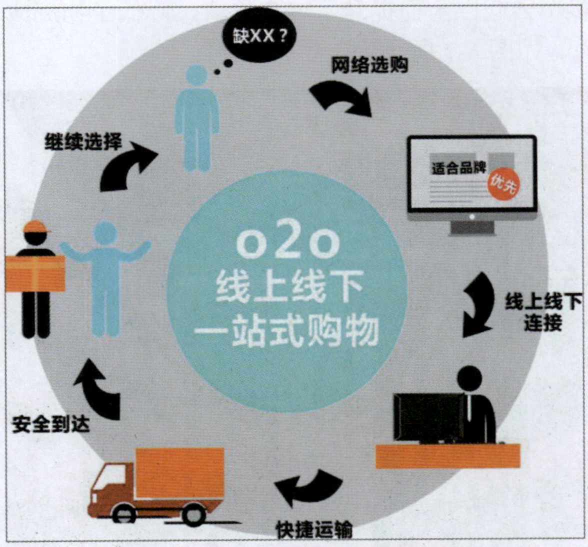

图 6-4　O2O 线上线下一站式购物

O2O 系统使无人超市拥有更宽的消费场景，因为它还具备强大的网上商城，如京东、淘宝和亚马逊等。这些网上商城也是云平台技术的体现，例如移动终端、自动支付和边缘算法模型等。

技术的成熟使得用户的使用频率和到店率越来越高，直到成为生活中密不可分的一部分。网络平台的虚拟化技术具体来说，又可以分为 3 种，如图 6-5 所示。

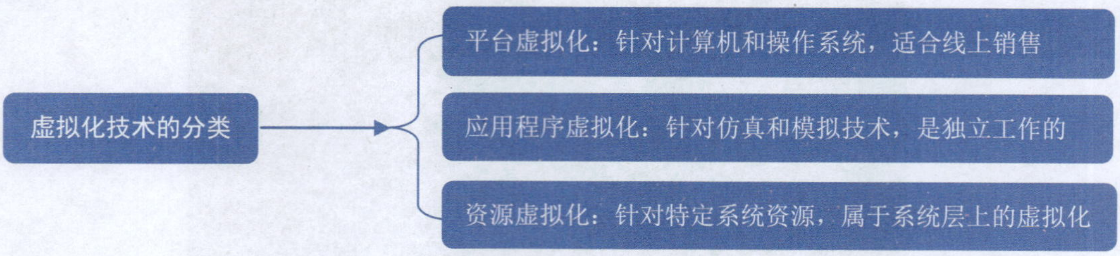
虚拟化技术的分类
平台虚拟化：针对计算机和操作系统，适合线上销售
应用程序虚拟化：针对仿真和模拟技术，是独立工作的
资源虚拟化：针对特定系统资源，属于系统层上的虚拟化

图 6-5　虚拟化技术的分类

云计算技术的这些特殊功能，进一步降低了企业的数据成本，而且还带来了更多的智能设计和创新，这些优势同时也为智能零售带来了更大的想象空间。如今，云计算更像是智能零售的一个基础设施，与大数据一起共同推动智能零售的发展，如图 6-6 所示。

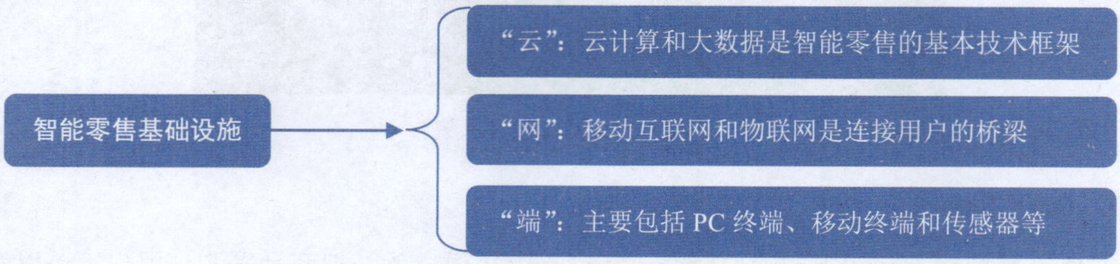
智能零售基础设施
“云”：云计算和大数据是智能零售的基本技术框架
“网”：移动互联网和物联网是连接用户的桥梁
“端”：主要包括 PC 终端、移动终端和传感器等

图 6-6　智能零售基础设施

例如，百世云仓提供“仓储＋配送＋系统”的一站式仓配服务，服务范围覆盖全国 170 多个重点城市和 320 多个云仓，全面提升了客户价值，降低了物流成本，提升了用户的配送体验，节约了管理精力，如图 6-7 所示。

图 6-7　百世云仓

百世云仓为企业提供从工厂到仓库、经销商、门店和消费者的全链路供应，优化了存储路线。百世云仓可以帮助企业降低物流成本，增加消费者的用户体验，在云计算和智能零售时代下实现物流变革。

6.1.2　云转型新方向

随着人们生活水平越来越好，消费需求也发生了很大的变化，人们越来越关注产品的质量和个性化体验，对于传统零售来说，这都是非常严峻的考验。

因此，显而易见的是智能零售再次回归到产品和服务上，最终产生了各式各样的消费场景，让用户的消费欲望得到满足。在这个过程，零售企业都在积极探索“云转型”，希望利用云计算来有效整合资源渠道，并通过这种更加科学的计算方式，来为消费者打造个性化的消费场景。

例如，美团推出了美团云平台，为企业提供安全可靠的云计算产品，并提供餐饮云、酒店云、交通云、O2O 电商和智慧教育等行业解决方案，以及混合云和网站等通用解决方案，助力企业快速实现云转型。图 6-8 所示，为美团混合云解决方案技术架构。

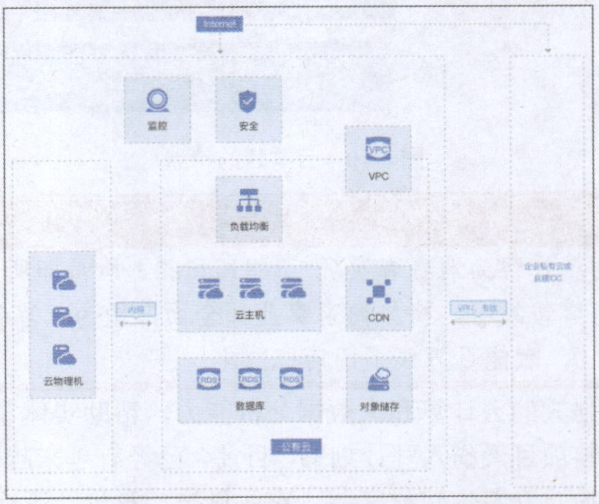

图 6-8　混合云解决方案技术架构

图 6-9 所示，为美团 O2O 电商解决方案。美团云以其稳定的虚拟化底层架构、前端系统、运营系统、数据分析系统以及专业的工程师咨询服务，能够满足用户的日常业务需求，也有能力成为线上平台在双十一等购物高峰期具备弹性扩容的云服务商。

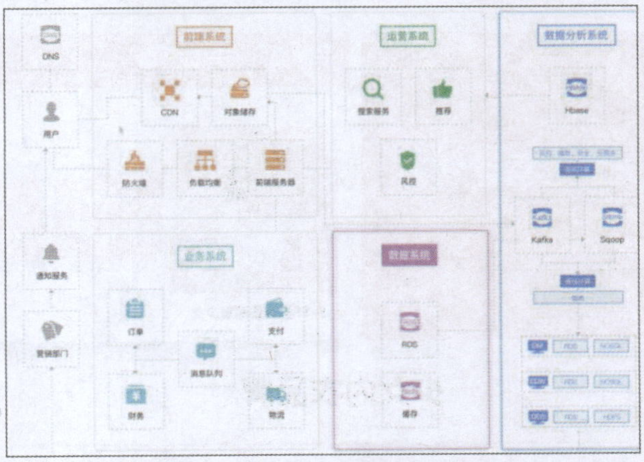

图 6-9　O2O 电商解决方案

6.1.3 领域创新之路

智能零售的终极进化形态是“云化”，即云零售。多元化、个性化和迅速迭代是未来消费需求的发展趋势，同时企业还将通过不断重构“人货场”，衍生出更多细分的消费场景。但是，零售的本质却不会产生变化，即随时随地为消费者带来超出预期的“内容”，其特点有以下 4 点，如图 6-10 所示。

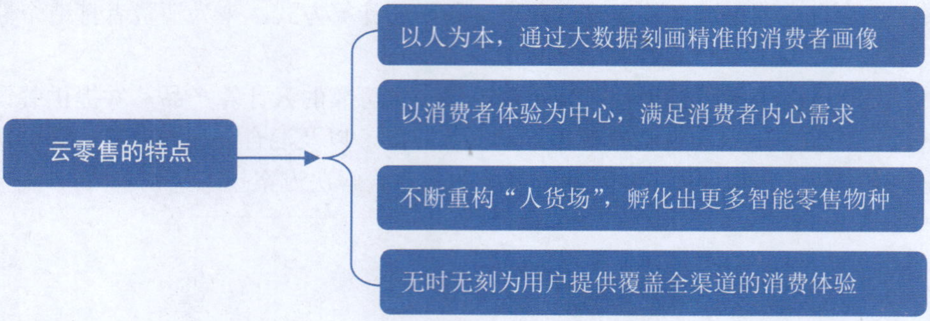

图 6-10　云零售的特点

> **▶ 专家指点**
>
> 云零售的主要目的就是帮助消费者实现“所想即所得，所得即所爱”的消费愿景。例如，阿里巴巴围绕天猫智能零售战略，将原商家事业部全面升级为云零售事业部，未来还将计划继续打造智慧门店 2.0，赋能百万线下门店。

云零售事业部依靠强大的云计算和大数据分析能力，帮助实体零售企业实现全面的商业升级。图 6-11 所示，童装项目天猫入驻计划书。目前，已经有越来越多的店铺想要入驻天猫，行业范围覆盖了母婴奶粉、女装、建材家装、农业科技、彩妆、流行饰品、手机配件以及五金工具等，赋予了这些零售私域服务新的价值。

图 6-11　童装项目天猫入驻计划书

6.2　“云转型”的 3 种方式

线上与线下的融合是目前智能零售的基本发展趋势，实体门店和电商的结合，让原本的竞争转化为合作，来获得双赢。在智能零售消费升级的需求下，企业实现“云转型”目前有 3 种比较常见的方式，包括自助智能零售终端、超级电子商务平台以及零售渠道转型。

6.2.1　智能零售终端

智能零售终端设备包括自助收银机、自助点餐机、自助取票机、自助访客机、自助缴费打印终端、RFID 商品导购屏、智能导购屏以及自助零售终端等，这些设备都可以实现“无人”服务，而且每个设备都是一个消费场景。例如，自助零售终端不限投放位置，有人流的地方都可以投放，如工厂、学校和步行街等，如图 6-12 所示。

图 6-12　自助零售终端和应用场景

同时，智能零售终端也是一个小型的云端，构建“零售云＋智能端”智能零售物联网络，能够收集不同类型的用户数据，分析用户的消费习惯，构建精准的用户画像，来优化调整供应链选品、商品货架摆放和个性化营销问题，实现降本增效和提升消费体验的目标。

> ▶ 专家指点
>
> 现今，云平台服务可支持 7 万多台自动售货机使用，实现了远程监控、数据分析、用户行为分析和商品分析一体化，给管理者带来了更大的利润。目前，这些自动售货机也可分散在高铁、火车站、机场和小区等各种场景，并有着良好的口碑，深受用户喜爱。

另外，在人工智能和云计算技术的加持下，这些智能自动售货机变得越来越先进，智慧零售已经开始进入人们的生活。它的产品范围包括饮料、食品、果蔬、玩具和数码，打破了传统贩卖机只能售卖零食或饮料的限制。图 6-13 所示，为中吉生鲜智能自动售货机。它具有智能温控系统，能够对食材进行保鲜，并可以一次购买多件蔬菜、海鲜或者肉类食品。

图 6-13　中吉生鲜智能自动售货机

另外，中吉还设计了智慧医药触屏自助售药机，如图 6-14 所示。它不仅支持刷卡、扫码和人脸支付，还具有在线问诊系统，可以作为零售药店夜间服务窗口，帮助用户更加精准及时地购买药品。

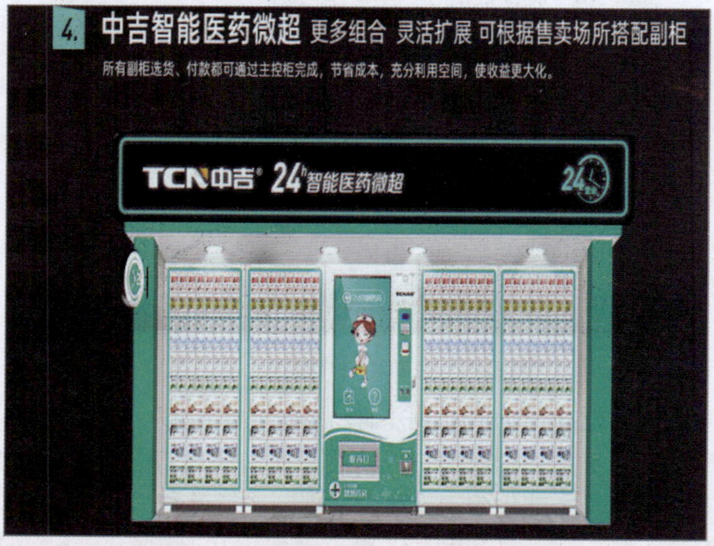

图 6-14　智慧医药触屏自助售药机

▶ 专家指点

针对不同的业态，这些智能零售自助贩卖机具有不同的系统解决方案，例如软硬件定制、云平台定制开发、后台服务托管和第三方 API 对接等，实现了技术全方位服务智能零售，提升了用户的个性化体验。

另外，利用人工智能和云计算系统，这些自动售货机里面还具有智能机械手臂和智能滑道，如图 6-15 所示。它能实现鸡蛋和玻璃瓶等易碎物品的运输，减少了物资损耗，提高了用户购买率，极大地方便了用户的生活，让用户不用去菜市场也能买到新鲜的蔬菜。

图 6-15　智能机械手臂正在取货

由于透明化的玻璃，自动售货机里的商品清晰可见，智能机械手臂的取货过程一目了然，吸引了一大批用户前来观看。自动售货机还可以支持物联网云平台系统，它能自动连接 PC 端和微信，可以远程监控机器的状况，了解其销售情况，如图 6-16 所示。

图 6-16　物联网云平台系统

6.2.2　超级电商平台

智能零售终端主要侧重于线下消费场景，而超级电商平台则主要针对线上消费场景。例如，你在外游玩时，感觉渴了想要喝奶茶，但是附近没有奶茶店，这时候只要拿出手机打开 APP 进行定位，然后下单支付，只需片刻就会有人（或者是无人机）将奶茶送到你的手中，如图 6-17 所示。

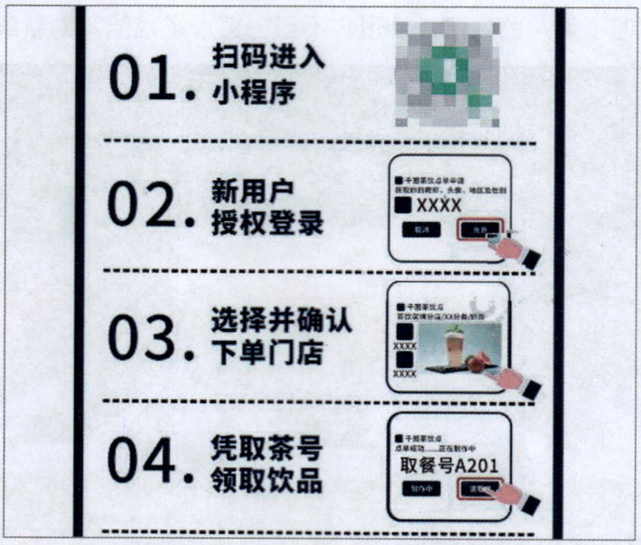

图 6-17 在外用手机点餐

也就是说，不管身处何地，只要身上带着一台能接入互联网的智能手机（或其他智能终端），即可满足任何消费需求。这些超级电商平台通过将所有的实体门店进行“云化”处理，让他们变成了“云端”的智能服务，并通过互联网和物流配送体系，实现了多元化的消费场景服务。

6.2.3 零售渠道转型

零售渠道的“云转型”是一条通向智能零售的便捷之道，通过线上、线下与物流等数据信息的深度结合，来打造超越时空限制的智能零售渠道，满足消费者的购物、餐饮、娱乐、出行以及教育等多方面的消费需求。

当然，零售数字化转型主要还是通过“云化”和智能化来实现，通过技术支撑来促进线上线下的融合，通过多渠道来实现“无界零售”，从以前的“场货人”关系过渡到现在的“人货场”关系。

▶ 专家指点

零售渠道的“云转型”可以将零售场景中的人、货、场等基本要素，进行全面数字化升级，包括数据采集、数据存储、数据分析到数据优化等，打造大数据服务闭环，使得供应链渠道的各环节能始终围绕消费者需求进行更高效、精准和个性化地运营。

例如，“云来”通过为实体零售企业提供智能零售会员数字化解决方案，实现线上和线下渠道一体的会员数字化运营。企业可以在“云来”上加强品牌、门店、导购和顾客的互动，还可以实时掌握不同位置的门店、导购和会员的消费数据。

同时，企业还通过“云来”系统的算法实现各个实体门店的数据量化分析，从而有效提升进店人数、成交人数和复购人数，优化产品开发以及供应链仓储等管理经营决策，如图 6-18 所示。

连接能力
基于人与人的信任连接
数字零售
云来®
场景零售
数据智能
¥
交易能力
基于场景营销的交易转化
数据能力
基于人工智能的个性消费体验

图 6-18　“云来”的 3 大能力

6.3　智能零售云背后的应用

现如今，智能零售云的应用已经非常普及，比如无人便利店、无人超市和无人仓等。无人便利店是通过技术手段进行了智能自动化处理，降低人工管理成本，优化商店经营流程。本节将例举四大零售云的应用。

6.3.1　苏宁零售

在城市智慧零售之风盛行时，许多农村地区还不能享受到零售技术带来的红利，电商在农村经济市场发展得非常缓慢。城乡贸易的堵塞使得很多农村地区的零售行业呈现出落后的状态，而苏宁智慧零售通过一系列措施正在改变这些乡村地区落后的面貌，具体有以下两个方面，如图 6-19 所示。

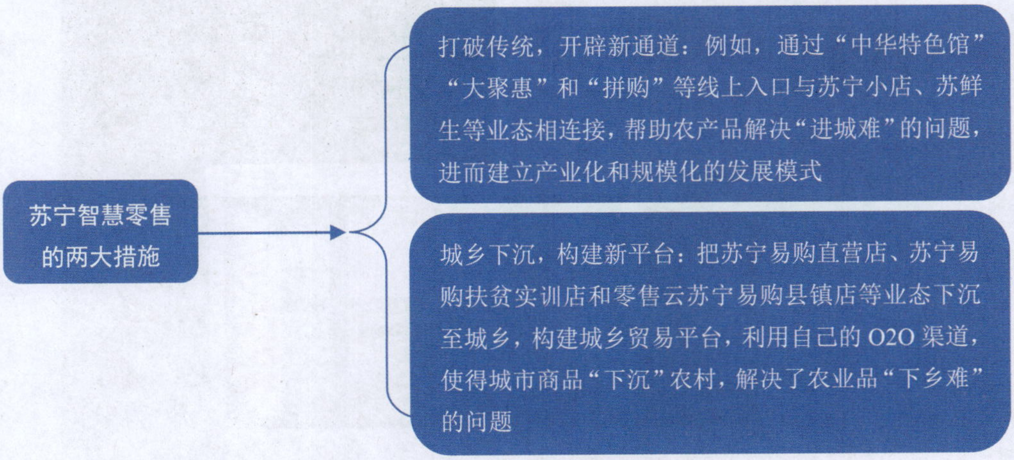
苏宁智慧零售的两大措施
打破传统，开辟新通道：例如，通过“中华特色馆”“大聚惠”和“拼购”等线上入口与苏宁小店、苏鲜生等业态相连接，帮助农产品解决“进城难”的问题，进而建立产业化和规模化的发展模式
城乡下沉，构建新平台：把苏宁易购直营店、苏宁易购扶贫实训店和零售云苏宁易购县镇店等业态下沉至城乡，构建城乡贸易平台，利用自己的 O2O 渠道，使得城市商品“下沉”农村，解决了农业品“下乡难”的问题

图 6-19　苏宁智慧零售的两大措施

通过上述举措，苏宁智慧零售将“农产品上行”和“工业品下行”的渠道彻底打通，形成一个畅通无阻的城乡贸易通道，具体优势有以下四个方面，如图 6-20 所示。

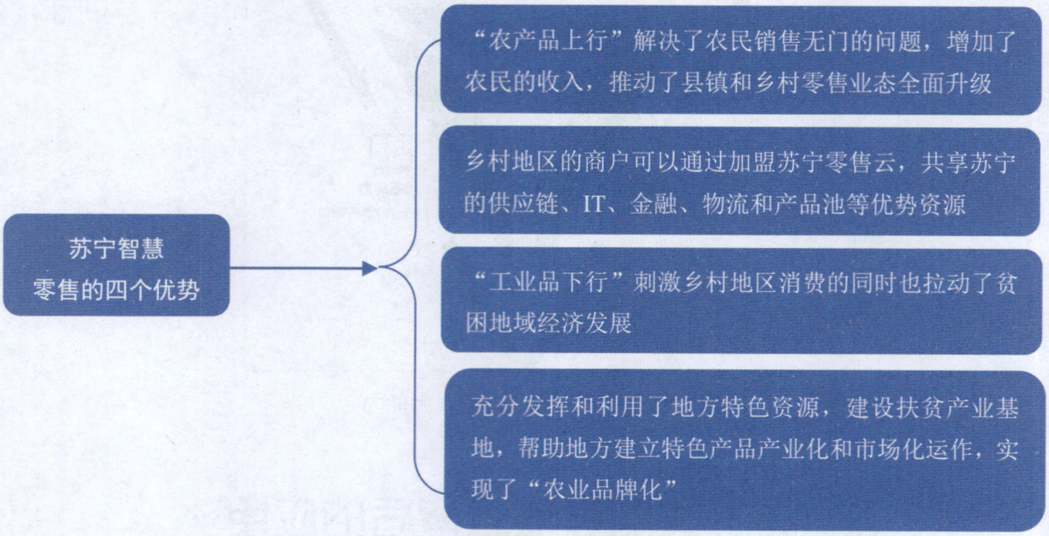
苏宁智慧零售的四个优势
“农产品上行”解决了农民销售无门的问题，增加了农民的收入，推动了县镇和乡村零售业态全面升级
乡村地区的商户可以通过加盟苏宁零售云，共享苏宁的供应链、IT、金融、物流和产品池等优势资源
“工业品下行”刺激乡村地区消费的同时也拉动了贫困地域经济发展
充分发挥和利用了地方特色资源，建设扶贫产业基地，帮助地方建立特色产品产业化和市场化运作，实现了“农业品牌化”

图 6-20　苏宁智慧零售的四个优势

6.3.2　缤果盒子

无人便利店的出现是云平台在零售领域应用的具体表现，无人便利店既减少了人工干预，提高了运营效率，又优化了商品摆放位置，提高了消费者的购物体验，更重要的是其安全性能也很高。

图 6-21 所示，为缤果盒子全自助智能便利店。无人便利店的特点是：24 小时营业，无人监控；自动感应开门，自主选购。把选购的物品放入自助收银台中，屏幕上会显示出商品的名称和价格，然后用支付宝或微信付款码对准商家的二维码扫描器扫码，即可完成支付。

01
24-HOUR OPEN
SELF-SERVICE CONVENIENT STORE
24
离你最近的24小时便利店，不再担心夜间买不着东西，
应急物品应有尽有
BingoBox 缤果盒子

图 6-21　缤果盒子全自助智能便利店

采用这种数据化的管理模式，利用云计算和大数据等 40 项专利技术，缤果盒子实现了高效的货架管理和商品采集，它还具有智能识别防盗系统和在线自助结算系统，如图 6-22 所示，实现了仓库管理的无人化，也给人们的生活带来了便利。

图 6-22　数据化管理模式

传统店铺大部分的时间都在等待，只有极少的 10%实现了真正地运营。而缤果盒子采用的是前端数据化，后端采用无人化的运营方式，把零碎的等待和服务时间，通过云技术集中到后端，促使店铺向数字化转型，提高了购买效率。

缤果盒子的数字化还体现在它能通过图像识别技术和传感器，完成商品基础数据的收集，在没有人工干预的情况下自动生成二维码，并将平台的后端处理结果显示在货架上，实现了货架的动态化流转，如图 6-23 所示。

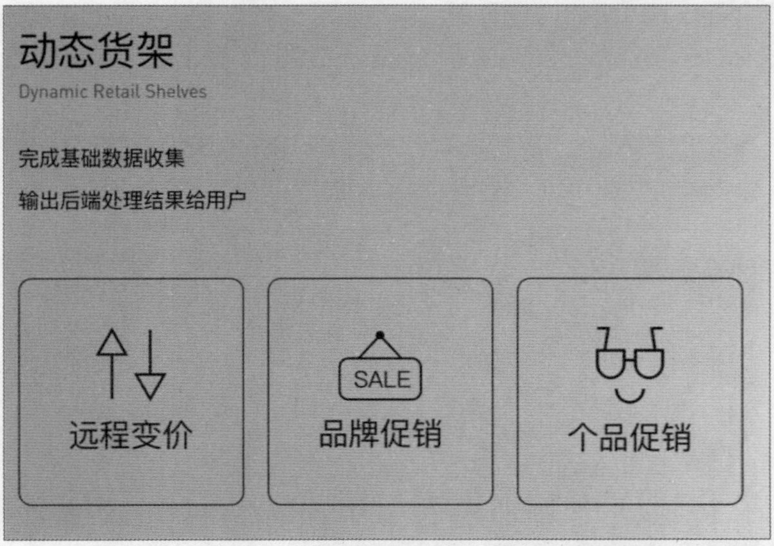

图 6-23　动态货架

缤果盒子还具有图像识别自动结算机，如图 6-24 所示。用户完成购物后进入双层门之间的检测区，系统会自动检测并核对用户身上购买的商品。即使没有购买商品，用户也可以正常顺利地出去。

图 6-24　图像识别自动结算机

总的来说，无人便利店就是以网络连接为媒介，智能移动为终端，采用云计算技术，对超市仓库进行数字化的全栈式管理。这种模式极大地降低了仓库管理人员的工作强度，提高了管理效率，降低了企业管理成本，保障了物资存储的质量。

由于减少了人力成本，缤果盒子商品的价格会比传统商店便宜 5%左右，这也是缤果盒子可能会成为用户首选的原因之一。作为新兴的产业，缤果盒子通过技术的变革和创新，在距离用户最近的地方，采用极低的成本，打造了一个 24 小时营业的商业店铺，为智慧零售未来的发展指明了方向。

另外，缤果盒子还具有智能动作识别功能，如图 6-25 所示。对于用户的违禁或恶意破坏行为，系统可进行自主识别，并发出报警，极大地提高了无人值守店铺的安全性能，保障了店铺效益。

图 6-25　智能动作识别功能

这些数字化和智能化的运营管理都离不开“小范 FAN AI”，如图 6-26 所示。它是缤果盒子无人零售背后的大管家，包含了云计算、大数据和机器学习等多个后台方案。正是因为它的存在，缤果盒子才有了属于自己的“灵魂”，为用户提供个性化服务。

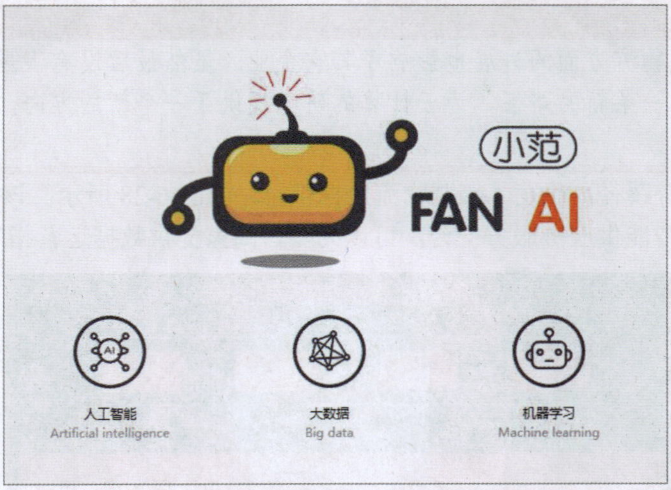

图 6-26　小范 FAN AI

6.3.3　京东零售

无论是电商巨头还是科技发展龙头，都开始研发无人配送车，京东也不落后。与阿里巴巴的“小蛮驴”相比，京东的“大白”最多可以放置 30 个常规大小的快递。当它到达配送点时，就可以通过云平台将物流信息发送给用户。

早在 2018 年时，中国民航西北管理局就允许京东使用无人机进行物流运输，如图 6-27 所示。这是中国采用无人机在商业领域取得的巨大进展，也是京东智慧物流体系的重要里程碑之一。

图 6-27　京东重型无人机

京东在物流领域一直做得比较出色，所以京东加大了云计算在物流领域上的研发和投入。近几年来，京东的智慧物流系统发展非常迅速，已形成无人车、无人机和无人仓这 3 大的智慧物流体系，引导物流行业全面升级。

▶ 专家指点

京东在无人机物流方面的进展也影响了其它企业。虽然最后没有大规模发展，但是它为这些企业提供了一条新的路径，为云计算的研究提供了一个新的方向，为智慧零售创造了一个良好的开端。

因此，京东另辟蹊径，研发了京慧物流数据平台，如图 6-28 所示。该平台是为商家提供中小件商品入仓的智能供应链服务平台，可以为零售商家提供数据运营指导。

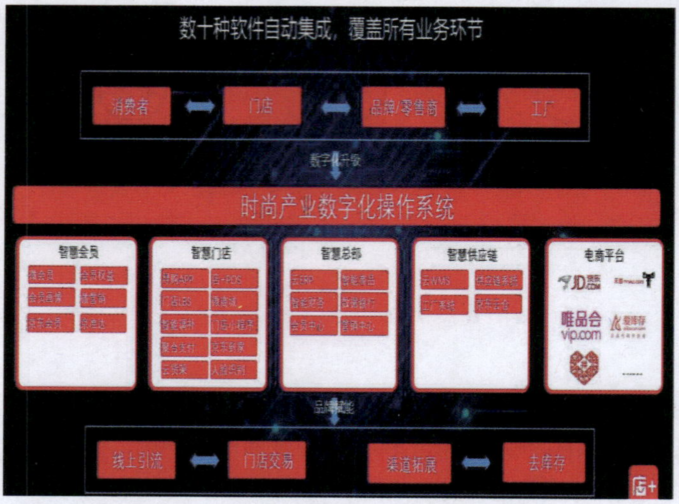

图 6-28　京慧物流数据平台

京东还为客户提供了 AIRS AI 零售解决方案，即通过云计算、人工智能、弹性扩展、智能对话、图像识别、机器学习和知识图谱等技术，为商家提供智能决策分析和管理咨询服务，如图 6-29 所示。

图 6-29　AIRS AI 零售解决方案

6.3.4　淘宝零售

很多传统企业和互联网巨头也在积极布局智慧零售这种新型商业形态。例如，“TAOCAFE（淘宝会员店）”就是由阿里巴巴推出的线下无人超市，占地达200平方米，可容纳50人以上，集商品购物和餐饮于一身，如图6-30所示。

TAOCAFE
淘宝会员店
TAOCAFE
淘|宝|会|员|店

图6-30　TAOCAFE（淘宝会员店）

“TAOCAFE（淘宝会员店）”中不仅摆放了各种玩偶和笔记本等各类商品，而且还可以进行自助订餐，同时还会根据用户的消费习惯和消费行为，来调整货品的数量与陈列方式。图6-31所示，为“TAOCAFE（淘宝会员店）”的自助购物流程。

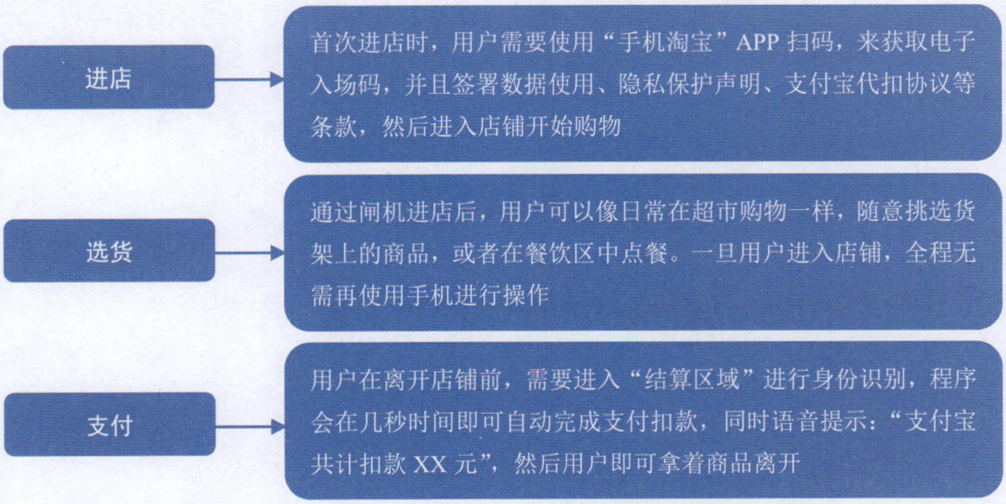
进店
首次进店时，用户需要使用“手机淘宝”APP扫码，来获取电子入场码，并且签署数据使用、隐私保护声明、支付宝代扣协议等条款，然后进入店铺开始购物
选货
通过闸机进店后，用户可以像日常在超市购物一样，随意挑选货架上的商品，或者在餐饮区中点餐。一旦用户进入店铺，全程无需再使用手机进行操作
支付
用户在离开店铺前，需要进入“结算区域”进行身份识别，程序会在几秒时间即可自动完成支付扣款，同时语音提示：“支付宝共计扣款XX元”，然后用户即可拿着商品离开

图6-31　“TAOCAFE（淘宝会员店）”的自助购物流程

当然，“TAOCAFE（淘宝会员店）”只是智慧零售的一个雏形。智慧零售的背后，映射的是人口红利的逐步消退，以及劳动力结构的改变，这使得各种无人自助服务、无人零售、无人机、无人驾驶、无人仓储、无人物流、无人工厂以及无人农场等新兴产业不断崛起。

阿里巴巴这种新型的消费模式，是客流数字化与货架数字化相互作用形成的，从而可以实现客流的动态优化、商品陈列优化和销售分析等数据方面功能，如图 6-32 所示。

天猫精灵也是阿里巴巴智慧零售的重要一环，它可以与用户进行对话交流或游戏互动，开启全方位的线下门店数字化之路。另外，阿里巴巴在线上店铺运营方面也有着自己独立的系统，如图 6-33 所示。利用阿里巴巴特有的数据中台，可以实现线上触点和线下触点的双向连接，即赋能电商商家，多场景帮助电商客户实现数字化转型。

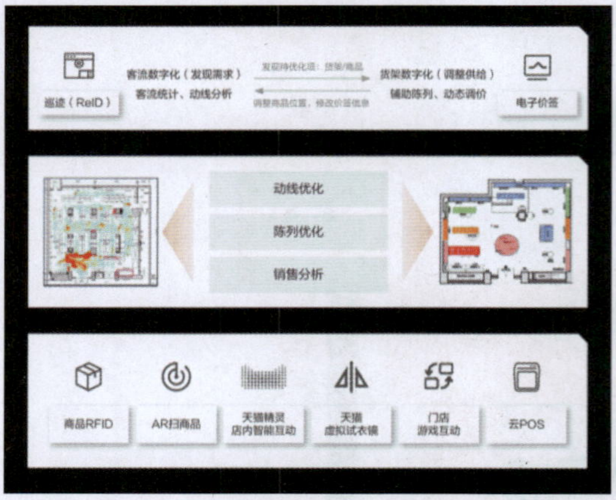

图 6-32 阿里巴巴智慧零售数字化框架

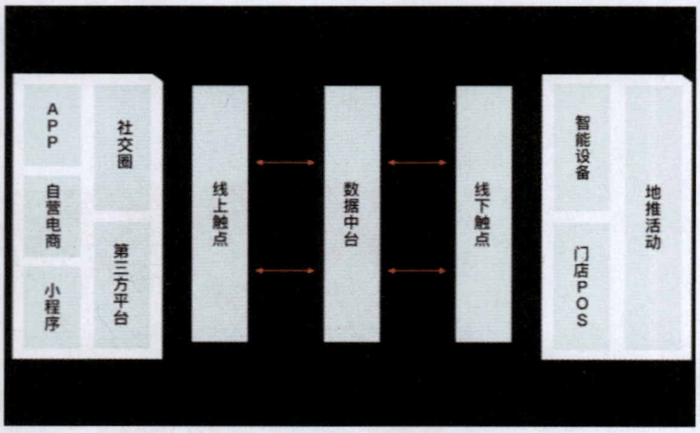

图 6-33 线上店铺运营方案

本章小结

本章主要详细介绍了智能零售的基础以及核心，然后为读者讲述了智能零售“云转型”的 3 种方式，最后以苏宁零售、缤果盒子、京东零售和淘宝零售为例分别说明了其在零售行业的具体应用。

本章习题

1. 无人超市运营背后包含了哪三大黑科技？
2. 智能零售的“云转型”主要有哪三种方式？

第 7 章　大数据的基本知识

本章导读

随着大数据的应用越来越广泛，越来越多的人开始重视大数据的学习与了解。那么，什么才是大数据？它的特征以及构成又是怎样的？它具有哪些商业营销模式？面对大数据技术上的挑战，又应该如何应对？

本章重点

- 大数据的知识梳理
- 大数据的发展趋势
- 大数据的应用案例

7.1 大数据的知识梳理

何谓“大”数据？在数据方面，“大”（big）是一个快速发展的术语，因此其自身发展变化而引起的社会竞争的激烈化也就显而易见了，越来越多的企业参与到大数据的竞争中来就是其表现之一。在当前的这一形势下，了解大数据的相关知识就很有必要了。本节将从大数据的定义、特征和构成等 6 个方面简述其相关知识。

7.1.1 大数据的定义

要想了解大数据的概念，还要从大数据本身入手。从“数据”这两个词来分析，大数据是海量而巨大的，它关乎数据量。那么，这个“大”究竟大到了一种什么样的程度呢？可以说它即将突破现有常规软件所能提供的能力极限。

那么，大数据的“大”到底指的哪些方面呢？大数据与传统的数据有所区别，其特征可以用四个 V 来总结：Volume（体量大）、Variety（多样性）、Value（价值密度低）和 Veloc-ity（速度快），如图 7-1 所示。

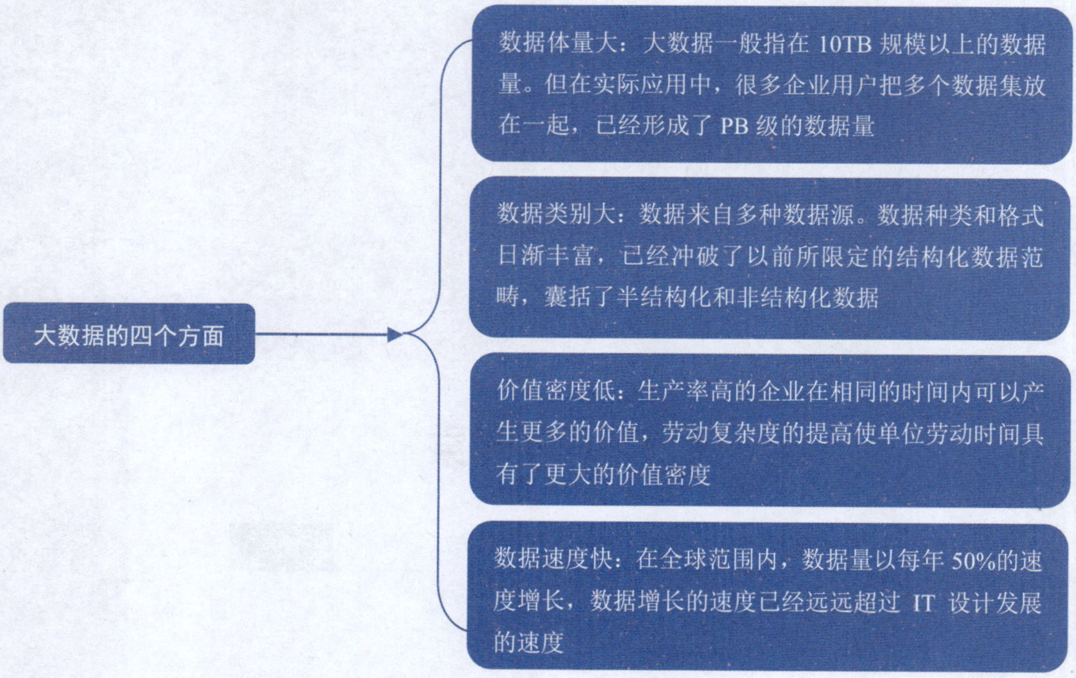
大数据的四个方面
数据体量大：大数据一般指在 10TB 规模以上的数据量。但在实际应用中，很多企业用户把多个数据集放在一起，已经形成了 PB 级的数据量
数据类别大：数据来自多种数据源。数据种类和格式日渐丰富，已经冲破了以前所限定的结构化数据范畴，囊括了半结构化和非结构化数据
价值密度低：生产率高的企业在相同的时间内可以产生更多的价值，劳动复杂度的提高使单位劳动时间具有了更大的价值密度
数据速度快：在全球范围内，数据量以每年 50%的速度增长，数据增长的速度已经远远超过 IT 设计发展的速度

图 7-1 大数据的四个方面

如今，大数据已经成为变革的中心，事实上可以成为一场革命。在 IT 领域、制造业、零售业、政府管理和科学技术等方面，大数据改变了它们所在行业的运行方式，刺激了消费的增长。因此，称之为大数据的新世界，它是用传统数据库软件工具对其内容进行抓取、管理和处理的数据集合。另外，大数据又可分为结构化、半结构化、准结构化和非结构化四种结构类型，如图 7-2 所示。

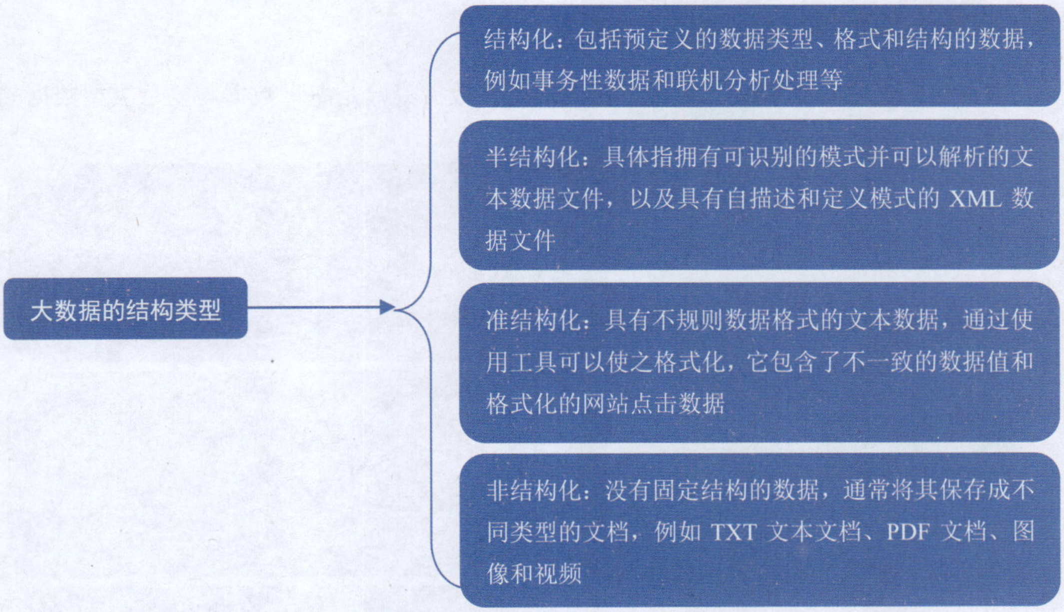
大数据的结构类型
结构化：包括预定义的数据类型、格式和结构的数据，例如事务性数据和联机分析处理等
半结构化：具体指拥有可识别的模式并可以解析的文本数据文件，以及具有自描述和定义模式的 XML 数据文件
准结构化：具有不规则数据格式的文本数据，通过使用工具可以使之格式化，它包含了不一致的数据值和格式化的网站点击数据
非结构化：没有固定结构的数据，通常将其保存成不同类型的文档，例如 TXT 文本文档、PDF 文档、图像和视频

图 7-2　大数据的结构类型

7.1.2　大数据的特征

随着数据体量的不断增大，如何更好、更快地处理企业经营和管理等方面的数据成为其将来竞争的重点之一。大数据从数据类型、价值和处理速度这三个基本方面来说具有以下特征，如图 7-3 所示。

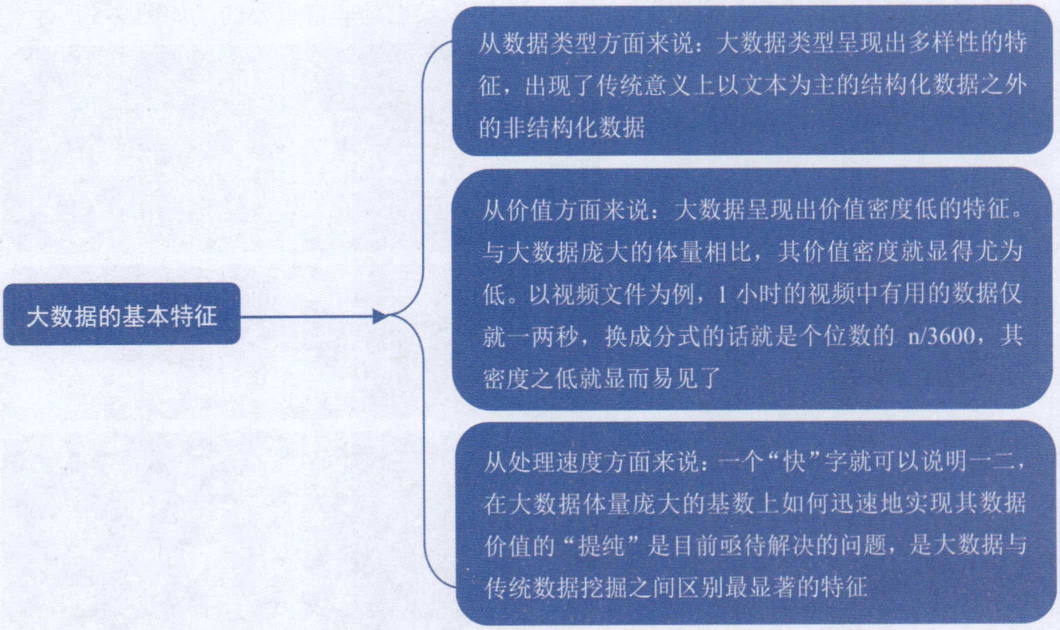
大数据的基本特征
从数据类型方面来说：大数据类型呈现出多样性的特征，出现了传统意义上以文本为主的结构化数据之外的非结构化数据
从价值方面来说：大数据呈现出价值密度低的特征。与大数据庞大的体量相比，其价值密度就显得尤为低。以视频文件为例，1 小时的视频中有用的数据仅就一两秒，换成分式的话就是个位数的 n/3600，其密度之低就显而易见了
从处理速度方面来说：一个“快”字就可以说明一二，在大数据体量庞大的基数上如何迅速地实现其数据价值的“提纯”是目前亟待解决的问题，是大数据与传统数据挖掘之间区别最显著的特征

图 7-3　大数据的基本特征

7.1.3 大数据的构成

大数据包括交易数据和交互数据集在内的所有数据集，是海量数据与复杂类型数据的集合，如图 7-4 所示。

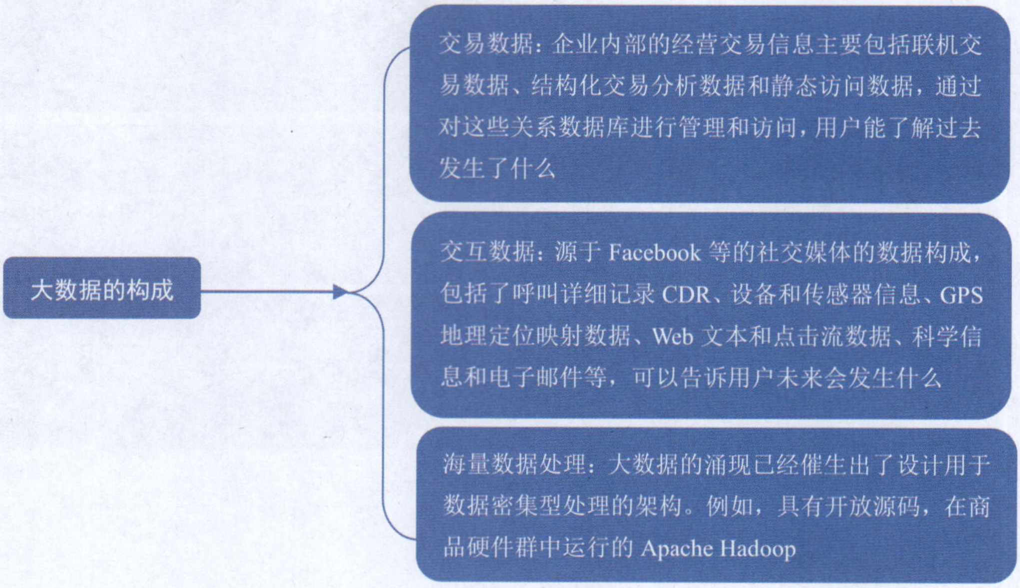
大数据的构成
交易数据：企业内部的经营交易信息主要包括联机交易数据、结构化交易分析数据和静态访问数据，通过对这些关系数据库进行管理和访问，用户能了解过去发生了什么
交互数据：源于 Facebook 等的社交媒体的数据构成，包括了呼叫详细记录 CDR、设备和传感器信息、GPS 地理定位映射数据、Web 文本和点击流数据、科学信息和电子邮件等，可以告诉用户未来会发生什么
海量数据处理：大数据的涌现已经催生出了设计用于数据密集型处理的架构。例如，具有开放源码，在商品硬件群中运行的 Apache Hadoop

图 7-4　大数据的构成

7.1.4 商业营销模式

对于企业来说，形成深入理解用户的商业营销模式也是非常重要的，如图 7-5 所示。

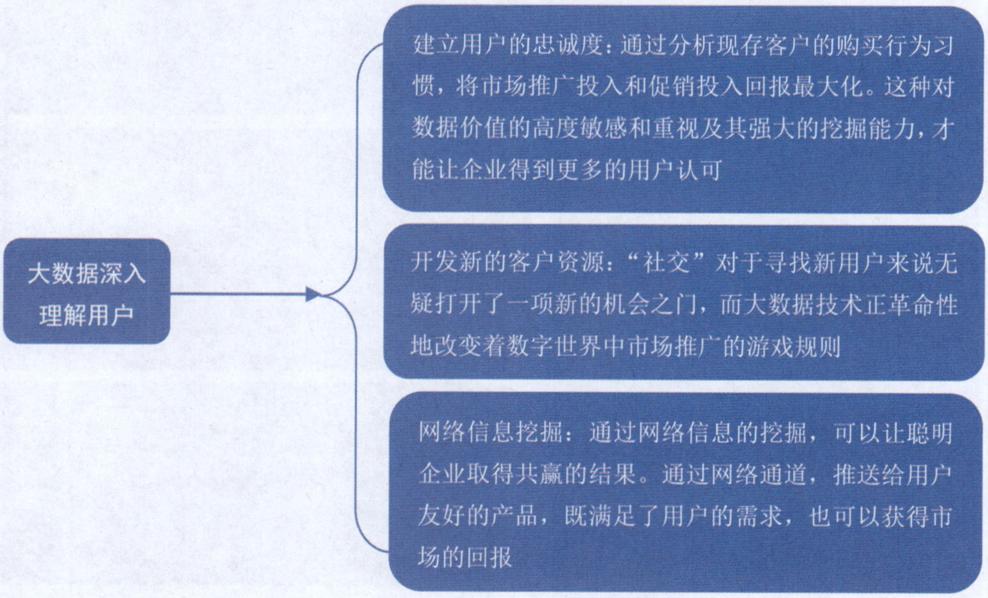
大数据深入理解用户
建立用户的忠诚度：通过分析现存客户的购买行为习惯，将市场推广投入和促销投入回报最大化。这种对数据价值的高度敏感和重视及其强大的挖掘能力，才能让企业得到更多的用户认可
开发新的客户资源："社交"对于寻找新用户来说无疑打开了一项新的机会之门，而大数据技术正革命性地改变着数字世界中市场推广的游戏规则
网络信息挖掘：通过网络信息的挖掘，可以让聪明企业取得共赢的结果。通过网络通道，推送给用户友好的产品，既满足了用户的需求，也可以获得市场的回报

图 7-5　大数据深入理解用户

根据大数据资产的盈利方式和经营策略，一共形成了六大商业营销模式，如图 7-6 所示。

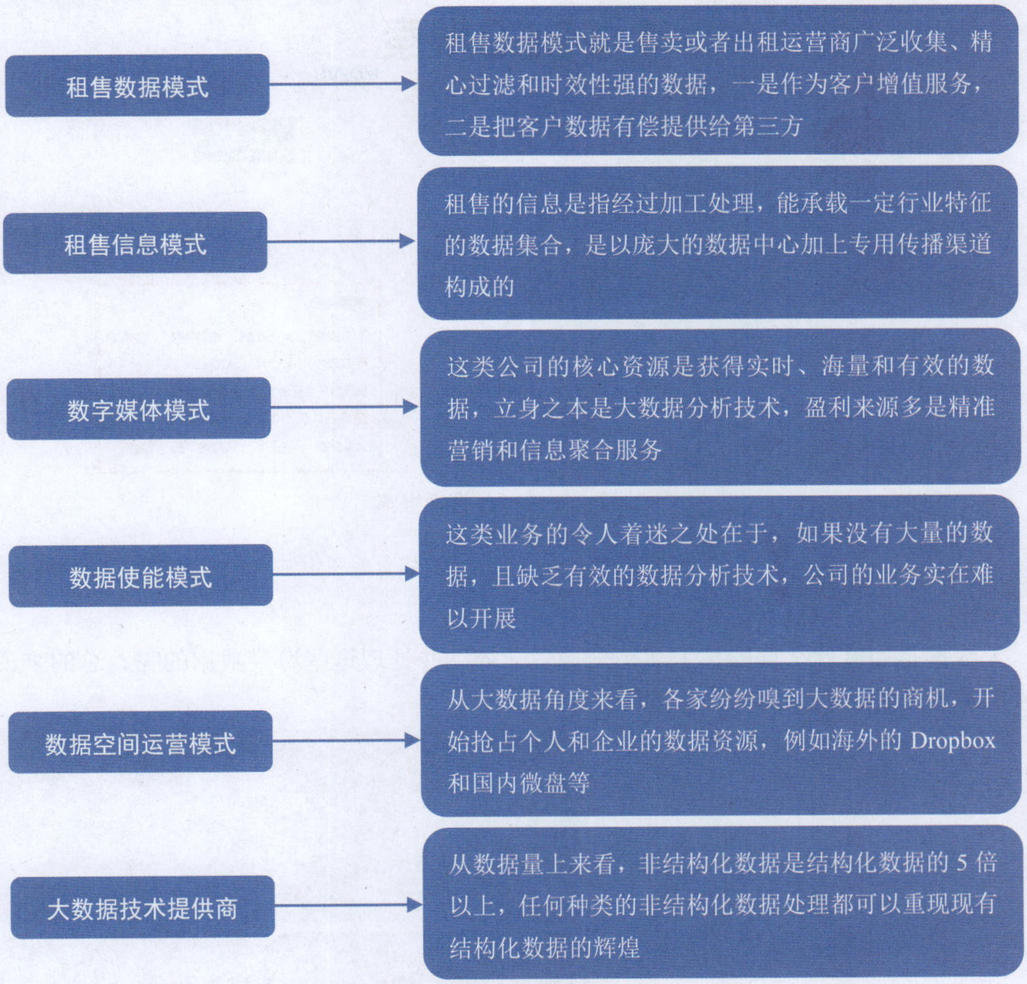
租售数据模式
租售数据模式就是售卖或者出租运营商广泛收集、精心过滤和时效性强的数据，一是作为客户增值服务，二是把客户数据有偿提供给第三方
租售信息模式
租售的信息是指经过加工处理，能承载一定行业特征的数据集合，是以庞大的数据中心加上专用传播渠道构成的
数字媒体模式
这类公司的核心资源是获得实时、海量和有效的数据，立身之本是大数据分析技术，盈利来源多是精准营销和信息聚合服务
数据使能模式
这类业务的令人着迷之处在于，如果没有大量的数据，且缺乏有效的数据分析技术，公司的业务实在难以开展
数据空间运营模式
从大数据角度来看，各家纷纷嗅到大数据的商机，开始抢占个人和企业的数据资源，例如海外的 Dropbox 和国内微盘等
大数据技术提供商
从数据量上来看，非结构化数据是结构化数据的 5 倍以上，任何种类的非结构化数据处理都可以重现现有结构化数据的辉煌

图 7-6　大数据 6 大商业模式

> **▶ 专家指点**
>
> 亚马逊也是通过大数据的应用成为市场佼佼者的一个成功案例，作为一家信息公司，亚马逊的各个业务环节都离不开数据驱动的身影。亚马逊不仅从每个用户的购买行为中获得信息，还将每个用户在其网站上的所有行为都记录下来。
>
> 例如，用户页面的停留时间、搜索的关键词和浏览的商品等。对于亚马逊来说，他们明白一个很简单的双赢道理，即只要推荐的内容有用，那么买家开心，亚马逊自己也能挣更多钱。

这种商业模式就是要求企业要对数据高度敏感和重视，并具备对数据强大的挖掘能力，只有这样才能让企业得到更多的用户认可。

图 7-7 所示，为 360 搜索基于用户近期搜索的关键字而推荐的链接。这样的功能会让用户觉得，搜索引擎除了被动地提供数据，还能主动了解自己的需求，从而让用户彻底对网站产生依赖。

360搜索
搜索
娱乐
房产
体育
国内
辟谣
汽车
国际
常用搜索
手机赚钱 华为鸿蒙 电脑赚钱 赚钱
网络赚钱 云计算 政企云
腾讯ai开放平台 百度智慧课堂
今日头条 360 长城 mijia
大众探岳 腾讯ai 赚钱的平台 泛微

图 7-7　360 的搜索推荐

7.1.5　大数据的技术

大数据是通过什么样的技术架构来接受、容纳并处理这些海量数据的呢？总的来说，大数据的技术架构可以分为四层，如图 7-8 所示。

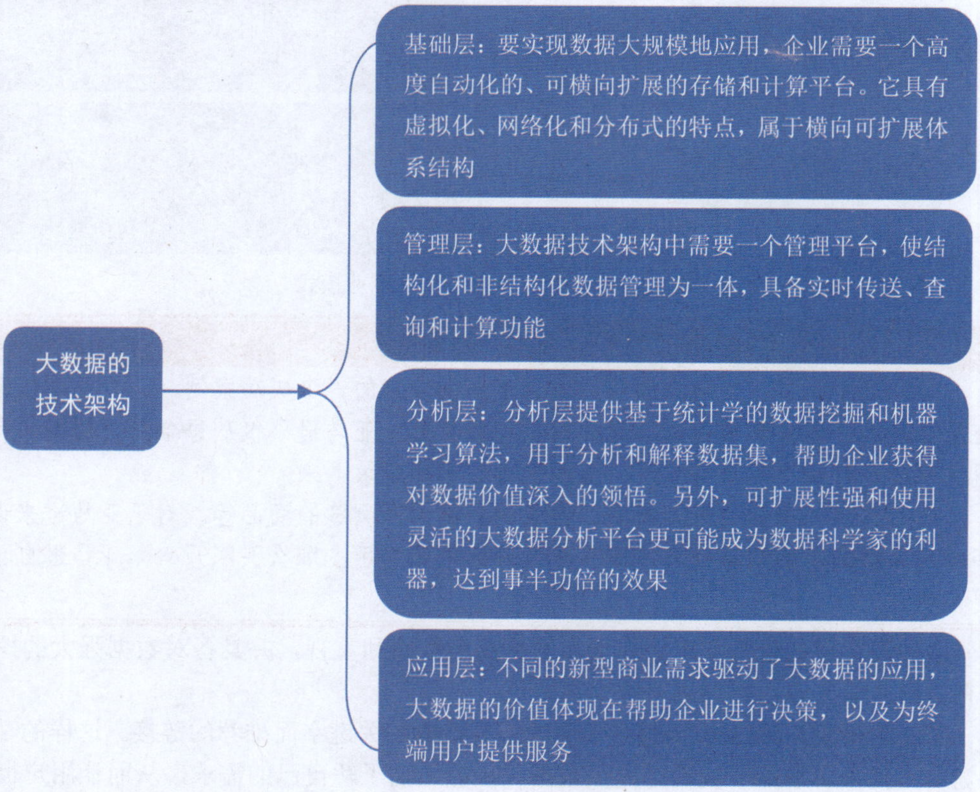
大数据的技术架构
基础层：要实现数据大规模地应用，企业需要一个高度自动化的、可横向扩展的存储和计算平台。它具有虚拟化、网络化和分布式的特点，属于横向可扩展体系结构
管理层：大数据技术架构中需要一个管理平台，使结构化和非结构化数据管理为一体，具备实时传送、查询和计算功能
分析层：分析层提供基于统计学的数据挖掘和机器学习算法，用于分析和解释数据集，帮助企业获得对数据价值深入的领悟。另外，可扩展性强和使用灵活的大数据分析平台更可能成为数据科学家的利器，达到事半功倍的效果
应用层：不同的新型商业需求驱动了大数据的应用，大数据的价值体现在帮助企业进行决策，以及为终端用户提供服务

图 7-8　大数据的技术架构

▶ 专家指点

云模型鼓励访问数据并提供弹性资源池来应对大规模问题，解决了如何存储大量数据，以及如何积聚所需的计算资源来操作数据的问题。

7.1.6　大数据的挑战

云计算提供了强大的算法能力，而大数据采集了海量的数据，它们一起构建起了一个数字世界，促进了物联网的形成。但是，在物联网时代，大数据的采集以及分析依然面临着诸多挑战，如图 7-9 所示。

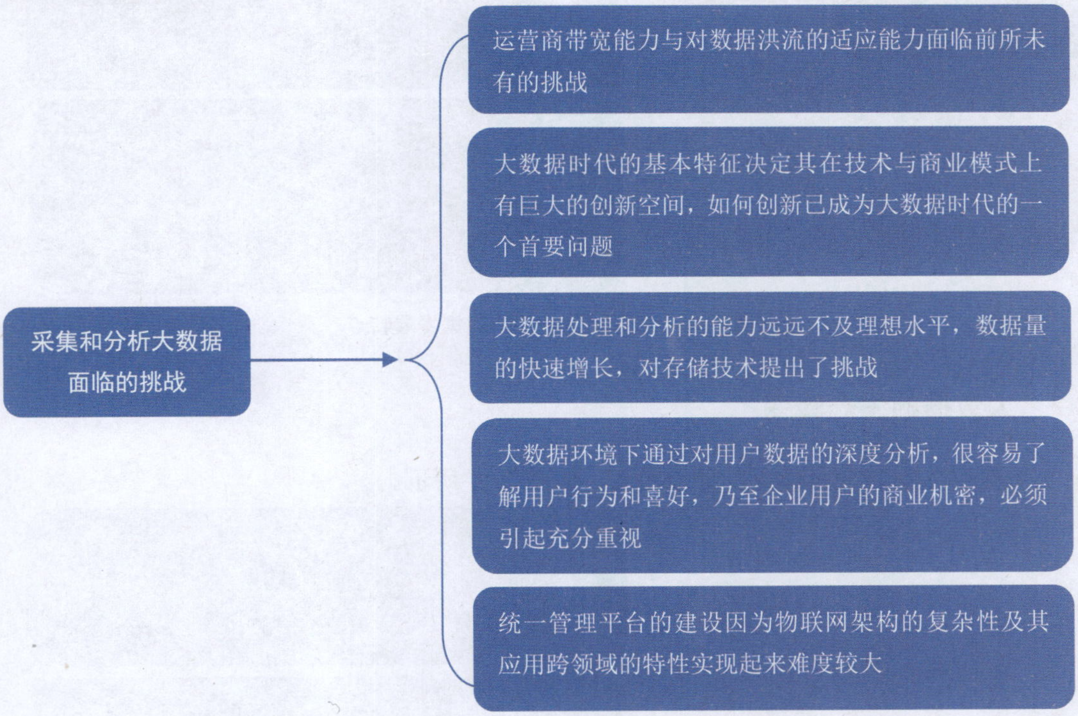
采集和分析大数据面临的挑战
运营商带宽能力与对数据洪流的适应能力面临前所未有的挑战
大数据时代的基本特征决定其在技术与商业模式上有巨大的创新空间，如何创新已成为大数据时代的一个首要问题
大数据处理和分析的能力远远不及理想水平，数据量的快速增长，对存储技术提出了挑战
大数据环境下通过对用户数据的深度分析，很容易了解用户行为和喜好，乃至企业用户的商业机密，必须引起充分重视
统一管理平台的建设因为物联网架构的复杂性及其应用跨领域的特性实现起来难度较大

图 7-9　采集和分析大数据面临的挑战

7.2　大数据的发展趋势

据悉，在 1993 年的美国《纽约人》杂志上刊登了一幅标题为“互联网上，没有人知道你是一条狗”的漫画，而作者彼得·施泰纳也因为此漫画赚取了 5 万多美元。此后的 20 年间，互联网发生了巨大的变化，移动互联、社交网络和电子商务大大拓展了网络的疆界和应用。

7.2.1　大数据的发展前沿

当前，伴随着技术变革的发生，大数据将成为“未来的新石油”，互联网公司已经抢先发现这一点，站在了大数据时代的最前沿。作为后 PC 时代的四大巨头，Facebook、谷歌、苹果和亚马逊正在成为大数据的拥有者和使用者，它们有着各自的发展特点，如图 7-10 所示。

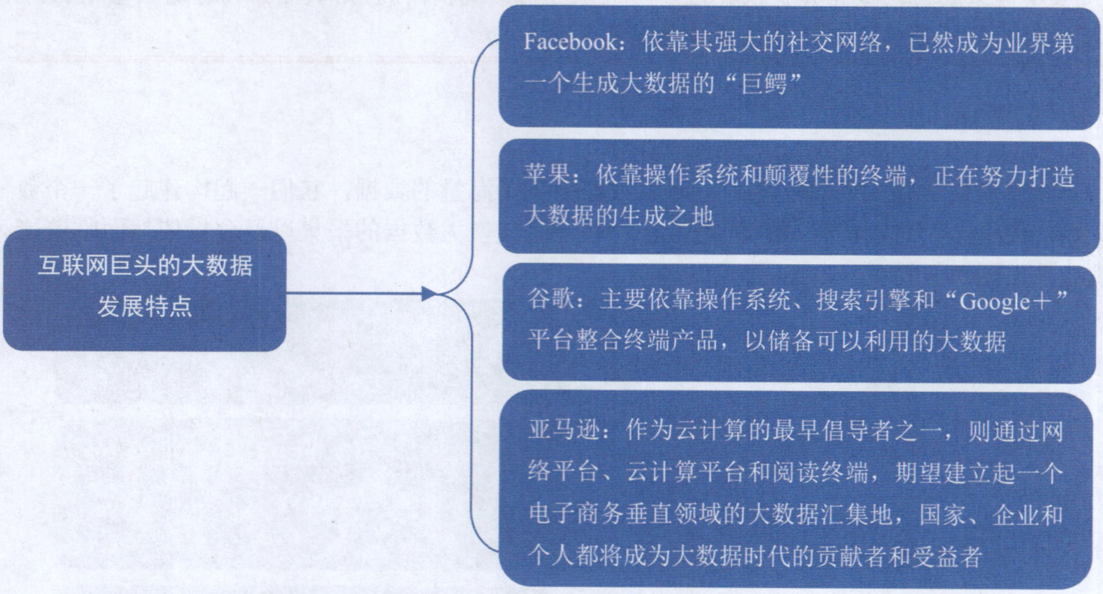
互联网巨头的大数据发展特点
Facebook：依靠其强大的社交网络，已然成为业界第一个生成大数据的“巨鳄”
苹果：依靠操作系统和颠覆性的终端，正在努力打造大数据的生成之地
谷歌：主要依靠操作系统、搜索引擎和“Google+”平台整合终端产品，以储备可以利用的大数据
亚马逊：作为云计算的最早倡导者之一，则通过网络平台、云计算平台和阅读终端，期望建立起一个电子商务垂直领域的大数据汇集地，国家、企业和个人都将成为大数据时代的贡献者和受益者

图 7-10　互联网巨头的大数据发展特点

7.2.2　大数据的生态转变

大数据的生态转变具体可以分为四点，如图 7-11 所示。

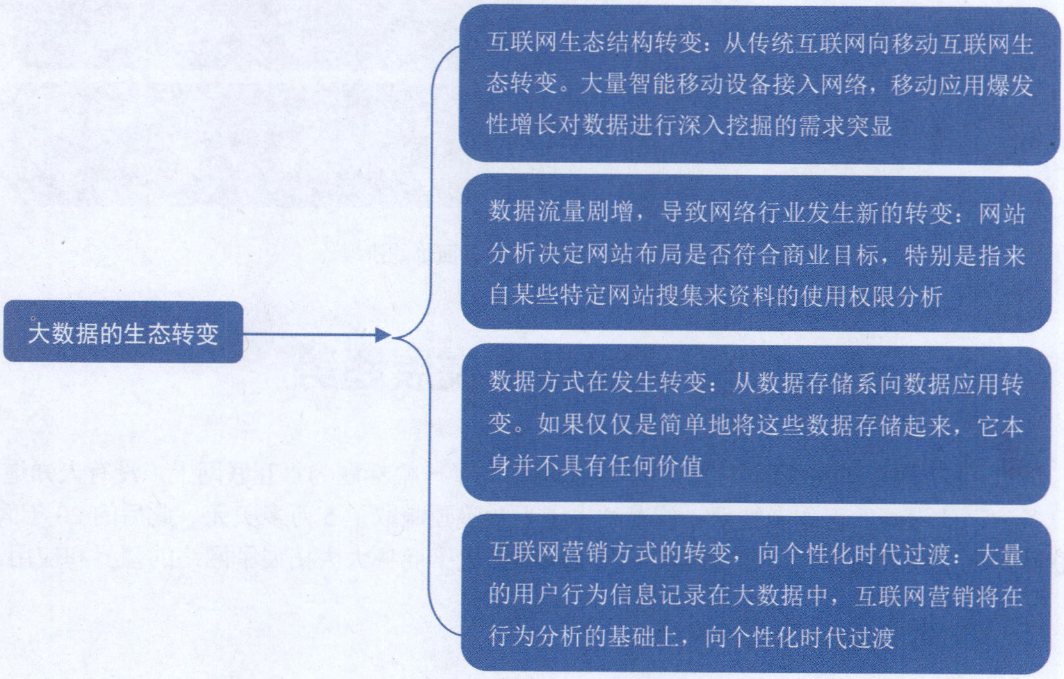
大数据的生态转变
互联网生态结构转变：从传统互联网向移动互联网生态转变。大量智能移动设备接入网络，移动应用爆发性增长对数据进行深入挖掘的需求突显
数据流量剧增，导致网络行业发生新的转变：网站分析决定网站布局是否符合商业目标，特别是指来自某些特定网站搜集来资料的使用权限分析
数据方式在发生转变：从数据存储系向数据应用转变。如果仅仅是简单地将这些数据存储起来，它本身并不具有任何价值
互联网营销方式的转变，向个性化时代过渡：大量的用户行为信息记录在大数据中，互联网营销将在行为分析的基础上，向个性化时代过渡

图 7-11　大数据的生态转变

7.2.3　大数据的应对策略

大数据可以给企业管理和决策带来数据支撑。但与此同时，大数据也给企业带来了巨大的挑战。大数据的应对策略主要有以下七个，如图 7-12 所示。

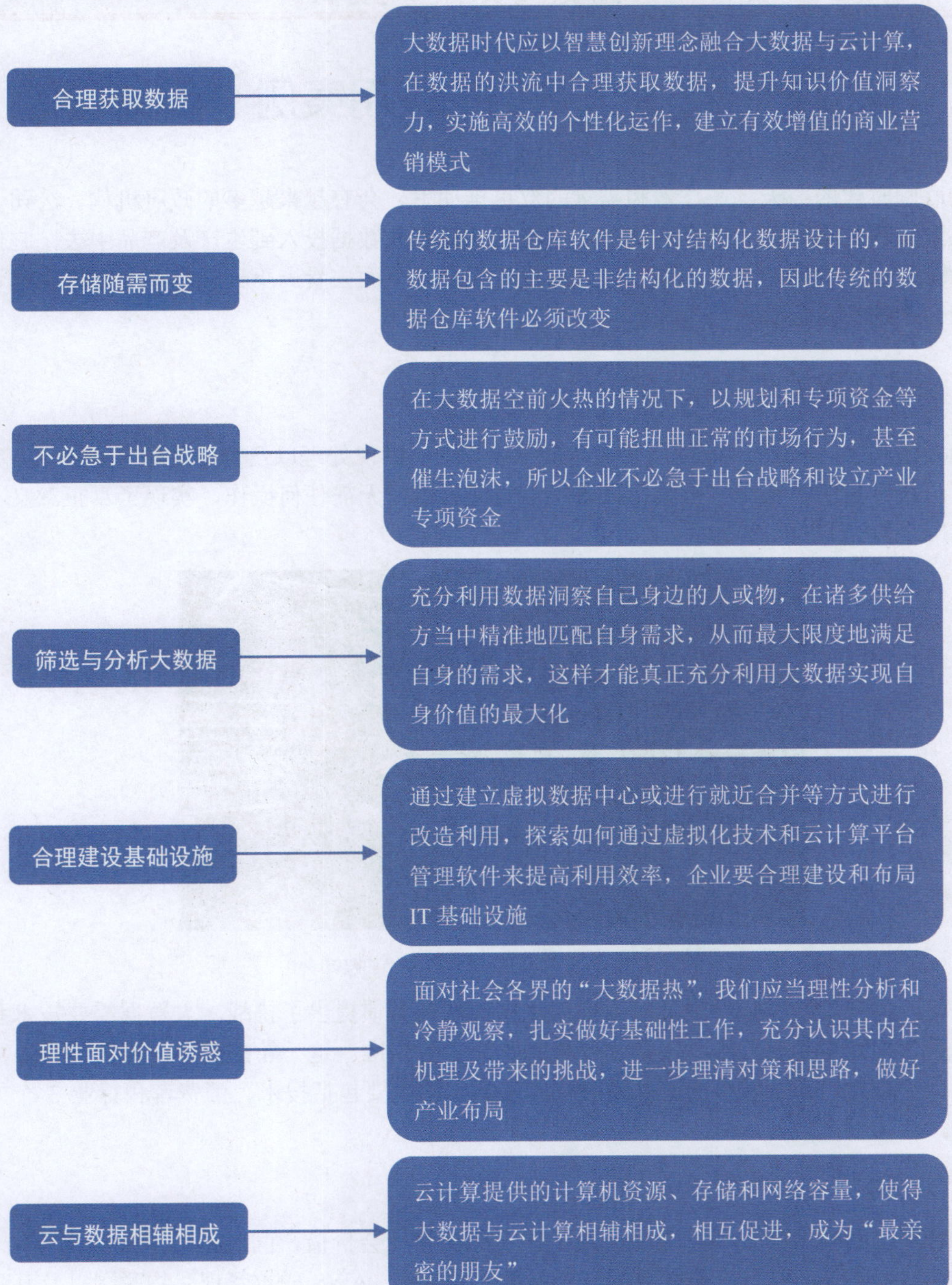
合理获取数据
大数据时代应以智慧创新理念融合大数据与云计算，在数据的洪流中合理获取数据，提升知识价值洞察力，实施高效的个性化运作，建立有效增值的商业营销模式
存储随需而变
传统的数据仓库软件是针对结构化数据设计的，而数据包含的主要是非结构化的数据，因此传统的数据仓库软件必须改变
不必急于出台战略
在大数据空前火热的情况下，以规划和专项资金等方式进行鼓励，有可能扭曲正常的市场行为，甚至催生泡沫，所以企业不必急于出台战略和设立产业专项资金
筛选与分析大数据
充分利用数据洞察自己身边的人或物，在诸多供给方当中精准地匹配自身需求，从而最大限度地满足自身的需求，这样才能真正充分利用大数据实现自身价值的最大化
合理建设基础设施
通过建立虚拟数据中心或进行就近合并等方式进行改造利用，探索如何通过虚拟化技术和云计算平台管理软件来提高利用效率，企业要合理建设和布局 IT 基础设施
理性面对价值诱惑
面对社会各界的“大数据热”，我们应当理性分析和冷静观察，扎实做好基础性工作，充分认识其内在机理及带来的挑战，进一步理清对策和思路，做好产业布局
云与数据相辅相成
云计算提供的计算机资源、存储和网络容量，使得大数据与云计算相辅相成，相互促进，成为“最亲密的朋友”

图 7-12　大数据的应对策略

▶ 专家指点

可以看到，用大数据这个视角，可以考察企业的兴衰。第一，企业如果对大数据不关心了解，必将走向衰败；第二，拥有大量的数据，并善加运用的公司，必将赢得未来。时代变了，判断企业价值的标准和判断软件价值的标准也变了。

7.3 大数据的应用案例

物联网时代的今天，在技术和需求的双重推动下，会有越来越多的政府机构、公司企业和个人意识到数据是巨大的经济资产，并将云计算和大数据投入到生产及产品中去，它们会为企业带来全新的创业方向、商业模式和投资机会。下面去看一下云计算和大数据在建设智能化社会中的实际行动。

7.3.1 智能零售行业搜索

无人便利店 Amazon Go 使用了大量的深度学习、图像处理以及传感器融合等技术，完全改变了传统零售的收银结账模式，显著特点是离店支付无需任何操作，实现了真正意义上的“即拿即走”，如图 7-13 所示。

图 7-13 亚马逊的无人便利店 Amazon Go

目前，数据量的大幅度增加对人们注重精确性的习惯提出了挑战，大数据需要技术和思维上的变革才能得到充分地利用，才能做到从海量到精准。这一轮的变革，事关绝大多数企业的命运。总之，智慧零售的诞生是时代的趋势，其主要包括技术、消费者和行业 3 个方面的原因。

1. 技术方面

随着互联网技术的发展，逐渐产生了很多经济和社会价值，同时推动了经济全球化 3.0 时代的发展。同时，亚马逊的大数据、云计算、区块链、AWS 成本管理、物联网以及互联网金融等技术，实现了“云、网、端”的深度结合，带来了智能化和自助化的无人系统，如图 7-14 所示。

图 7-14　亚马逊技术框架

在百花齐放的智慧零售时代，似乎所有的商业形式都可以跟智慧零售挂钩。对于相关行业的从业者来说，需要以消费者为中心，凭借各种先进技术和经营理念，用数字化手段整合和优化智慧零售供应链，并结合系统性的数据分析方法，来实现价值链的优化和协同。例如，无人自助收银就是通过自助扫码结算来降低人力成本，用户通过扫描产品条形码即可实现自助购物和自助支付。

2. 消费升级

随着消费者的数字化程度越来越高，他们的生活方式、人群主体、消费观念和消费习惯发生了翻天覆地的变化，具有强烈的品质消费趋势和体验化消费趋势，从而产生了新一代的价值主张，如图 7-16 所示。

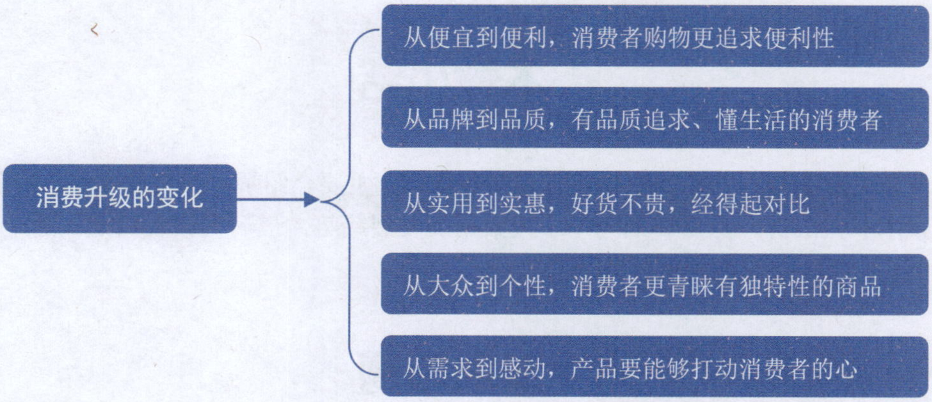

图 7-15　消费升级的变化

3. 行业竞争

随着全球实体行业的发展放缓，行业亟需寻找新的增长动力，而且国内的传统行业竞争非常激烈，商业形态涌现出多元化的发展趋势，大企业都在深化新的商业战略，抢占制高点，确保在竞争中取得胜利。

在智慧零售时代，消费者和智能终端的关系更加紧密，而数字化的人工智能技术则成为重构智慧零售的核心技术，可以给消费者带来更好的消费体验，让他们可以随时、随地、随心进行消费以及享受各种服务。

7.3.2　微信问卷大调查

大数据正在从单纯的技术走入人们日常生活的实际应用中，当各家企业需要透过大数据进行应用但苦于没有平台的时候，微信的问卷调查给他们大开了方便之门，如图 7-17 所示。通过这些问卷调查，可以帮助企业或用户更好地对受众属性进行分析，再结合数据中台，能够有效对这些数据整合分析，更好地了解人群的网络特点，从而制定出更多创意营销策略。

图 7-16　微信的问卷调查

本章小结

本章首先对大数据的基本知识进行了初步梳理，主要介绍了大数据的定义、特征、构成、模式、技术和挑战等，然后详细介绍了大数据的发展趋势，最后为读者例举了两个大数据的应用案例。

本章习题

1．大数据的“大”体现在哪些方面？

2．在物联网时代，大数据的采集以及分析面临着哪些挑战？

第 8 章　大数据的精准营销

本章导读

客户的行为是实现精准营销的重要依据，试想一下你连客户需要什么或想要买什么都不知道，怎么进行精准营销？所以，从数据收集整理开始，要学会用手中的数据洞察客户行为，才能为客户定位打下基础。本章将客户行为和大数据相结合，进行了精准分析，希望能够对各位读者有所启发。

本章重点

- 客户行为的精准分析
- 客户的精准定位策略
- LBS 大数据精准营销

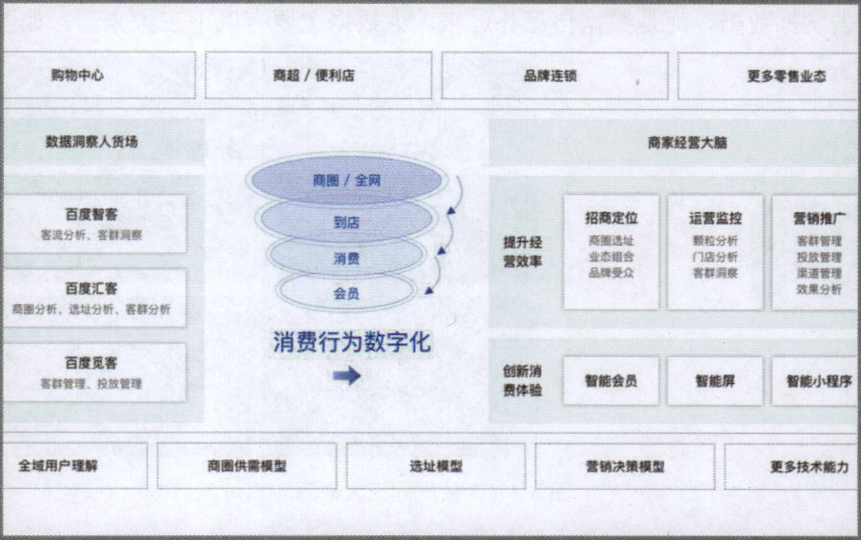

8.1 客户行为的精准分析

在商业营销中，谁掌握了大数据技术就能够胜人一筹，但是这些激动人心的“口号”喊了无数遍，能够真正做到合理利用大数据并为自身创造商业价值的却没有多少，不是自己需要的数据太少，而是不知道如何从那些并不起眼的数据中找到想要的东西。本节主要对客户的行为进行精准分析，帮助读者实现对大数据的精准营销。

8.1.1 将数据变废为宝

生活中无时无刻都在产生数据，日常生活处理的数据量越来越多，而且这些信息量正在呈直线上升，数据类型也越来越复杂。许多人对这些数据不屑一顾，认为这些数据就像是工业肥料一样，对自己已经没有了价值。数据从形式上可以简单地分为结构数据和非结构数据两种，如图 8-1 所示。

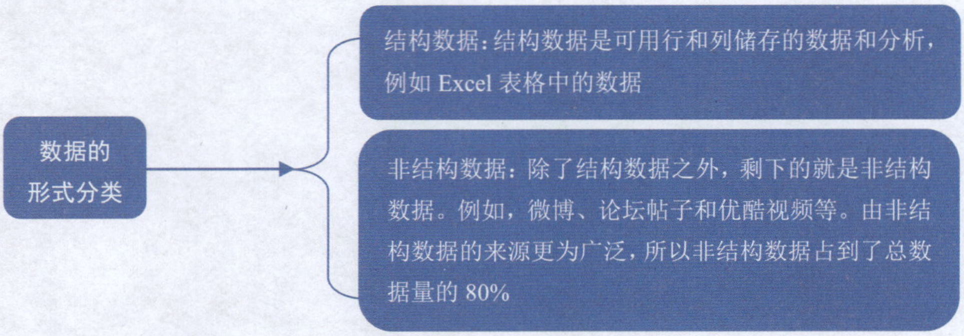
数据的
形式分类
结构数据：结构数据是可用行和列储存的数据和分析，例如 Excel 表格中的数据
非结构数据：除了结构数据之外，剩下的就是非结构数据。例如，微博、论坛帖子和优酷视频等。由非结构数据的来源更为广泛，所以非结构数据占到了总数据量的 80%

图 8-1 数据的分类

商业活动中，因为要定位不同的客户，所以获取信息的渠道也不同。在大数据时代，很多时候不是去发掘数据，而是数据自己扑过来。大数据主要有以下三大来源，如图 8-2 所示。

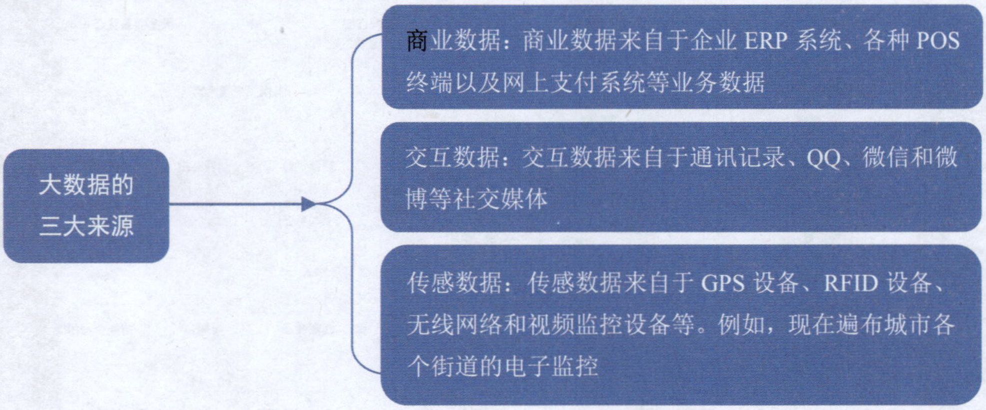
大数据的
三大来源
商业数据：商业数据来自于企业 ERP 系统、各种 POS 终端以及网上支付系统等业务数据
交互数据：交互数据来自于通讯记录、QQ、微信和微博等社交媒体
传感数据：传感数据来自于 GPS 设备、RFID 设备、无线网络和视频监控设备等。例如，现在遍布城市各个街道的电子监控

图 8-2 大数据的三大来源

数据的收集是对客户进行定位，进行商品精准营销，从而带来巨大商业价值的基础。例如，人们通常会直接丢入垃圾桶的商场购物小票，但是这些都是数据的体现。

随着社会的快速发展，数据量将呈现快速增长的趋势。据统计，全球每个月有 2.5EB 的数据出现，在这么庞大的数据之下，商业世界不再是谁有效率就是谁的天下，而是谁有数据、谁会收集和利用数据，并通过数据悄无声息地了解客户，谁将拥有这个天下。

在大数据的收集中，要走出一个误区，那就是数据不是信息，而是有待理解的“原材料”。当你理解了这些“原材料”，你的信息量就会逐渐增大，由“原材料”转换的信息带给你的商业价值才会增加。数据挖掘的方法有许多种，例如分类挖掘、聚类分析、回归分析和关联规则等，如图 8-3 所示。

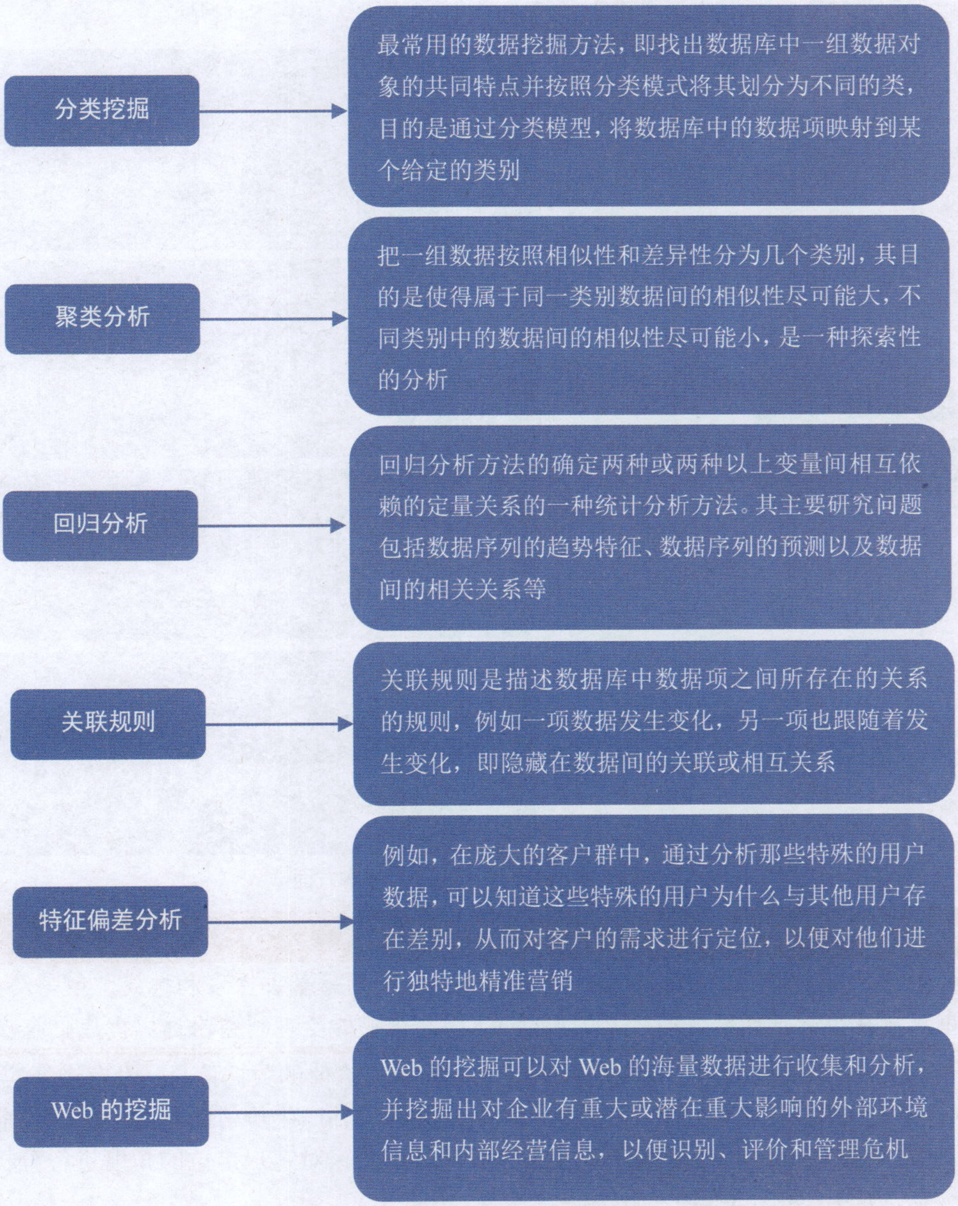
分类挖掘
最常用的数据挖掘方法，即找出数据库中一组数据对象的共同特点并按照分类模式将其划分为不同的类，目的是通过分类模型，将数据库中的数据项映射到某个给定的类别
聚类分析
把一组数据按照相似性和差异性分为几个类别，其目的是使得属于同一类别数据间的相似性尽可能大，不同类别中的数据间的相似性尽可能小，是一种探索性的分析
回归分析
回归分析方法的确定两种或两种以上变量间相互依赖的定量关系的一种统计分析方法。其主要研究问题包括数据序列的趋势特征、数据序列的预测以及数据间的相关关系等
关联规则
关联规则是描述数据库中数据项之间所存在的关系的规则，例如一项数据发生变化，另一项也跟随着发生变化，即隐藏在数据间的关联或相互关系
特征偏差分析
例如，在庞大的客户群中，通过分析那些特殊的用户数据，可以知道这些特殊的用户为什么与其他用户存在差别，从而对客户的需求进行定位，以便对他们进行独特地精准营销
Web 的挖掘
Web 的挖掘可以对 Web 的海量数据进行收集和分析，并挖掘出对企业有重大或潜在重大影响的外部环境信息和内部经营信息，以便识别、评价和管理危机

图 8-3　数据挖掘的六种方法

许多人觉得获得了数据信息，挖掘了数据的价值所在，就可以进行使用了，这种想法其

实是大错特错，还有很重要的一步，那就是数据的分析。

有一个例子。我的女朋友经常会拿着我的信用卡到商场消费，当然她所买的大部分都是女孩子需要用的生活用品。前段时间我的手机上突然发来一条消息，显示××商场正在打折促销，××品牌的卫生巾9折，信用卡支付可享受8折优惠。

这种案例多少有些让人哭笑不得。如果商家将数据进行仔细分析，例如通过我的信用卡信息判断一下我是男是女，或者直接看一下我的资料，我想我都不会收到这条短信。所以，数据分析就是拨开最后一层迷雾，找到数据的本质，它是将数据利用到最大化和将客户定位准确化的重要手段。数据分析主要运用于四大基本方面，如图8-4所示。

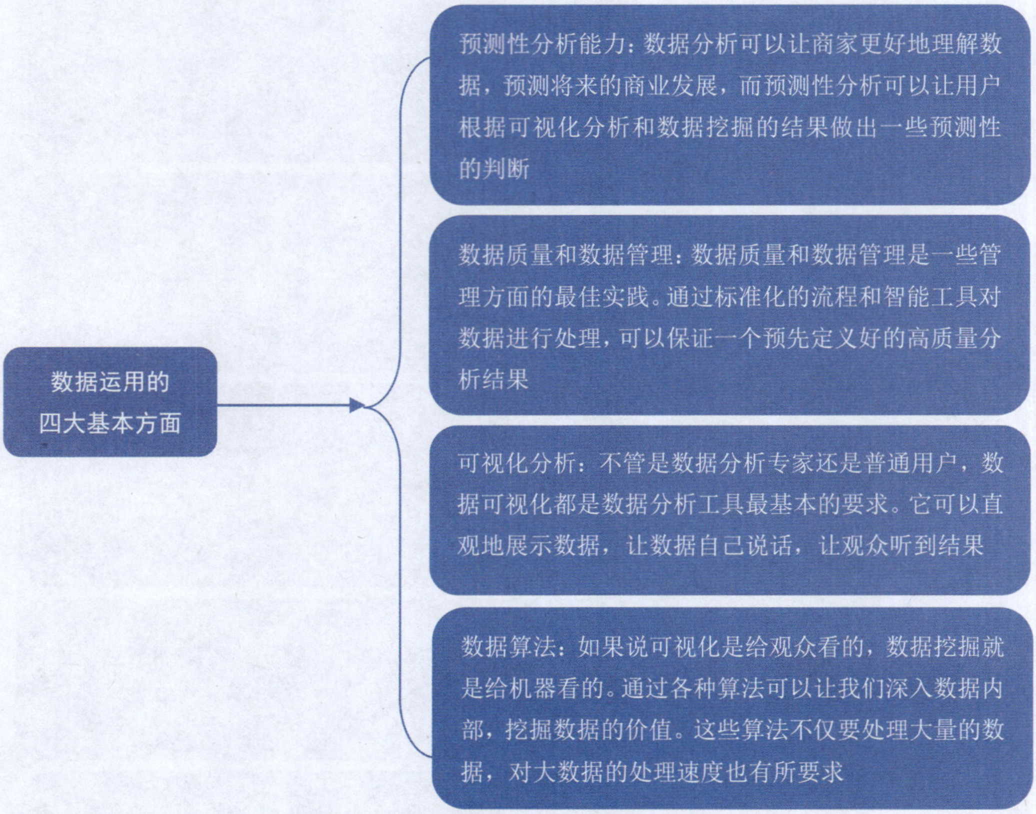
数据运用的四大基本方面
预测性分析能力：数据分析可以让商家更好地理解数据，预测将来的商业发展，而预测性分析可以让用户根据可视化分析和数据挖掘的结果做出一些预测性的判断
数据质量和数据管理：数据质量和数据管理是一些管理方面的最佳实践。通过标准化的流程和智能工具对数据进行处理，可以保证一个预先定义好的高质量分析结果
可视化分析：不管是数据分析专家还是普通用户，数据可视化都是数据分析工具最基本的要求。它可以直观地展示数据，让数据自己说话，让观众听到结果
数据算法：如果说可视化是给观众看的，数据挖掘就是给机器看的。通过各种算法可以让我们深入数据内部，挖掘数据的价值。这些算法不仅要处理大量的数据，对大数据的处理速度也有所要求

图8-4　数据运用的四大基本方面

▶ 专家指点

大数据是一个重要的技术革新，它还有许多的问题等着去探索和挑战。但是，也要把精力重点放在大数据能给人们带来的好处上，因为企业的生存利益永远比挑战更有安全性。

数据的分析是发展应用中的关键步骤。无论有多大价值的数据信息，没有进行应用的话，数据永远还是死的，所以数据的应用是让数据变废为宝并产生价值的重要一步。目前，大数据技术通过数据分析已经应用到许多方面，可以站在商家对客户定位的角度进行分析，主要有以下六大方面，如图8-5所示。

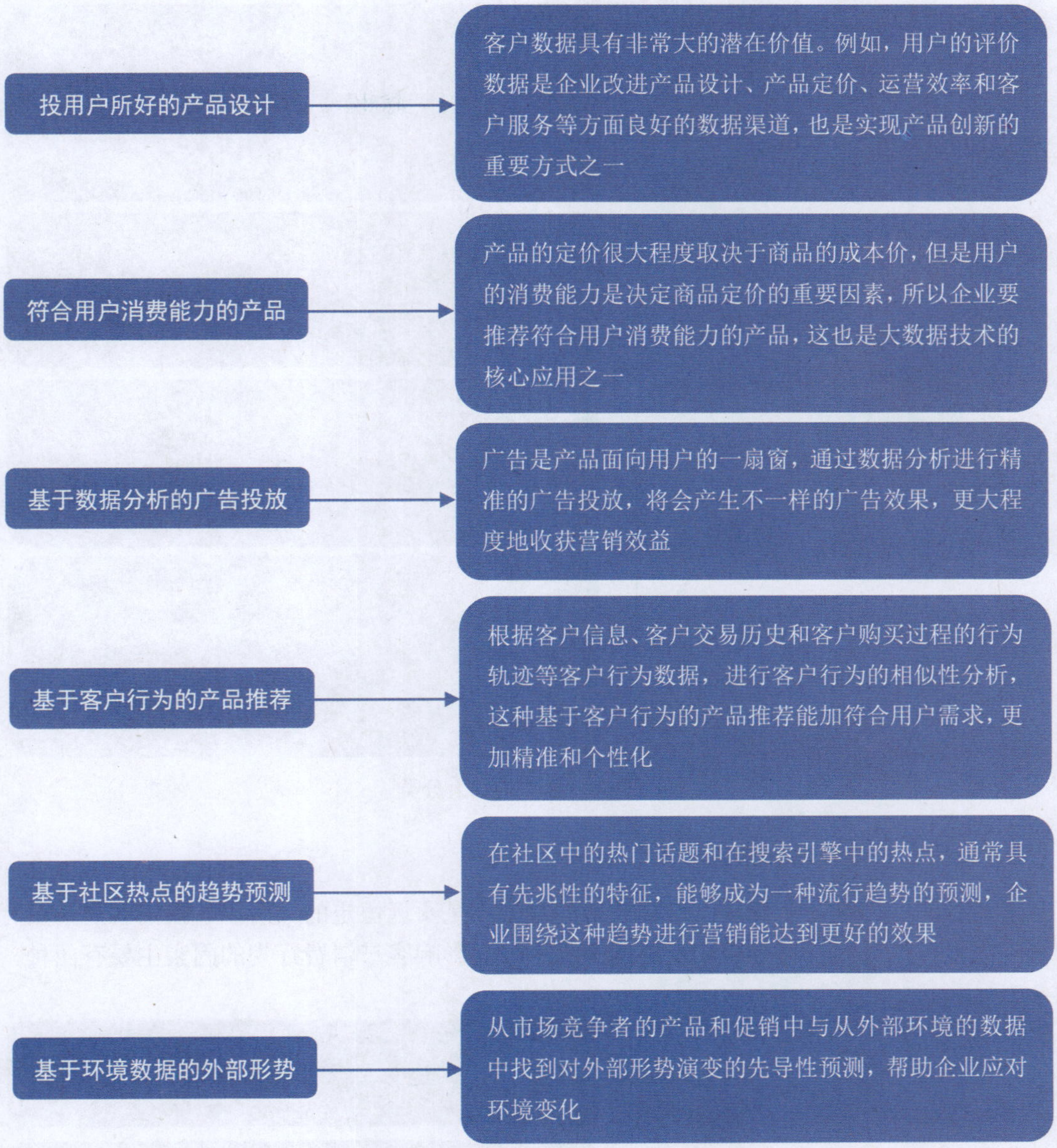
投用户所好的产品设计
客户数据具有非常大的潜在价值。例如，用户的评价数据是企业改进产品设计、产品定价、运营效率和客户服务等方面良好的数据渠道，也是实现产品创新的重要方式之一
符合用户消费能力的产品
产品的定价很大程度取决于商品的成本价，但是用户的消费能力是决定商品定价的重要因素，所以企业要推荐符合用户消费能力的产品，这也是大数据技术的核心应用之一
基于数据分析的广告投放
广告是产品面向用户的一扇窗，通过数据分析进行精准的广告投放，将会产生不一样的广告效果，更大程度地收获营销效益
基于客户行为的产品推荐
根据客户信息、客户交易历史和客户购买过程的行为轨迹等客户行为数据，进行客户行为的相似性分析，这种基于客户行为的产品推荐能加符合用户需求，更加精准和个性化
基于社区热点的趋势预测
在社区中的热门话题和在搜索引擎中的热点，通常具有先兆性的特征，能够成为一种流行趋势的预测，企业围绕这种趋势进行营销能达到更好的效果
基于环境数据的外部形势
从市场竞争者的产品和促销中与从外部环境的数据中找到对外部形势演变的先导性预测，帮助企业应对环境变化

图 8-5　商家对客户定位的六大方面

8.1.2　客户的行为分析

大数据的用户行为分析是企业和商家在拥有基本数据的情况下，对有关数据进行统计和分析，从而发现目前的营销活动中可能存在的问题，并对问题的进一步修正或重新制定策略提供决策依据。

1.　客户类别分析

想要分析客户的行为，对客户进行定位，就要对客户进行大致的分类。从营销的角度来看，可以将客户分为四类，如图 8-6 所示。

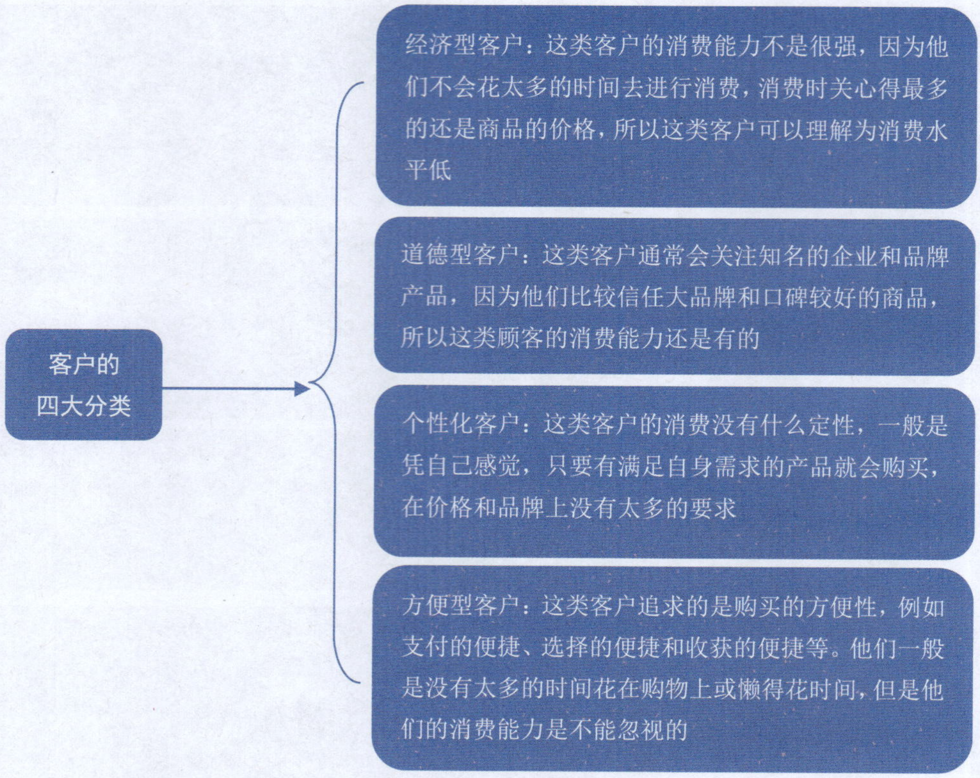
客户的
四大分类
经济型客户：这类客户的消费能力不是很强，因为他们不会花太多的时间去进行消费，消费时关心得最多的还是商品的价格，所以这类客户可以理解为消费水平低
道德型客户：这类客户通常会关注知名的企业和品牌产品，因为他们比较信任大品牌和口碑较好的商品，所以这类顾客的消费能力还是有的
个性化客户：这类客户的消费没有什么定性，一般是凭自己感觉，只要有满足自身需求的产品就会购买，在价格和品牌上没有太多的要求
方便型客户：这类客户追求的是购买的方便性，例如支付的便捷、选择的便捷和收获的便捷等。他们一般是没有太多的时间花在购物上或懒得花时间，但是他们的消费能力是不能忽视的

图 8-6　客户的四大分类

2. 影响客户行为的因素分析

消费者的行为是一个变量，这样获得的数据不是永远恒定的。所以，摸清客户消费行为的影响因素，是对用户进行长期定位的必需手段。影响客户消费行为的因素主要有四种，如图 8-7 所示。

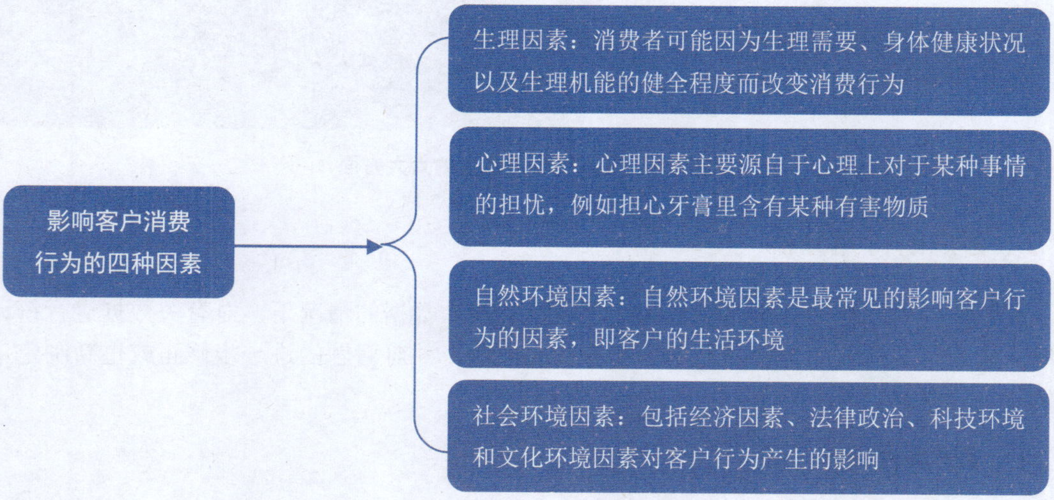
影响客户消费
行为的四种因素
生理因素：消费者可能因为生理需要、身体健康状况以及生理机能的健全程度而改变消费行为
心理因素：心理因素主要源自于心理上对于某种事情的担忧，例如担心牙膏里含有某种有害物质
自然环境因素：自然环境因素是最常见的影响客户行为的因素，即客户的生活环境
社会环境因素：包括经济因素、法律政治、科技环境和文化环境因素对客户行为产生的影响

图 8-7　影响客户消费行为的四种因素

掌握了这些因素对于客户行为的影响，也就掌握了对客户进行长期定位的技术，为以后的精准推荐和精准营销打下了基础。

3. 重点数据分析

客户行为的分析重点就在于从庞大的数据中找出重点数据，因为重点数据才能体现出数据的价值。用户行为的重点数据分析如图 8-8 所示。

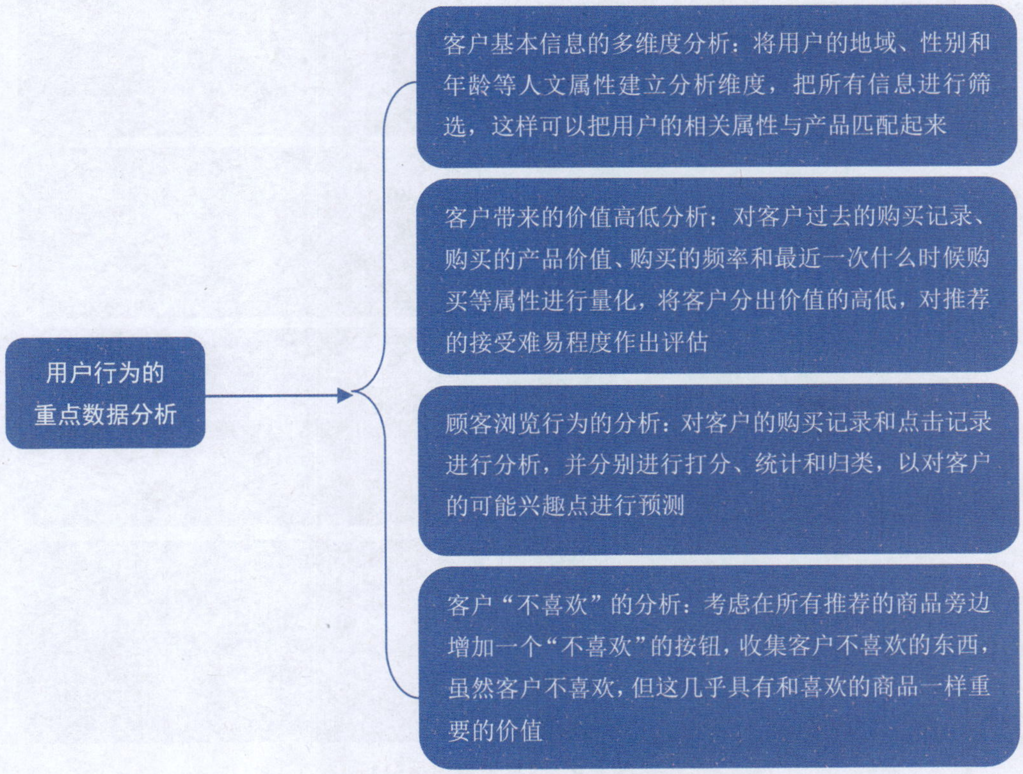
用户行为的重点数据分析
客户基本信息的多维度分析：将用户的地域、性别和年龄等人文属性建立分析维度，把所有信息进行筛选，这样可以把用户的相关属性与产品匹配起来
客户带来的价值高低分析：对客户过去的购买记录、购买的产品价值、购买的频率和最近一次什么时候购买等属性进行量化，将客户分出价值的高低，对推荐的接受难易程度作出评估
顾客浏览行为的分析：对客户的购买记录和点击记录进行分析，并分别进行打分、统计和归类，以对客户的可能兴趣点进行预测
客户“不喜欢”的分析：考虑在所有推荐的商品旁边增加一个“不喜欢”的按钮，收集客户不喜欢的东西，虽然客户不喜欢，但这几乎具有和喜欢的商品一样重要的价值

图 8-8　用户行为的重点数据分析

8.1.3　客户的特征分析

如果说客户的行为分析是对客户横向分析的话，那么客户的特征分析就是纵向分析。因此，对客户行为特征信息需要进行统一分析和管理，但是这些信息往往难以直接采集和获得。

1. 目标消费群体分析

目标消费群体是企业产品的主要消费人群，例如公司生产的是导航仪，那么该产品的目标消费群体就是有车一族；如果公司生产的是英语学习机，那么该产品的目标消费群体就是中小学生以及他们的家长。所以，目标消费群体可以说是客户定位的另一种方式。

目标消费群体的定位可以细分为很多个维度，例如性别、年龄、职业、风格和场景，如图 8-9 所示。

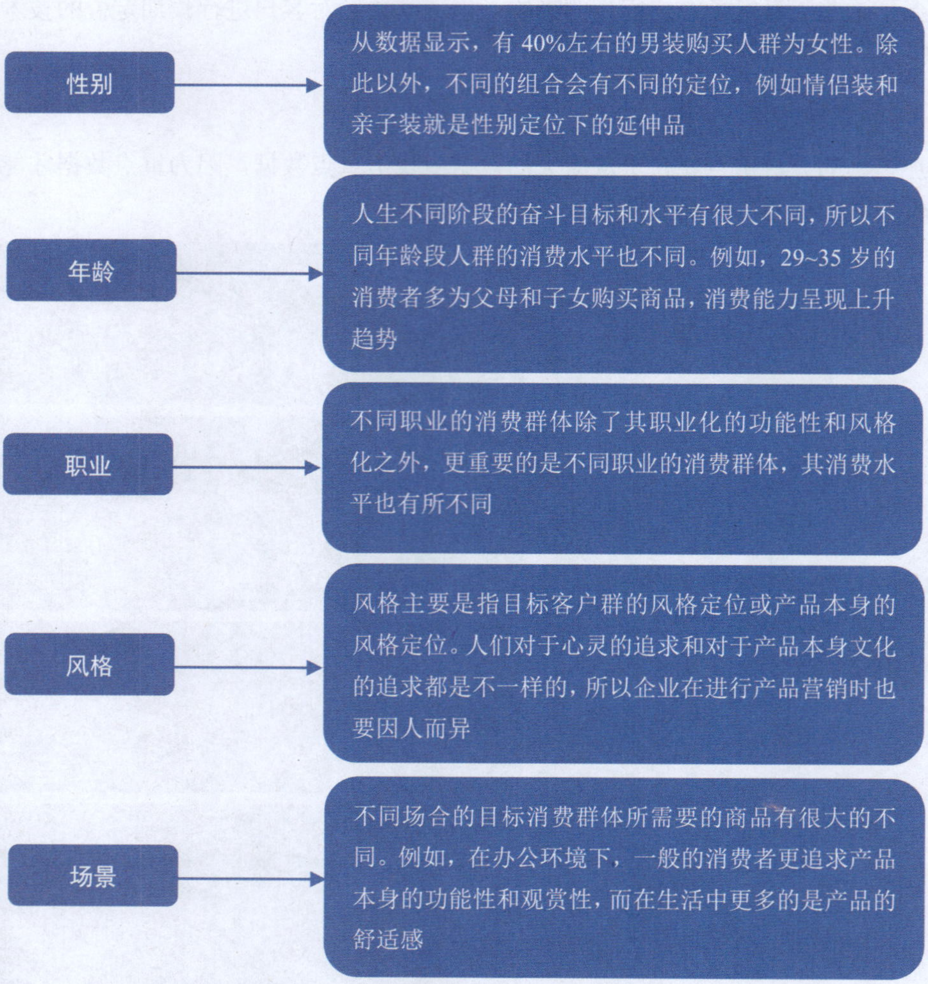
性别
从数据显示，有40%左右的男装购买人群为女性。除此以外，不同的组合会有不同的定位，例如情侣装和亲子装就是性别定位下的延伸品
年龄
人生不同阶段的奋斗目标和水平有很大不同，所以不同年龄段人群的消费水平也不同。例如，29~35岁的消费者多为父母和子女购买商品，消费能力呈现上升趋势
职业
不同职业的消费群体除了其职业化的功能性和风格化之外，更重要的是不同职业的消费群体，其消费水平也有所不同
风格
风格主要是指目标客户群的风格定位或产品本身的风格定位。人们对于心灵的追求和对于产品本身文化的追求都是不一样的，所以企业在进行产品营销时也要因人而异
场景
不同场合的目标消费群体所需要的商品有很大的不同。例如，在办公环境下，一般的消费者更追求产品本身的功能性和观赏性，而在生活中更多的是产品的舒适感

图 8-9　目标消费群体分析

2. 用户行为习惯

用户的行为习惯是客户定位的产物，同时也是客户定位的依据之一。简单来说，就是客户定位可以推出这一类型客户的行为习惯，而客户的行为习惯也可以促成企业的定位，二者相辅相成，齐头并进。

例如，保洁公司就通过调查得知，青年女性中活泼好动的占大多数，尤其是晚上睡觉爱动来动去，但是她们生理期的晚上就好像被绑在床上一样，不敢随便乱动。于是，保洁公司就认准了这个共性的习惯，他们生产的护舒宝在有效预防侧漏的功能前提下，加上了夜用卫生巾，并且取得了较好的绩效。

总的来说，保洁公司就是通过对青年女性的客户定位，了解她们的睡眠状况及习惯，而通过对一些用户的睡眠状况进行分析，也可以总结和定位产品的客户群。

3. 客户心理分析

客户心理分析旨在分析客户消费的心理活动。例如，客户买这件商品一般是买多少，客户希望的赠品是什么样的，买这件商品一般还会购买哪些商品，对这些心理活动进行分析可以有效提高销售率。

全球零售业巨头沃尔玛就根据商场里的顾客消费记录发现，啤酒与尿不湿经常会同时支付。经过细致地分析发现，买完尿不湿后再买啤酒的都是男性。因为妻子在家带孩子没时间，而上了一天班的男性在外出购物的同时通常希望喝上两瓶啤酒来犒劳自己。于是，商场决定将啤酒和尿不湿摆放在一起，没想到这个举措居然使尿不湿和啤酒的销量都大幅度增加了。

通过以上的案例不难发现，客户的消费行为其实就是在产生心理活动之后形成的，那么谁提前发现了客户的心理，谁就抢占了先机。但是客户的特征也不是永远不变的，不同的性别、年龄和身份的客户，消费行为和购买心态也有很大的不同，基于数据分析得出不同客户的消费心理可以说是客户定位的升华。

4. 客户需求分析

客户的需求就是市场，有需求的客户就是精准营销的对象。例如，刚买了车的人，他一定需要车险；刚买了手机的人大多需要为自己办一张电话卡。所以，通常情况下企业只有分析客户需要什么才能有针对性地对客户进行推销，打造个性化服务，就像商家永远不会向光头推荐洗发水一样。

企业要想在激烈的竞争中增强自身实力，就要将客户需求精确到个体，然后依据个体需求来提供定制化服务。而企业想要知道客户需要什么，就要像医生给病人看病一样，学会“望闻问切”，如图 8-10 所示。

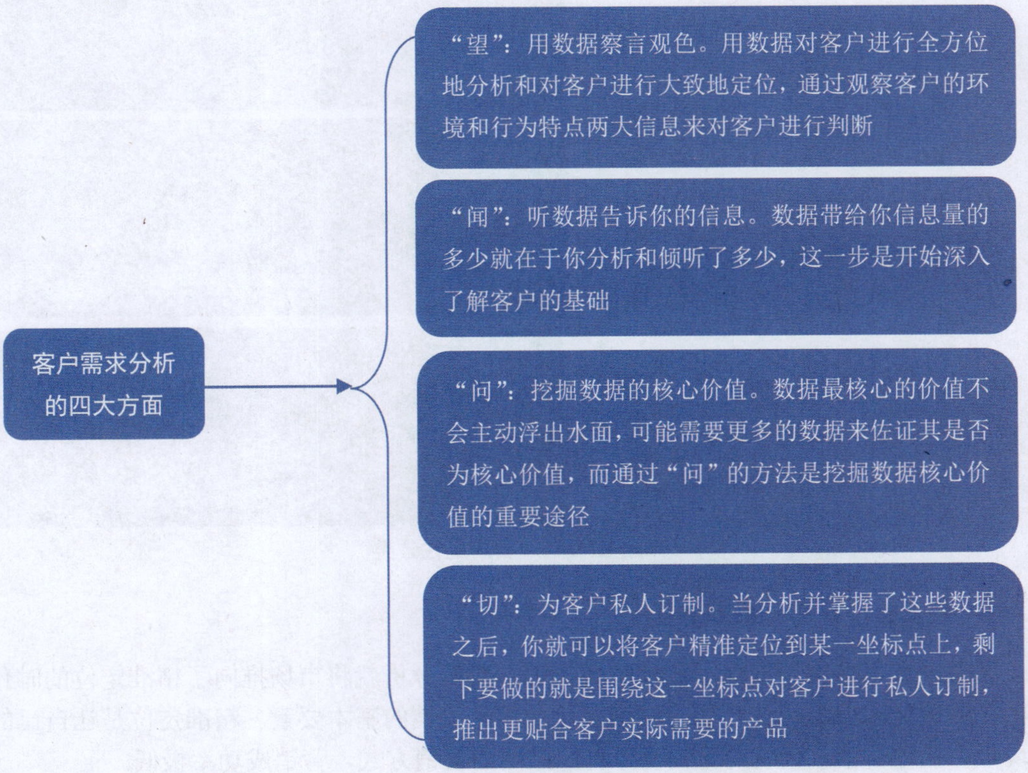
客户需求分析的四大方面
“望”：用数据察言观色。用数据对客户进行全方位地分析和对客户进行大致地定位，通过观察客户的环境和行为特点两大信息来对客户进行判断
“闻”：听数据告诉你的信息。数据带给你信息量的多少就在于你分析和倾听了多少，这一步是开始深入了解客户的基础
“问”：挖掘数据的核心价值。数据最核心的价值不会主动浮出水面，可能需要更多的数据来佐证其是否为核心价值，而通过“问”的方法是挖掘数据核心价值的重要途径
“切”：为客户私人订制。当分析并掌握了这些数据之后，你就可以将客户精准定位到某一坐标点上，剩下要做的就是围绕这一坐标点对客户进行私人订制，推出更贴合客户实际需要的产品

图 8-10 客户需求分析的四大方面

8.2 客户的精准定位策略

在大数据时代，数据可以渗透到客户的每个角落，只要你通过数据，做好客户定位，不论你推销的是什么东西，只要做好准备铺平道路，那么你就不愁没有自己的顾客。

8.2.1 客户精准定位的基本属性

在市场经济高速发展的今天，不管做哪一行都需要有客户的支持，没有了客户企业就失去了发展的动力，而当下随着经济的发展，各行业之间的竞争也是日趋激烈，对客户的争夺赛也是愈演愈烈。如何寻找客户资源是当下许多从业人员不断探索而又不知其解的一个问题。

1. 客户精准定位与客户属性

在客户定位中，最怕的一句话就是“老少皆宜”。就算你的企业经过长期的发展，几乎可以做到“老少皆宜”，基本上每一人都是你的客户，但是营销的初期必须找一个精准的客户群进行切入，切入越精准，风险越少，成功越可期待。

想要做到客户的精准定位，就要对客户的属性进行分类。属性分析可以从三个方面来考虑，如图 8-11 所示。

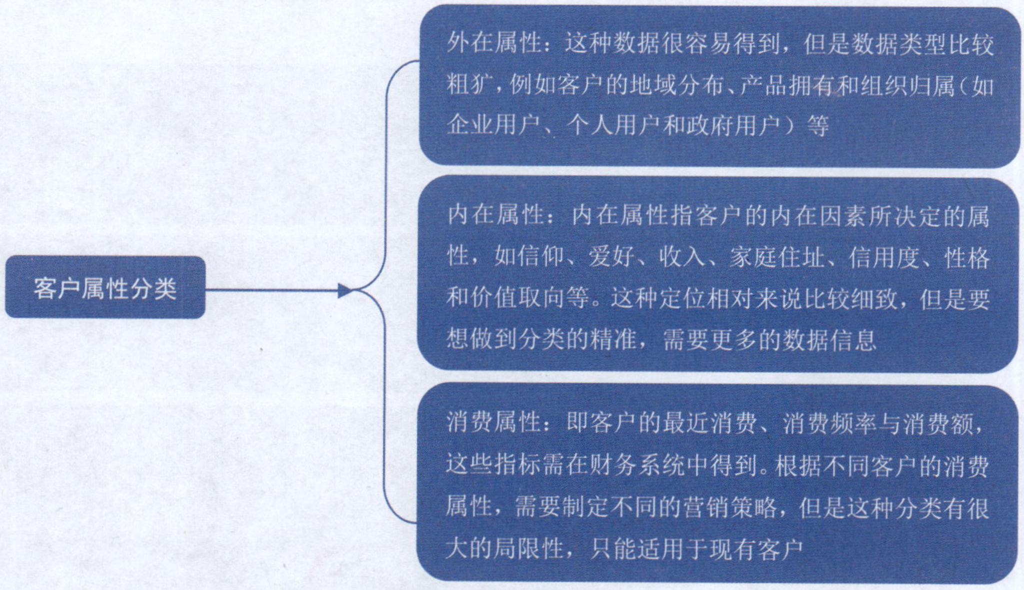
客户属性分类
外在属性：这种数据很容易得到，但是数据类型比较粗犷，例如客户的地域分布、产品拥有和组织归属（如企业用户、个人用户和政府用户）等
内在属性：内在属性指客户的内在因素所决定的属性，如信仰、爱好、收入、家庭住址、信用度、性格和价值取向等。这种定位相对来说比较细致，但是要想做到分类的精准，需要更多的数据信息
消费属性：即客户的最近消费、消费频率与消费额，这些指标需在财务系统中得到。根据不同客户的消费属性，需要制定不同的营销策略，但是这种分类有很大的局限性，只能适用于现有客户

图 8-11 客户属性分类

2. 企业营销战略的基本要素

如果说竞争将市场推向了定位时代，那么数据分析就将市场推向了精准定位的时代。所以，在数据化和信息化的时代，精准定位是精准营销的基本要素。精准定位是让自己的产品实现最大化地营销，传统的营销是一种广撒网的营销方式，营销成功率极低。

产品不可能满足所有的消费者，只有通过对客户进行精准定位，找到符合产品消费的客户，才能实现营销效果的最大化。

> ▶ 专家指点
>
> 在商业营销中，关键不是你对商品做了多少，因为不管你做多少，客户也看不见。客户能看到的就是你为他们做了多少。所以，精准的目标客户定位，就像给客户画“素描”，客户不会去管你用了多少心在这幅画上，他只关心最后这幅画完成后与自己像不像。

3. 客户群定位

客户群定位其实就是进行销售前的一项准备工作，其主要内容是寻找什么的客户进行推销。下面先来看一个案例。

一位化妆品推销员所销售的产品为男性防晒霜，他将销售的地点选择在大学校园周围，价格在 200 至 400 元之间。经过两个月的推销，他发现自己的业绩与其他同事相比，相差一大截，这是为什么呢？其实这位推销员犯了一个很大的错误，就是完全选错了客户群。

首先，价格在 200 至 400 元之间，相对而言大学生没有收入来源，怎么可能会花费这么多钱去买防晒霜呢？其次，他将定位放在大学校园周围，而大学生每天的活动场所无非就是教室、食堂、图书馆和宿舍，防晒霜一般用不着。最后，定位的客户群是男生，别说是在大学校园，就是社会上的男性有多少会涂防晒霜呢？所以，这位推销员的销售业绩与其他同事相差很多都是情理之中的。由此，可以总结出客户群定位要考虑的三大因素，如图 8-12 所示。

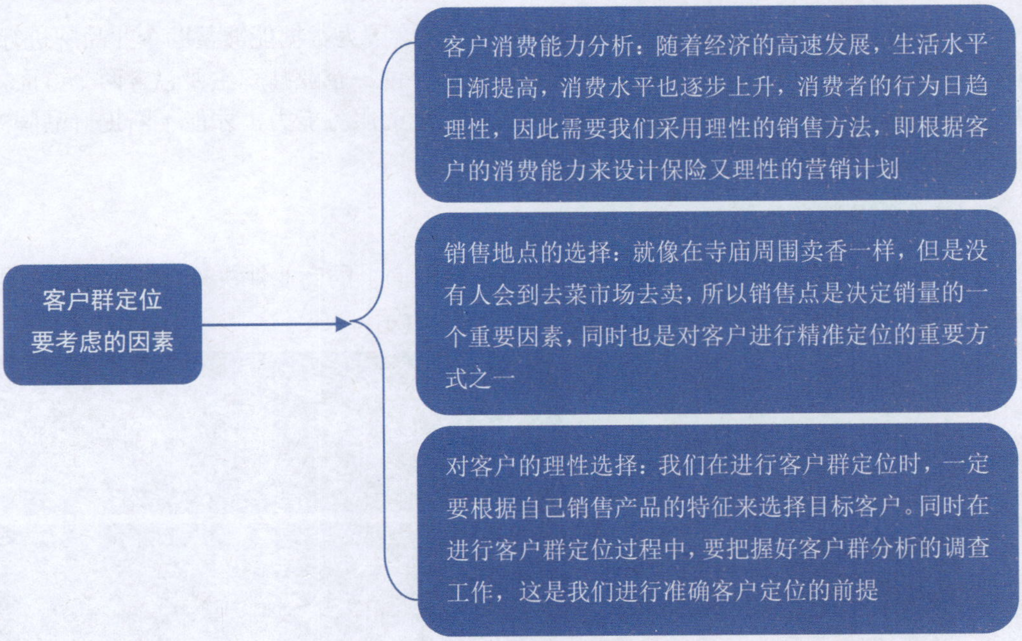
客户群定位
要考虑的因素
客户消费能力分析：随着经济的高速发展，生活水平日渐提高，消费水平也逐步上升，消费者的行为日趋理性，因此需要我们采用理性的销售方法，即根据客户的消费能力来设计保险又理性的营销计划
销售地点的选择：就像在寺庙周围卖香一样，但是没有人会到去菜市场去卖，所以销售点是决定销量的一个重要因素，同时也是对客户进行精准定位的重要方式之一
对客户的理性选择：我们在进行客户群定位时，一定要根据自己销售产品的特征来选择目标客户。同时在进行客户群定位过程中，要把握好客户群分析的调查工作，这是我们进行准确客户定位的前提

图 8-12　客户群定位要考虑的因素

4. 对客户精准定位的方法

在精准营销中，对客户的细分越详细，营销效果越显著。那么，想要做到最终的精准客户定位，还需做到以下两点，即对客户进行二次细分和对市场产品进行动态调整，如图 8-13 所示。

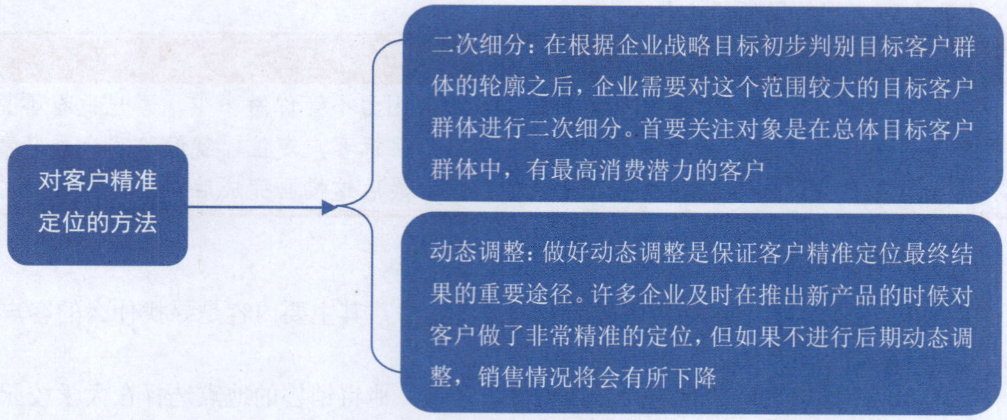
对客户精准定位的方法
二次细分：在根据企业战略目标初步判别目标客户群体的轮廓之后，企业需要对这个范围较大的目标客户群体进行二次细分。首要关注对象是在总体目标客户群体中，有最高消费潜力的客户
动态调整：做好动态调整是保证客户精准定位最终结果的重要途径。许多企业及时在推出新产品的时候对客户做了非常精准的定位，但如果不进行后期动态调整，销售情况将会有所下降

图 8-13　对客户精准定位的方法

8.2.2　企业品牌客户定位的方法

品牌定位的方法正确与否也是影响客户定位的重要因素，那么企业品牌客户定位的方法都有哪些呢？企业品牌的定义究竟是什么？

1. 什么是企业品牌

在大数据时代，企业品牌经营战略是非常重要的。因为数据能够帮助企业品牌进行持续、快速和健康地发展，所以企业都把品牌营销摆在第一位。企业品牌主要包含两个方面，即商品品牌和服务品牌。只有具备与企业商品品牌相匹配的服务能力，才能不断提升品牌的价值含量和信誉度，否则品牌的内涵就会大打折扣。

2. 什么是品牌定位

品牌定位是对特定的产品在个性化差异或文化取向上的商业性决策，是市场定位的核心。从目前来看，品牌定位主要有三大意义，如图 8-14 所示。

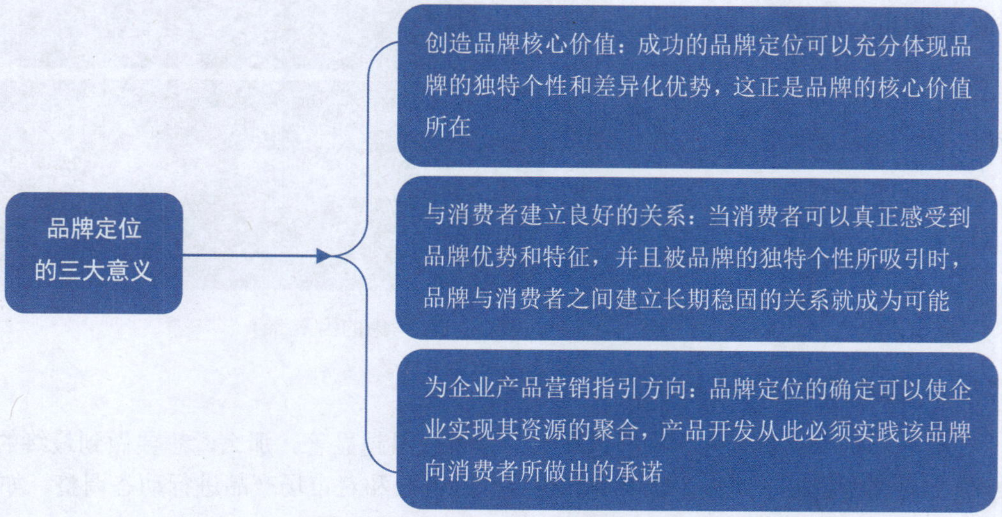
品牌定位的三大意义
创造品牌核心价值：成功的品牌定位可以充分体现品牌的独特个性和差异化优势，这正是品牌的核心价值所在
与消费者建立良好的关系：当消费者可以真正感受到品牌优势和特征，并且被品牌的独特个性所吸引时，品牌与消费者之间建立长期稳固的关系就成为可能
为企业产品营销指引方向：品牌定位的确定可以使企业实现其资源的聚合，产品开发从此必须实践该品牌向消费者所做出的承诺

图 8-14　品牌定位的三大意义

3. 大数据下品牌客户定位策略

目前，大部分公司都属于以规划竞争和概念竞争为主导战略的企业，真正以数据为支撑的品牌客户定位却是凤毛麟角。通常，大数据下品牌客户定位策略主要有以下四大要点，如图 8-15 所示。

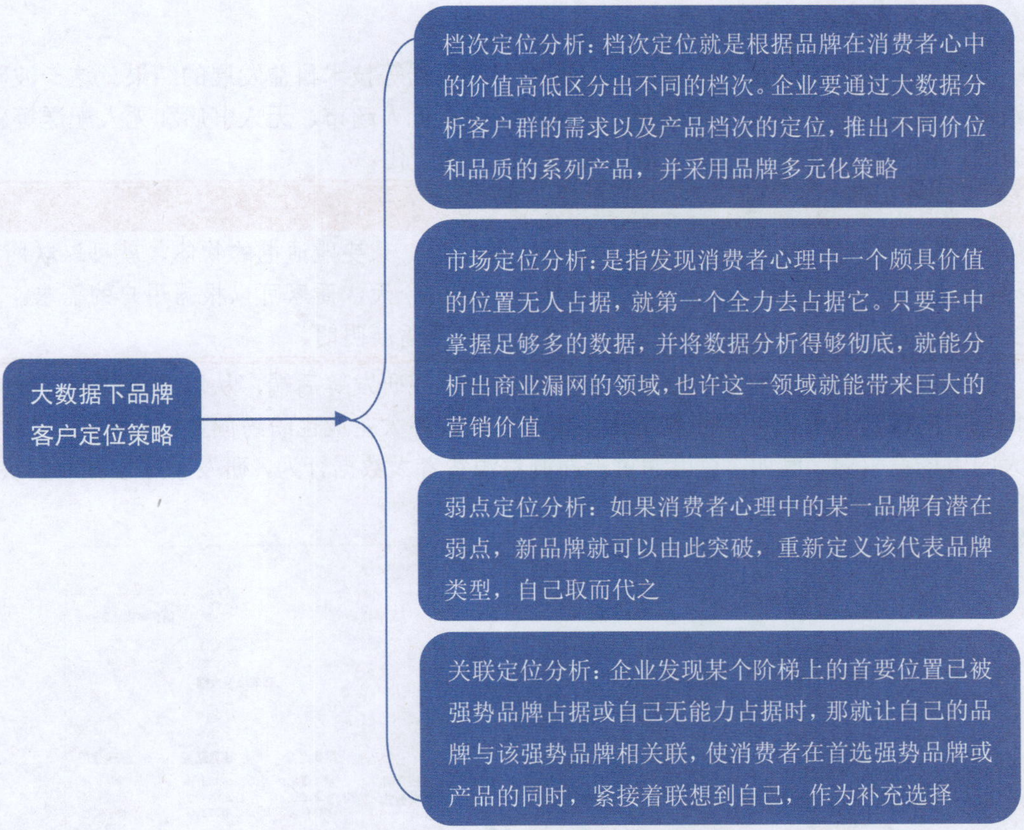
大数据下品牌客户定位策略
档次定位分析：档次定位就是根据品牌在消费者心中的价值高低区分出不同的档次。企业要通过大数据分析客户群的需求以及产品档次的定位，推出不同价位和品质的系列产品，并采用品牌多元化策略
市场定位分析：是指发现消费者心理中一个颇具价值的位置无人占据，就第一个全力去占据它。只要手中掌握足够多的数据，并将数据分析得够彻底，就能分析出商业漏网的领域，也许这一领域就能带来巨大的营销价值
弱点定位分析：如果消费者心理中的某一品牌有潜在弱点，新品牌就可以由此突破，重新定义该代表品牌类型，自己取而代之
关联定位分析：企业发现某个阶梯上的首要位置已被强势品牌占据或自己无能力占据时，那就让自己的品牌与该强势品牌相关联，使消费者在首选强势品牌或产品的同时，紧接着联想到自己，作为补充选择

图 8-15　大数据下品牌客户定位策略

下面举例说明。当大数据发现美国的消费者在购买饮料时，三罐中有两罐是可乐，于是七喜站在可乐的对立面说自己是“非可乐”。这样当人们想喝饮料的时候，首先想起可乐的人肯定也会想到“非可乐”，这就是数据的关联定位分析，如图 8-16 所示。

淘宝
微信
支付宝
7up

图 8-16　“非可乐”的七喜饮料

8.2.3 客户精准定位的行业技巧

客户定位最重要的就是消费者特征，而不同行业的消费特征有很大的区别。下面主要介绍各个行业客户定位的技巧。

1. 新零售的客户精准定位

新零售本身的产生是人工智能、互联网和大数据等技术日益发展的结果。这一波新零售的浪潮，促使线下零售店不断整合，从而衍生出了无人超市、无人书店和无人配送等新的销售方式，销售行业在这个背景下格局发生了巨大的变化。

▶ 专家指点

新零售是在万物互联的基础上形成的。可以说，只要能通电的物体，就可以联网，就能够形成一个营销场景。尤其是在信息快速发展的今天，商家可以根据用户的需求，为其提供日常生活中的各种销售方案，新零售的新趋势逐渐明朗。

新零售开始从业务前端，逐渐走向产业供应链或研发等后端，从以渠道商业主导的传统零售，走向以消费者为主导的数字化零售。于是，各大企业也纷纷向数字化转型，以便获取更大的市场竞争力。例如，百度通过全面洞察消费者大数据行为，研发了零售行业解决方案，如图 8-17 所示。

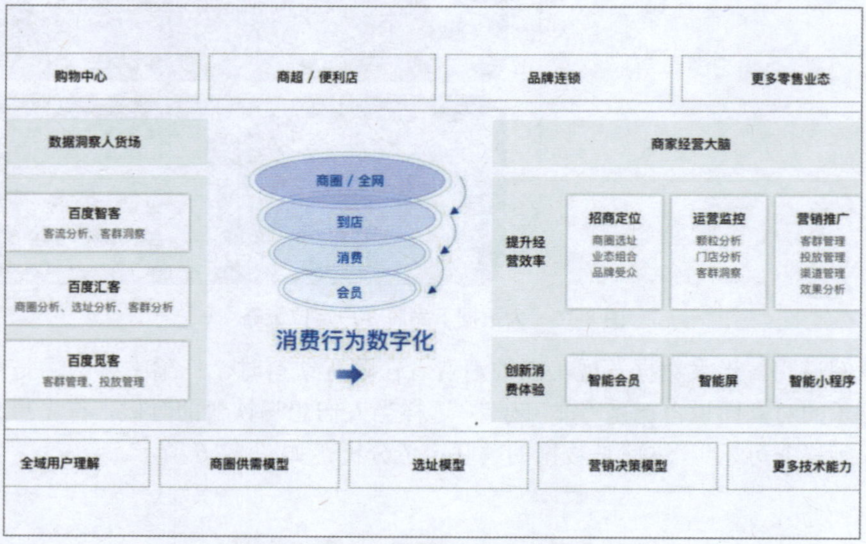

图 8-17 百度零售行业解决方案

百度零售行业解决方案整合了百度搜索和全网商家会员数据，并融合了百度地理位置，可以为商家提供客流分析、客群洞察、商圈选址、运营监控和营销推广等多种功能，从而为消费者打造个性化的零售服务。另外，百度针对多种零售场景，还研发了百度炫客系统，如图 8-18 所示。该系统基于人脸图像识别、深度学习、大数据预测、安全防护、实时流失分析和地图可视化技术，打造了可视化的编辑平台，适用于大型商场和主题乐园等泛零售行业。

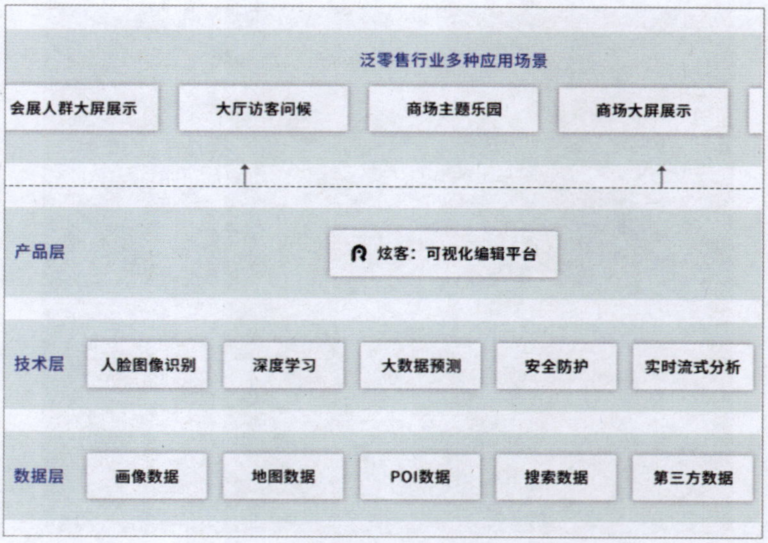

图 8-18　百度炫客

> ▶ 专家指点
>
> 这种以消费者为主体的运营模式逐渐成为市场的主流，利用大数据技术可以更好地分析客户的心理状态和消费行为，从而对客户进行精准定位，为他们提供个性化的产品服务，提高客户消费体验的同时为商家带来更大的效益。

大数据技术为新零售运营带来变革的同时，也提升了新零售的销售效率。因为充分利用大数据技术可以实现对潜在用户的挖掘，即根据用户的历史成单记录，挖掘市场上与之类似的潜在消费者，如图 8-19 所示。

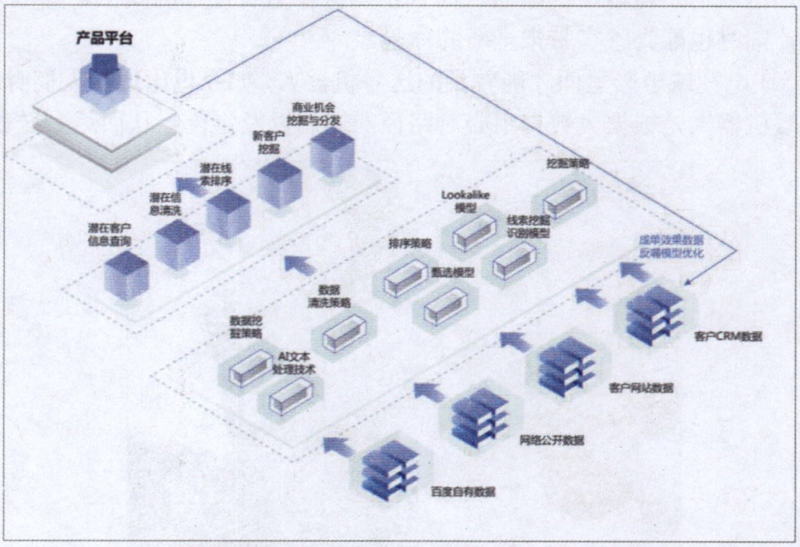

图 8-19　大数据挖掘潜在用户

另外，在新零售线下门店，还可以实现对 VIP 用户的精准营销，即通过人脸识别技术，在 VIP 用户进店时，可以智能识别用户的身份，如图 8-20 所示。

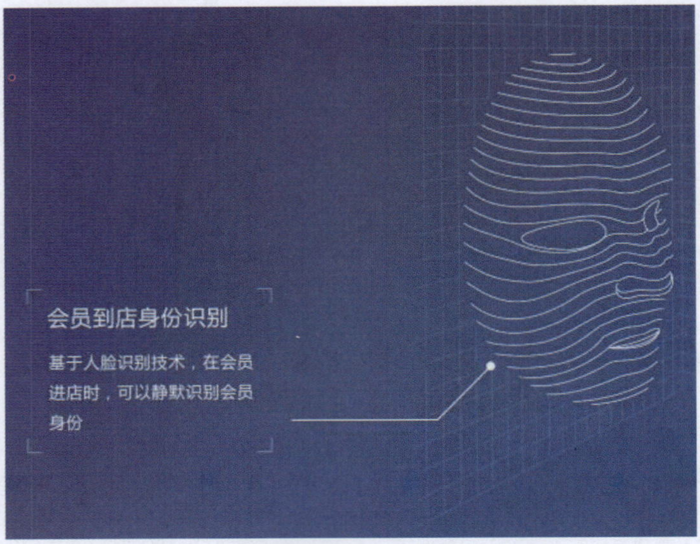

图 8-20　门店智能顾客管理

▶ 专家指点

这种精准化的会员智能管理模式，给商家提供了稳定的销售业务。当商家已经具备了为客户提供个性化服务的能力之后，更重要的怎样留住这些老客户。未来，这种会员管理模式将会越来越智能化和产业化。

2. 餐饮行业的客户精准定位

一般来说，送餐机器人不仅可以大幅度提高送餐效率，对于那些功能强大的机器人，还能一次性可以运送多达十盘以上的菜品，而且也能保障送餐过程的安全，降低人员失误的概率，减少成本，同时也能为顾客带来全新的体验。

以前，只能在电视或电影里面才能看到的送餐机器人，如今也出现在人们身边，如图 8-21 所示。这些送餐机器人是根据大数据中心对路径的规划以及定位，从而达到送餐的目的。

图 8-21　送餐机器人

另外，不仅仅是送餐，在厨房内部也出现了机器人的身影，如图 8-22 所示。这种新型烹饪机器人不仅能自主控制火候，还能完成烤、蒸、煮等多道烹饪工艺。它可以凭借后台输入的数据，然后将其与烹饪大师多年来的配方与经验相融合，依次加入菜品、主料和辅料，每道程序都实行严格把控，然后利用机械装置与自动控制，模仿厨师那样翻转锅子，精准而又高效。

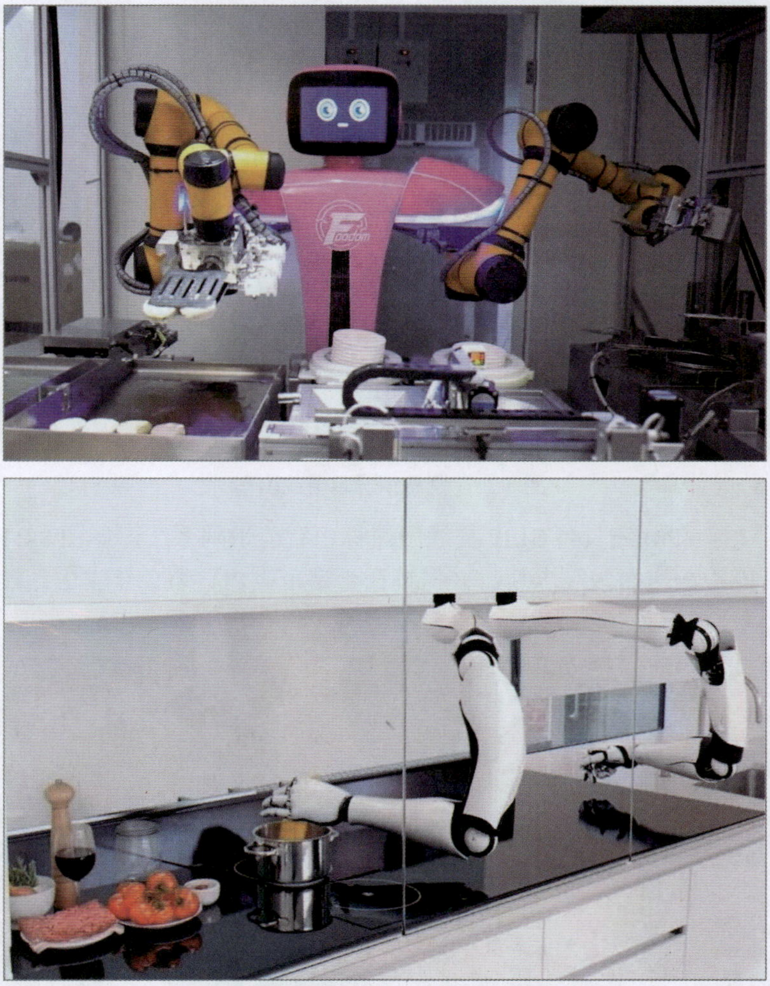

图 8-22　烹饪机器人

> ▶ 专家指点
>
> 相对其他机器人来说，烹饪机器人投资力度较小，只能根据输入的数据进行操作，盈利能力较弱，但正因为如此，如果能在市场上推出一款价格和使用性较强的机器人，也能大受追捧。

3. 汽车行业的客户精准定位

随着汽车行业细分趋势明显，精准定位营销已经是大势所趋。在以市场导向、消费者为中心的营销新时代，要想获得收益，企业就必须关注客户价值。

例如，为了保障行车安全，吉利缤越 ePro 配备了 120 万像素的摄像头，能实时传输道路数据，如图 8-23 所示。它融合人工智能深度算法，搭载了城市预碰撞安全系统和行人识别数据保护系统，当检测到前方有紧急车辆或者突然出现的行人时，车辆会及时示警，主动刹车。

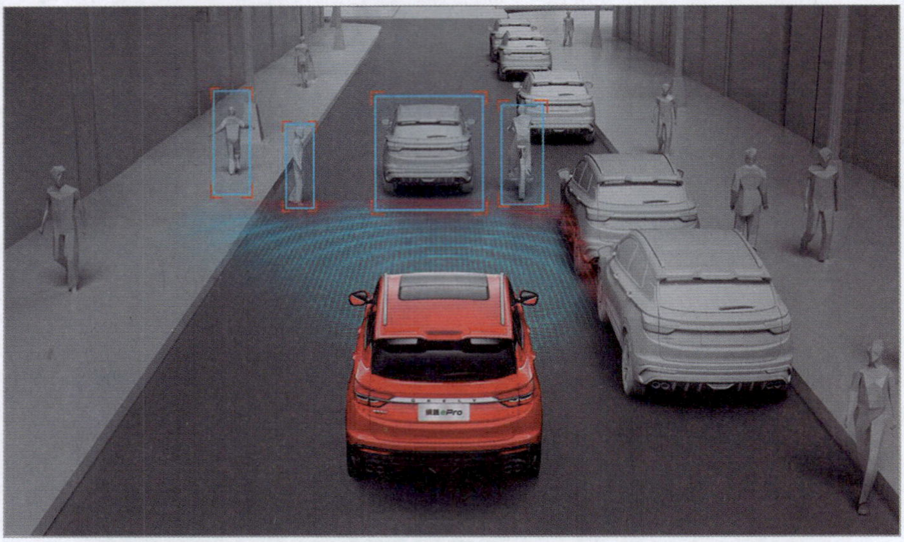

图 8-23　紧急情况示警或刹车

另外，吉利缤越 ePro 还具备 SLIF 交通限速标识智能识别系统，如图 8-24 所示。它的大数据后台能够智能检测道路最高限速，并保持在一定范围内，避免车主因超速带来的不必要的麻烦。

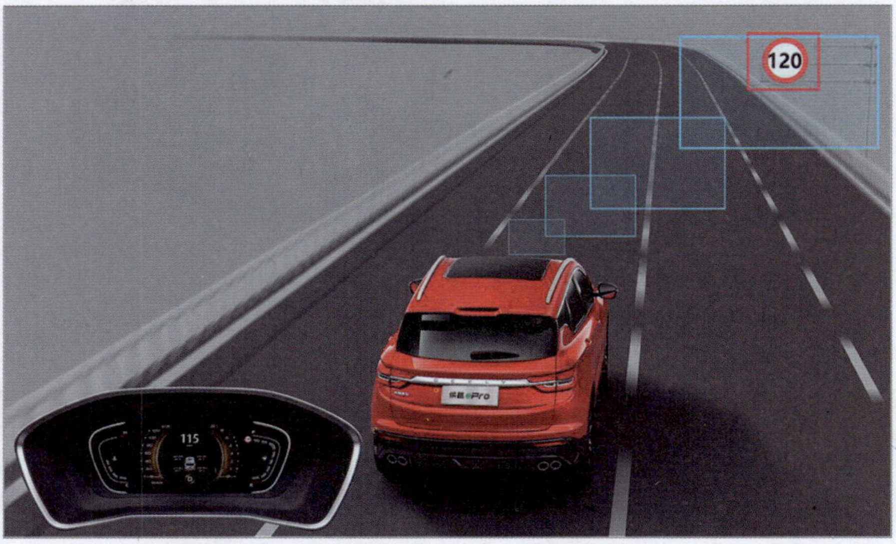

图 8-24　SLIF 交通限速标识智能识别

目前，汽车市场的营销手段已经严重同质化，但是如果企业营销针对的群体不是产品的目标群体，对企业资源来说就是极大地浪费，而吉利缤越 ePro 未雨绸缪，以精准化营销抢先打入潜在的市场。

品牌塑造是多维度的工作，在市场细化的今天，精准定位的营销显得尤为重要。而对于汽车品牌而言，只有凝结了精准定位、高标准产品力以及营销全面等多维度的实力，才能在车市中稳居前沿。

例如，由于技术路径的不同，各大品牌车辆在外观功能上也有所不同。宝马作为汽车行业的佼佼者，其推出的全新宝马 4 系敞篷轿车，不仅搭配了现代化自动驾驶辅助系统 Pro 和数字功能服务，在外观上也十分醒目张扬，又一次率领了时尚潮流，如图 8-25 所示。

图 8-25　BMW 4 系敞篷轿车

▶ 专家指点

其实整个汽车行业都是如此，将品牌信息更加集中、更有针对性地传递给受众，在扩大品牌宣传面的同时必获得更多精准客户的关注和支持，这就是客户精准定位的行业技巧之一。

8.3　LBS 大数据精准营销

如今，国内的电子商务市场如日中天，同时电商之间的竞争也日益激烈，竞争对手空前强大，资金逐渐向优势企业集中。在这种情况下，移动电商越来越受到人们的关注，尤其是在大数据技术日渐成熟的今天，移动互联网能为精准营销带来空前的帮助。

8.3.1　大数据下 LBS 的商业模式

现阶段的 LBS，首先是通过智能手机等设备确定用户所在的地理位置，而后提供与位置相关的各类信息服务。而 LBS 营销就是企业借助网络，在现有用户或潜在用户之间，完成精准销售的一种营销方式。

作为当下大数据网络的热门应用，LBS 的商业模式不但经常被业内人士提及和应用，同时也吸引了越来越多的品牌广告主以及代理公司的视线，初步显现出商业价值。LBS 的功能营销主要有以下三点，如图 8-26 所示。

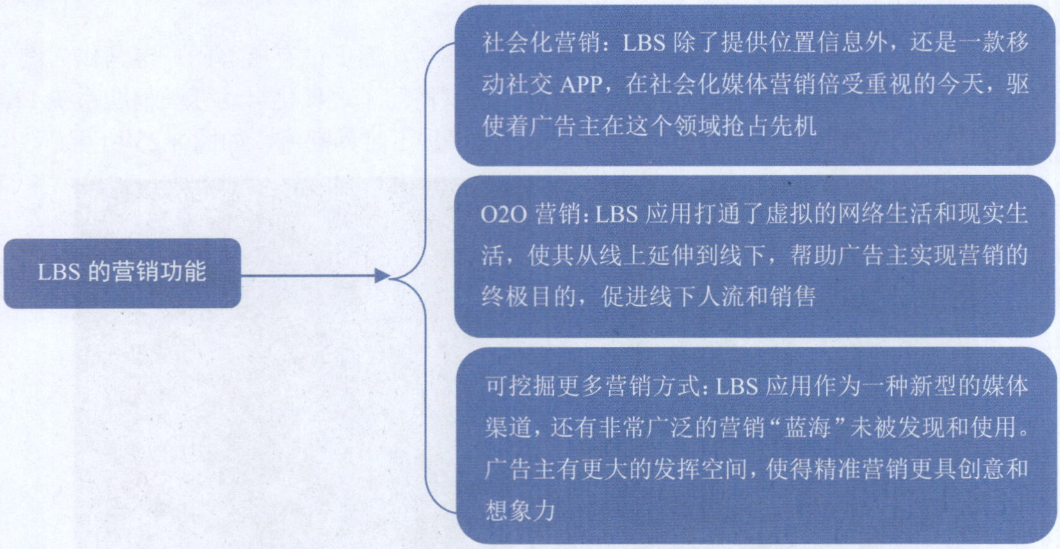
LBS 的营销功能
社会化营销：LBS 除了提供位置信息外，还是一款移动社交 APP，在社会化媒体营销倍受重视的今天，驱使着广告主在这个领域抢占先机
O2O 营销：LBS 应用打通了虚拟的网络生活和现实生活，使其从线上延伸到线下，帮助广告主实现营销的终极目的，促进线下人流和销售
可挖掘更多营销方式：LBS 应用作为一种新型的媒体渠道，还有非常广泛的营销“蓝海”未被发现和使用。广告主有更大的发挥空间，使得精准营销更具创意和想象力

图 8-26　LBS 的营销功能

▶ 专家指点

通过这种方式，可以让客户更加深刻地了解企业的产品和服务，最终达到宣传企业品牌的作用，同时也能够加深企业和客户对市场认知度。这一系列的网络营销活动就是 LBS 的商业模式。

图 8-27 所示，为 LBS 营销的主要特点。它主要是协助本地商家进行线上或线下的网络推广作用。

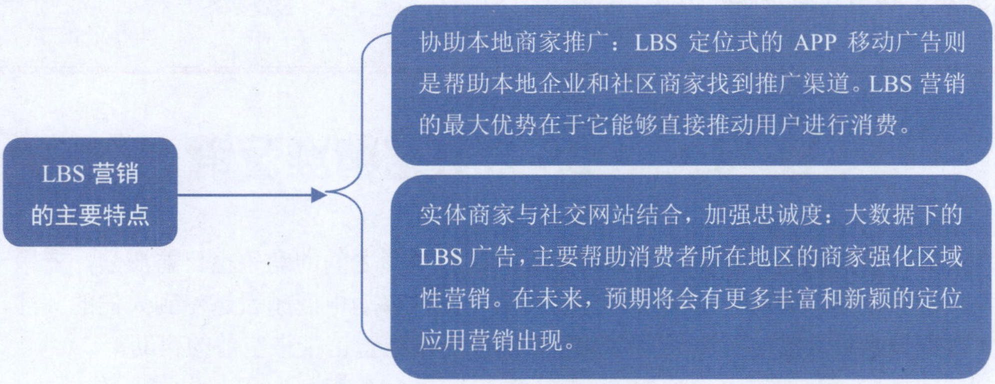
LBS 营销
的主要特点
协助本地商家推广：LBS 定位式的 APP 移动广告则是帮助本地企业和社区商家找到推广渠道。LBS 营销的最大优势在于它能够直接推动用户进行消费。
实体商家与社交网站结合，加强忠诚度：大数据下的 LBS 广告，主要帮助消费者所在地区的商家强化区域性营销。在未来，预期将会有更多丰富和新颖的定位应用营销出现。

图 8-27　LBS 营销的主要特点

8.3.2　大数据下 LBS 的营销策略

由于 LBS 应用的存在，用户随时可以通过手机或其他移动终端搜索周边的商品或服务，快速完成订单或付款行为。因此，企业必须掌握大数据 LBS 营销的策略，具体体现为以下四点，如图 8-28 所示。

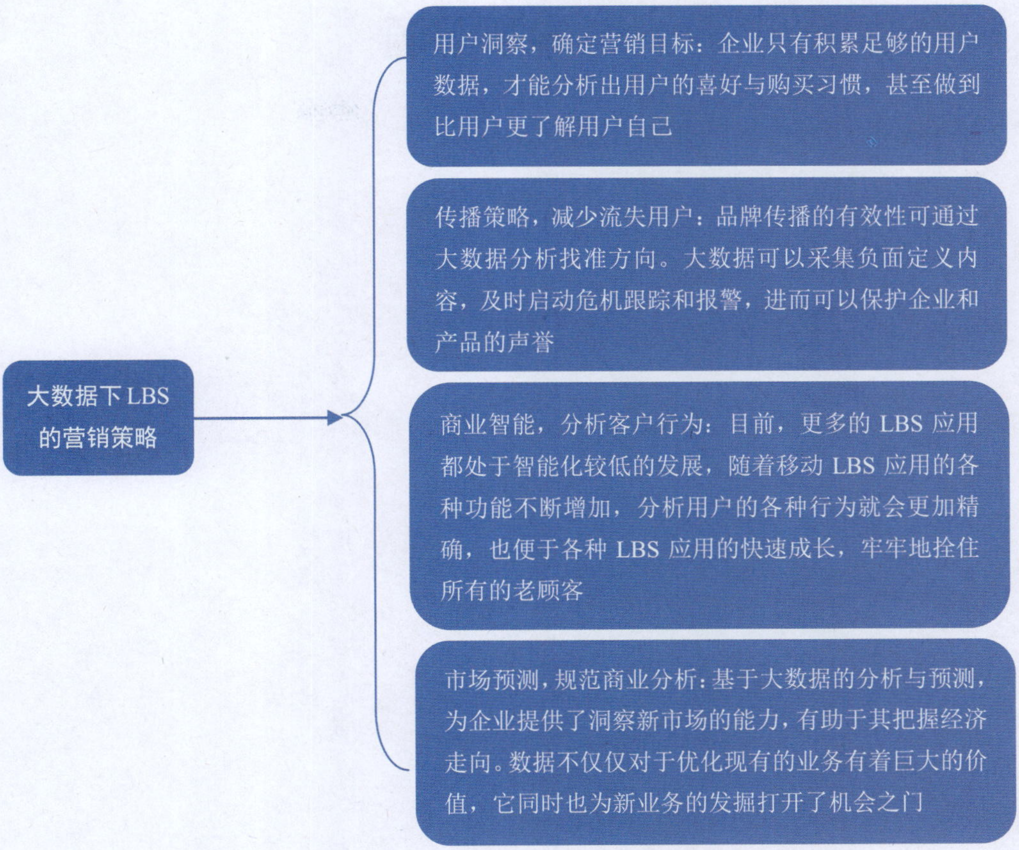
大数据下 LBS 的营销策略
用户洞察，确定营销目标：企业只有积累足够的用户数据，才能分析出用户的喜好与购买习惯，甚至做到比用户更了解用户自己
传播策略，减少流失用户：品牌传播的有效性可通过大数据分析找准方向。大数据可以采集负面定义内容，及时启动危机跟踪和报警，进而可以保护企业和产品的声誉
商业智能，分析客户行为：目前，更多的 LBS 应用都处于智能化较低的发展，随着移动 LBS 应用的各种功能不断增加，分析用户的各种行为就会更加精确，也便于各种 LBS 应用的快速成长，牢牢地拴住所有的老顾客
市场预测，规范商业分析：基于大数据的分析与预测，为企业提供了洞察新市场的能力，有助于其把握经济走向。数据不仅仅对于优化现有的业务有着巨大的价值，它同时也为新业务的发掘打开了机会之门

图 8-28　大数据下 LBS 的营销策略

▶ 专家指点

用户使用 LBS 应用并非一次性就终结的，而是需要反复使用的，这就为企业收集大量数据提供了可能。例如，对于地图导航的应用，搜索一个目的地，用户需要反复地查看、判断和确认；对于交友软件的应用，通过附近的人取得相互关注后，双方会有你来我往的反复沟通。对于 LBS 的应用，如果它只是一次性的应用，则没有生存的市场空间，毫无商业价值可言。

本章小结

本章主要对客户的行为数据进行了精准分析，然后介绍了对客户进行精准定位的方法和策略，帮助企业更好地打造品牌效果，最后详细介绍了 LBS 大数据下的精准营销，分析了 LBS 的商业模式和营销策略。

本章习题

1．影响客户消费行为的因素有哪些？

2．客户的特征分析具体有哪些方法？

第 9 章　金融领域大数据应用

本章导读

在大数据时代的环境背景下，金融行业发生了翻天覆地的变化。本章将具体介绍大数据对传统金融行业和银行销售模式的影响，并例举了金融行业大数据的 3 个具体应用案例，希望能够帮助各位读者更好地了解和运用大数据。

本章重点

- 大数据对传统金融行业的颠覆
- 大数据对银行销售模式的改变
- 金融行业大数据具体应用案例

9.1 大数据对传统金融行业的颠覆

在大数据时代，传统金融机构也开始采取积极的应对措施，以面对新兴金融力量地不断渗入造成的威胁。例如，银行业推出网上银行和电子商务等业务，保险业亦开始探索通过网络销售保险、网上个性化保险产品和虚拟财产保险等业务。

由此可见，大数据俨然成为金融行业构建核心竞争力的重要资产。本节主要介绍大数据是如何在金融行业发挥作用的。

9.1.1 金融行业如何掌握大数据

传统金融行业的竞争力在新的历史环境中面临着较大的机遇与挑战。因此，各大企业必须利用大数据的理念改造自身。抓住大数据的机会，是中国金融行业新时代的使命所在，企业可以利用自身优势探索一条新的道路。

在大数据时代，对于金融行业来说技术以及平台的选择并不是最重要的，最重要的是企业自身的业务需求。如何在这些新技术之间做出选择，发展自身的特长，才是把握大数据的关键。

数据中心就相当于人体的心脏，对企业的业务发展至关重要。越来越多的金融企业要求利用数据中心，来达到客流量增加、降低产品风险、提高运营效率和优化产品内容以及服务这五大目的，如图 9-1 所示。

图 9-1　金融企业五大利器

▶ 专家指点

新概念是新技术的催化剂，在大数据领域中，一些新技术包括 Hadoop 和 MapReduce 都得到了更广泛地应用，Hadoop 和 MapReduce 为通用计算与分布式架构架起了一座桥梁，而传统的企业数据仓库技术则遭遇了前所未有的挑战。

9.1.2　金融行业大数据初步应用

数据的价值在于能够洞察企业的运营规律，这一点正成为金融企业的核心竞争力。大数据在金融行业的应用范围大致有以下几点。

1. 大数据应用已初成规模

目前，大数据的应用已经在金融行业逐步发展开来，并取得了良好的效果，形成了一些较为典型的业务类型，如移动银行、智能风控、车险运营与服务、智能客服、资产负债管理解决方案和互联网银行平台等，如图 9-2 所示。

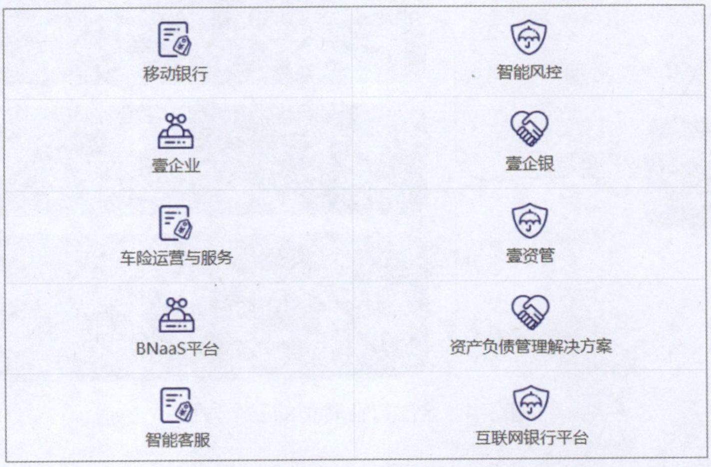

图 9-2　金融行业典型的业务类型

互联网与银行平台结合的模式能够快速拓展银行的线上业务，高效地满足银行需求，并通过大数据全面提升银行的服务能力，如图 9-3 所示。

图 9-3　互联网与银行平台结合

> **▶ 专家指点**
>
> 目前，沪深两市每天 4 个小时的交易时间会产生 3 亿条以上逐笔成交数据，随着时间的积累数据规模非常可观。这些数据在金融工程领域有较高的分析价值，金融投资研究机构需要对历史和实时数据进行挖掘创新，以创造和改进数量化交易模型。

2. 对我国金融行业业务转型的强有力支撑

我国政策也全力支持金融业务的数字化转型。在“十二五”期间，我国金融行业面临的转型挑战主要集中在三个方面，如图 9-4 所示。

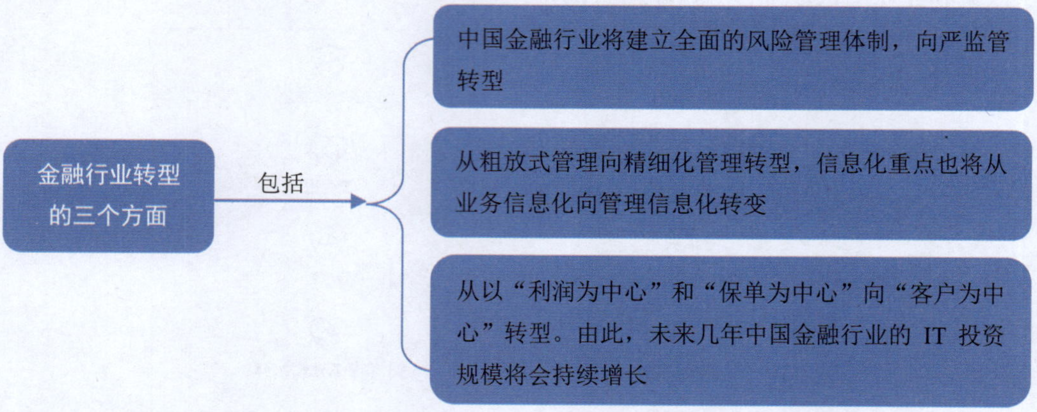

图 9-4　金融行业转型的三个方面

3. 大数据应用市场将快速发展

随着数据价值被越来越多的金融企业所认可，在业务转型时期，各大企业均利用大数据优化自身客户端以及坐席端，使得大数据应用市场规模快速增长，同时也产生了一系列智能应用，如图 9-5 所示。

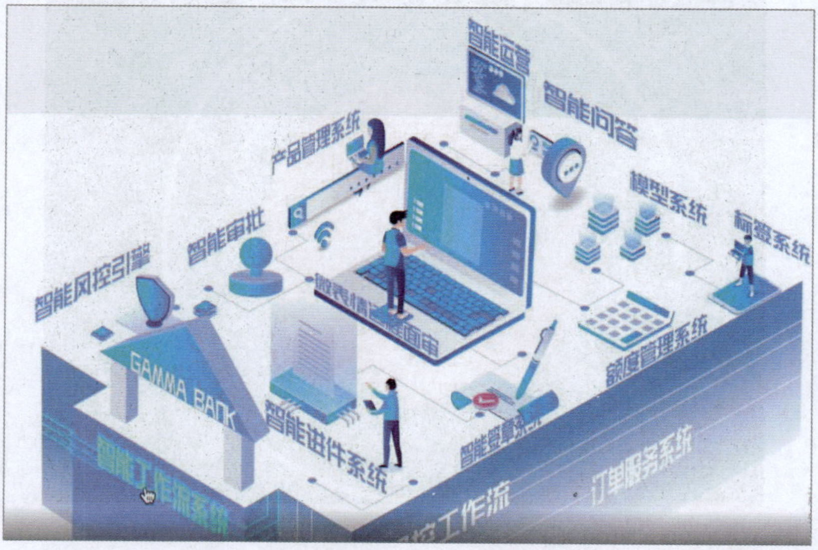

图 9-5　大数据应用市场

▶ 专家指点

无论在哪个行业，大数据在加强风险管控、精细化管理和业务创新等业务转型中都将起到重要作用。具体来说，大数据能够加强风险的可审性和管理力度，支持业务的精细化发展。当前，中国银行业利率市场化改革已经起步，这必然会对银行业提出精细化管理的新要求。

9.1.3 金融行业发展的 7 大环节

总的来说，金融行业在大数据的推动下越来越朝着信息化的方向发展，具体又可分为七大环节，如图 9-6 所示。

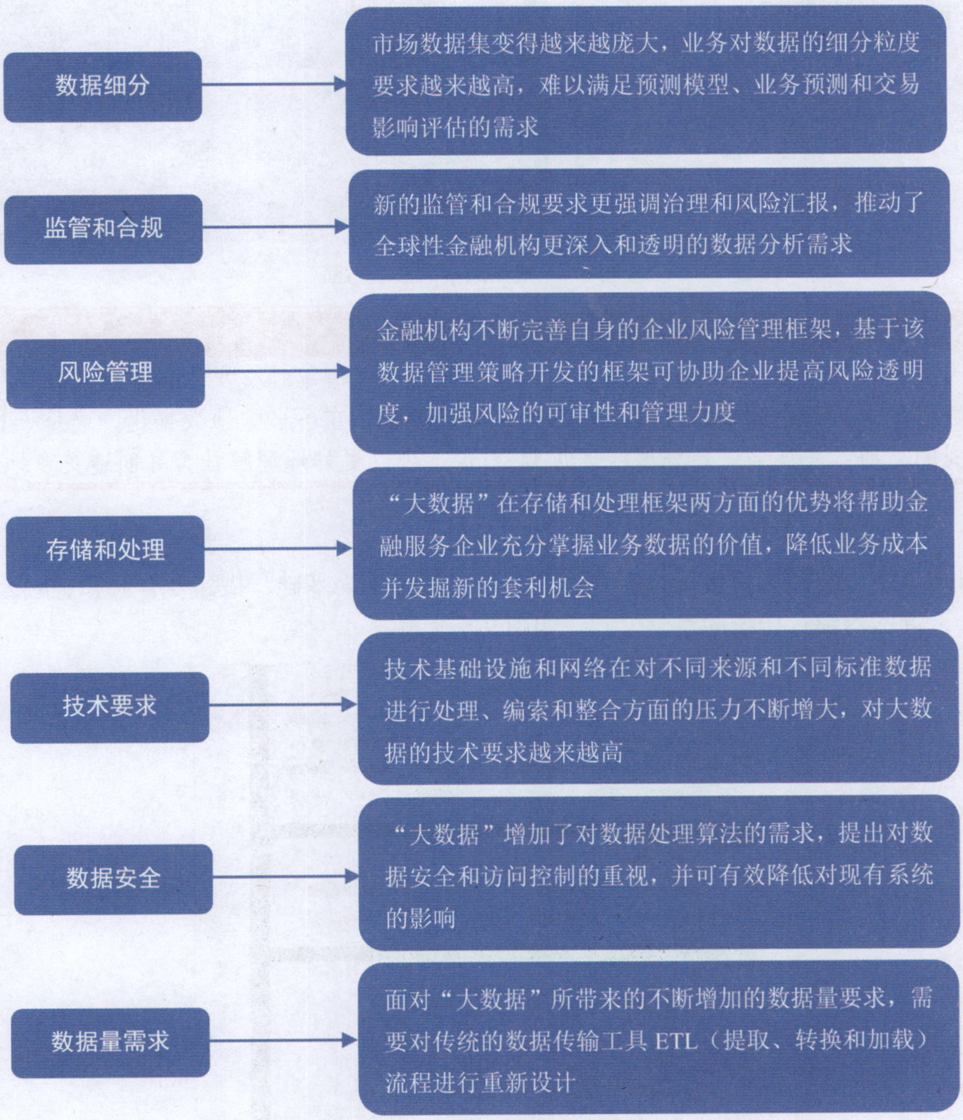
数据细分
市场数据集变得越来越庞大，业务对数据的细分粒度要求越来越高，难以满足预测模型、业务预测和交易影响评估的需求
监管和合规
新的监管和合规要求更强调治理和风险汇报，推动了全球性金融机构更深入和透明的数据分析需求
风险管理
金融机构不断完善自身的企业风险管理框架，基于该数据管理策略开发的框架可协助企业提高风险透明度，加强风险的可审性和管理力度
存储和处理
“大数据”在存储和处理框架两方面的优势将帮助金融服务企业充分掌握业务数据的价值，降低业务成本并发掘新的套利机会
技术要求
技术基础设施和网络在对不同来源和不同标准数据进行处理、编索和整合方面的压力不断增大，对大数据的技术要求越来越高
数据安全
“大数据”增加了对数据处理算法的需求，提出对数据安全和访问控制的重视，并可有效降低对现有系统的影响
数据量需求
面对“大数据”所带来的不断增加的数据量要求，需要对传统的数据传输工具 ETL（提取、转换和加载）流程进行重新设计

图 9-6 金融行业发展的七大环节

9.1.4 数据洞察是核心竞争力

在大数据面前，数据的洞察力将成为金融企业的核心竞争力，而数据的洞察又包括市场洞察、运营洞察和客户洞察三个方面，如图 9-7 所示。

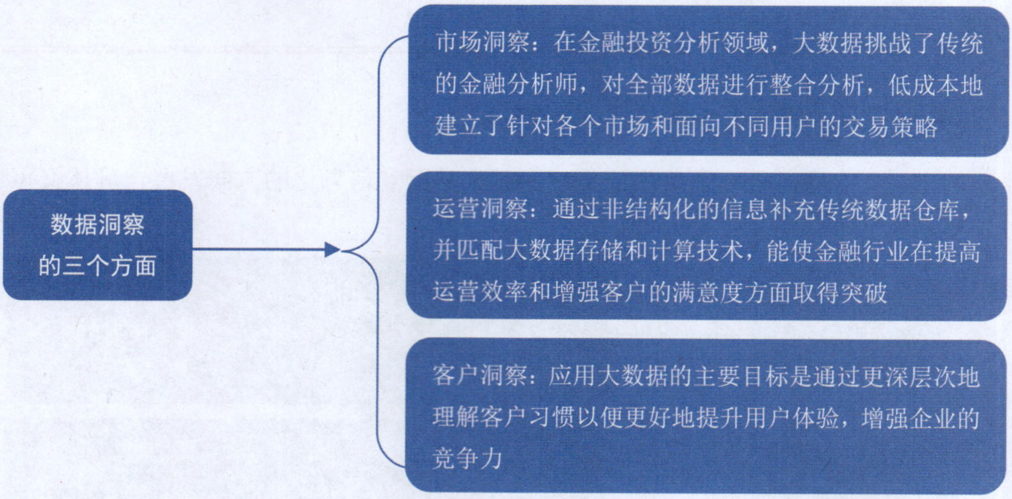

图 9-7 数据洞察的三个方面

▶ 专家指点

大数据已经成为一种全新的现象，如自从微博和微信等社交媒体出现后，社交行为被全面数据化；又如小到日常天气预报、大到军事情报正在不自觉地数据化。这是一种无意识形成的局面，发展到一定程度，通过 IT 技术，可以更好地理解社会并创造更多地价值。

1. 市场洞察：策略、模式、产品

以阿里巴巴集团为代表，以客户资源和信息数据库为基础，搭建专有云和金融云等大数据平台，冲击着银行传统的运营模式，如图 9-8 所示。

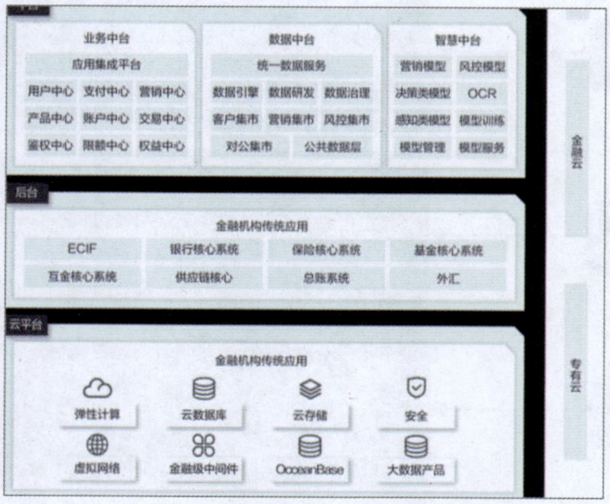

图 9-8 阿里巴巴金融行业解决方案

阿里巴巴集团对金融市场有着敏锐的洞察力。在依靠其自身强大的数据技术能力下，它在金融的证券开户、对公开户和贷款面签，甚至是车险勘察定损上都具有广泛地应用，如图 9-9 所示。

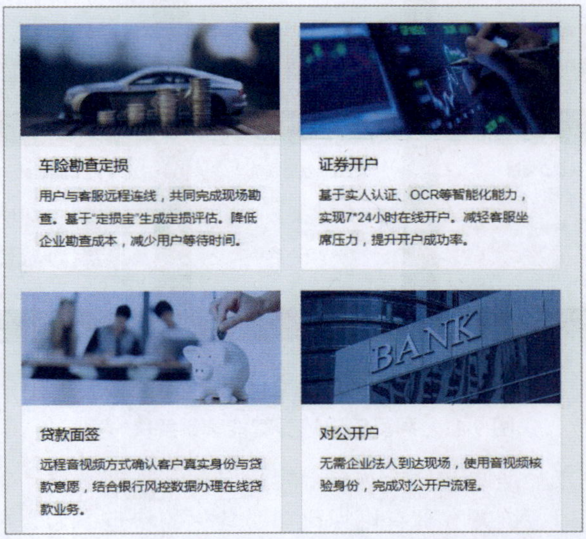

图 9-9　阿里巴巴金融行业应用

另外，阿里巴巴集团还开发了智慧银行解决方案，如图 9-10 所示。智慧银行解决方案构建于阿里云飞天平台、大小专和 EMR 平台之上，是为银行提供稳定和高性能的计算以及存储服务的专业平台。它提高了银行的数据质量，并通过运营使银行数据不断沉淀，从而累积成资产，让数据产生业务价值。

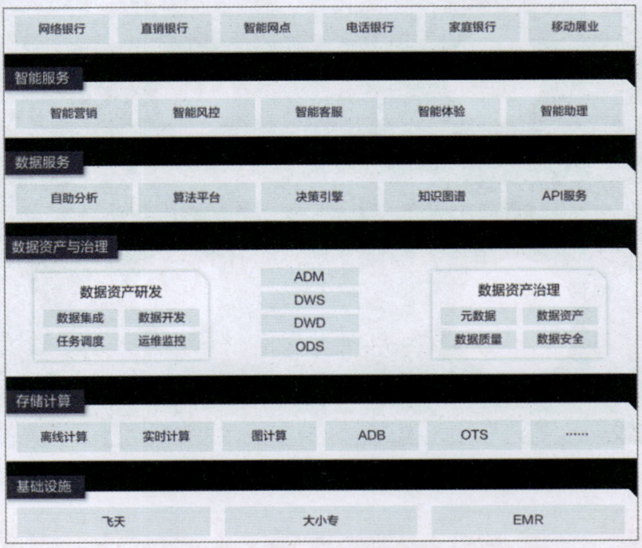

图 9-10　阿里巴巴智慧银行解决方案

面对证券行业严重的同质化现象，阿里巴巴集团以大数据和平台为支撑，构建了一套全面的证券智能营销解决方案，如图 9-11 所示。

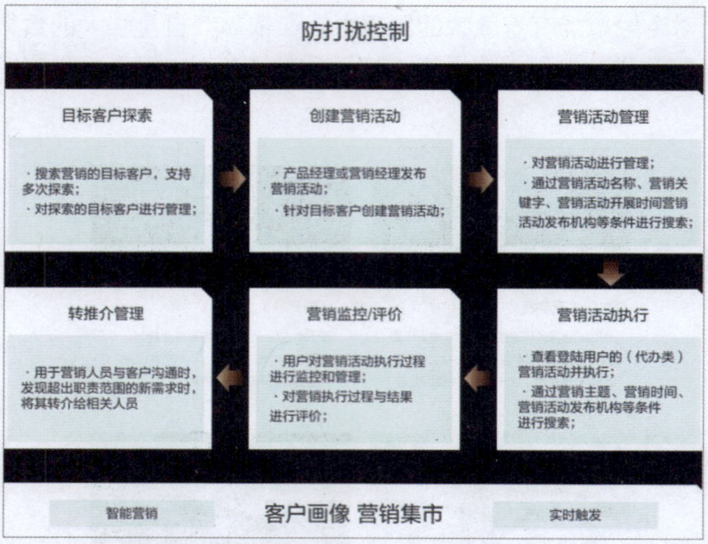
防打扰控制
目标客户探索
·搜索营销的目标客户，支持多次探索；
·对探索的目标客户进行管理；
创建营销活动
·产品经理或营销经理发布营销活动；
·针对目标客户创建营销活动；
营销活动管理
·对营销活动进行管理；
·通过营销活动名称、营销关键字、营销活动开展时间营销活动发布机构等条件进行搜索；
转推介管理
·用于营销人员与客户沟通时，发现超出职责范围的新需求时，将其转介给相关人员
营销监控/评价
·用户对营销活动执行过程进行监控和管理；
·对营销执行过程与结果进行评价；
营销活动执行
·查看登陆用户的（代办类）营销活动并执行；
·通过营销主题、营销时间、营销活动发布机构等条件进行搜索；
智能营销
客户画像 营销集市
实时触发

图 9-11　阿里巴巴证券智能营销解决方案

证券智能营销解决方案是通过分析并整合客户内部和外部数据，勾勒客户画像，实现对客户的精细化运营和管理。该方案具有可视化和服务化的特点，为客户运营提供了大量的数据支撑。

除此之外，阿里巴巴集团在银行、证券、保险和基金等金融产品方面具有强大的安全保护性能，如图 9-12 所示。它采用独立的机房集群，将数据与公共云物理隔离，降低了数据被盗窃的风险，且满足一行三会的金融监管要求。

银行
证券
保险
基金

图 9-12　监管合规

▶ 专家指点

除了互联网公司利用数据向金融行业渗透外，金融企业也主动寻求互联网公司的数据支持。例如，平安集团与百度合作，利用大数据研究消费者在互联网上的行为习惯，进行产品创新。

2. 运营洞察：治理、监管、风控

以 IBM 国际商业机器公司为例，其 BigInsights 就是基于 Hadoop 的大数据平台，如图 9-13 所示。该平台就是利用数据存储、数据库、数据科学、机器学习、消息传递和深度学习等技术，为不同背景的企业打造的一系列金融方案。

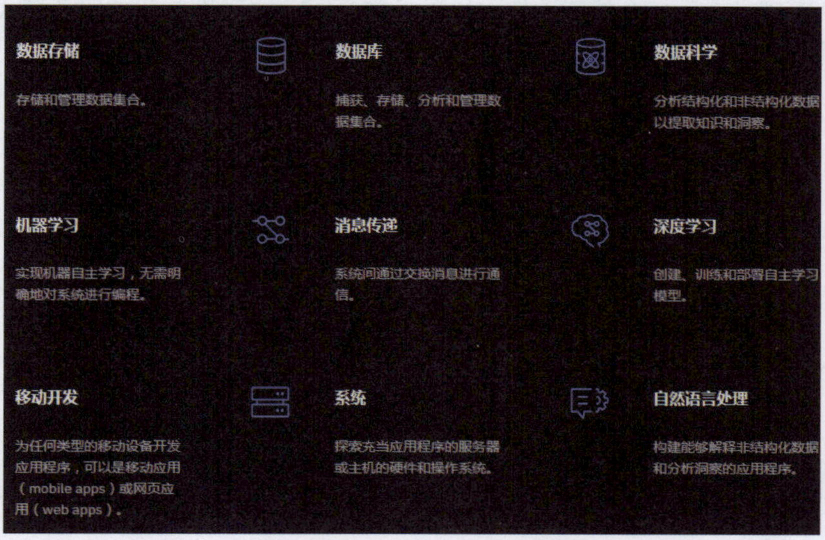
数据存储
存储和管理数据集合。
数据库
捕获、存储、分析和管理数据集合。
数据科学
分析结构化和非结构化数据以提取知识和洞察。
机器学习
实现机器自主学习，无需明确地对系统进行编程。
消息传递
系统间通过交换消息进行通信。
深度学习
创建、训练和部署自主学习模型。
移动开发
为任何类型的移动设备开发应用程序，可以是移动应用（mobile apps）或网页应用（web apps）。
系统
探索充当应用程序的服务器或主机的硬件和操作系统。
自然语言处理
构建能够解释非结构化数据和分析洞察的应用程序。

图 9-13　BigInsights 大数据平台

BigInsights 大数据平台通过对数据的分析和监管，可以提升客户的金融体验，帮助客户轻松应对金融上的风险，如图 9-14 所示。它在金融行业中的应用，为金融行业创造了新的生产力和生产关系，推动了以数据为生产要素平台的发展。

重塑客户体验
轻松应对金融风控
通过数据和 AI 洞察、设计思维和金融科技创新重塑银行客户体验。
利用高级分析、AI 和自动化技术，助力金融机构转变风险合规管理模式。
在数字时代打造卓越客户体验 →
重塑银行客户体验 →
专家解读：风险合规与监管科技 →
利用银行技术增强安全合规性 →

图 9-14　行业目的

另外，国外的一些大规模高频金融交易数据处理平台，比如 MongoDB 和 Oracle 的 Big Data Appliance 等，在金融企业的运营中也实现了应用。

3. 客户洞察：开发、服务、营销

数据洞察的主要目的还是提升客户体验。一方面，要让客户对服务的形式有更多地期待；另一方面，数字的高度集成化让企业更能完整地理解客户习惯。

例如，摩根大通是为用户提供金融服务的企业，它目前已经与美团达成合作，为美团进行数字化投资管理，增强资金的流动性，如图 9-15 所示。这种数字化的服务模式正是对客户需求的洞察体现，并通过不断地向客户输入专业知识，提升自身的服务质量。

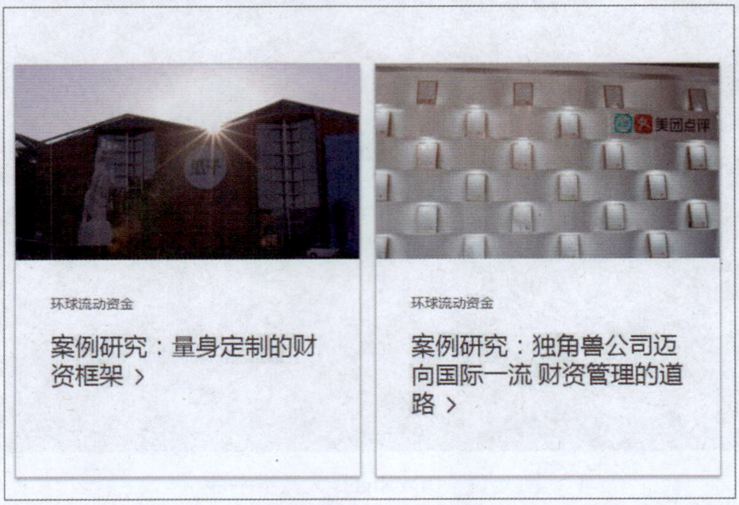

图 9-15 摩根大通客户洞察示例

在国内金融行业，同质化竞争现象非常严重。那么，建立在人口基数上的海量客户资源更应该被有效地利用，并同时转化为客户增强自身实力。

大数据对反非法行为也比较在行。面对钓鱼网站攻击和信用卡套现等欺诈客户行为，大数据引擎可以建立反欺诈模型，利用数据库中已知的欺诈案例和对异常情况的设定等，可以对嫌疑行为进行分析和判断。

▶ 专家指点

国内金融行业大数据应用已经起步，如银河证券已经利用结构化数据为客户提供服务，根据客户的买卖信息来分析客户的投资偏好；兴业银行已经通过对还款数据的比较分析区分优质客户；中信银行的信用卡中心已经通过 Greenplum 数据仓库解决方案实现了秒级营销，利用统一的客户视图，结合实时和历史数据进行全局分析，使得营销活动配置平均时间缩短了一周左右。

9.1.5 金融行业大数据的挑战

新兴数据时代的来临，意味着机遇和挑战。深入研究大数据时代金融行业的机遇和挑战，有利于企业在大数据时代趋利避害，充分发挥大数据赋能行业的作用。

在看到机遇的同时，必须看到大数据时代金融行业还面临一些严峻挑战，主要可以分为以下四点，如图 9-16 所示。

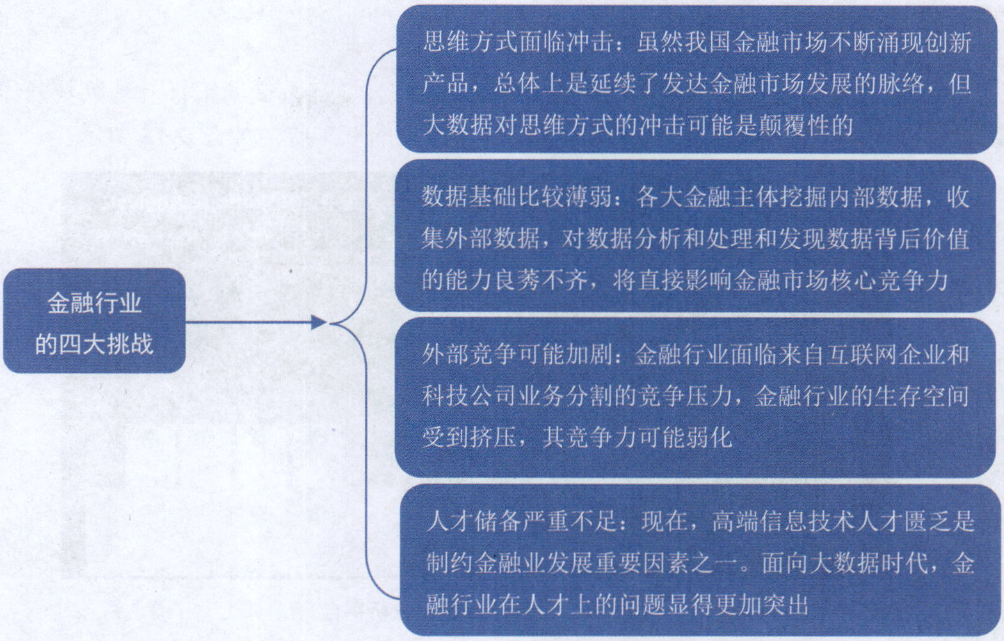
金融行业的四大挑战
思维方式面临冲击：虽然我国金融市场不断涌现创新产品，总体上是延续了发达金融市场发展的脉络，但大数据对思维方式的冲击可能是颠覆性的
数据基础比较薄弱：各大金融主体挖掘内部数据，收集外部数据，对数据分析和处理和发现数据背后价值的能力良莠不齐，将直接影响金融市场核心竞争力
外部竞争可能加剧：金融行业面临来自互联网企业和科技公司业务分割的竞争压力，金融行业的生存空间受到挤压，其竞争力可能弱化
人才储备严重不足：现在，高端信息技术人才匮乏是制约金融业发展重要因素之一。面向大数据时代，金融行业在人才上的问题显得更加突出

图 9-16　金融行业的四大挑战

9.2　大数据对银行销售模式的改变

我国的商业银行林林总总有十几家，其竞争之大不言而喻。本节主要介绍工商银行、交通银行和招商银行对大数据的应用，来展现大数据对金融行业的重要性。

9.2.1　工商银行

早在 2001 年，工商银行就开始了数据仓库的建设，如图 9-17 所示。

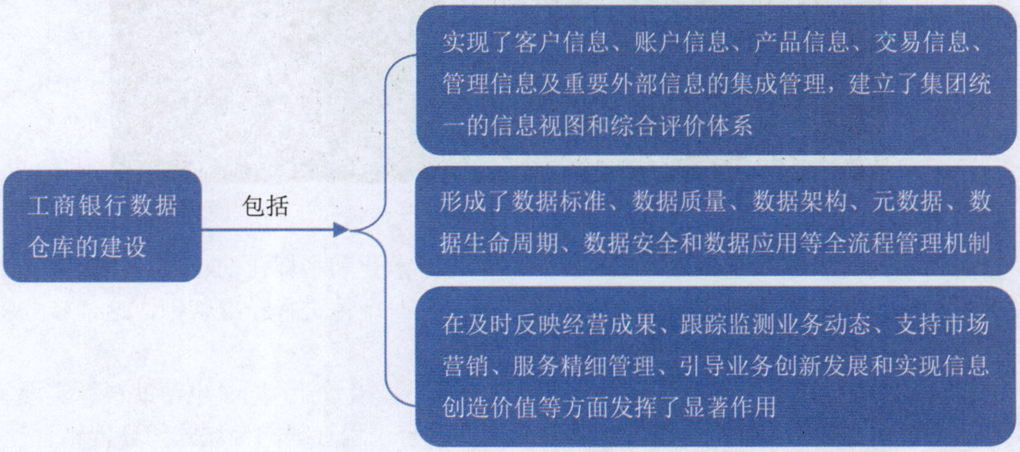
工商银行数据仓库的建设
包括
实现了客户信息、账户信息、产品信息、交易信息、管理信息及重要外部信息的集成管理，建立了集团统一的信息视图和综合评价体系
形成了数据标准、数据质量、数据架构、元数据、数据生命周期、数据安全和数据应用等全流程管理机制
在及时反映经营成果、跟踪监测业务动态、支持市场营销、服务精细管理、引导业务创新发展和实现信息创造价值等方面发挥了显著作用

图 9-17　工商银行数据仓库的建设

9.2.2　交通银行

Teradata 天睿公司是全球最大的数据仓库解决方案供应商，交通银行就是以其云计算数据分析平台为基础，整合所有职能，实现了经营与管理的双丰收，如图 9-18 所示。

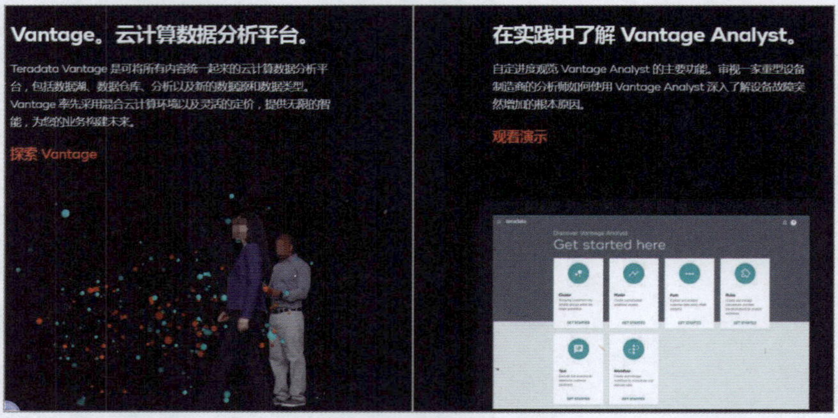
Vantage。云计算数据分析平台。
Teradata Vantage 是可将所有内容统一起来的云计算数据分析平台，包括数据湖、数据仓库、分析以及新的数据源和数据类型。Vantage 率先采用混合云计算环境以及灵活的定价，提供无限的智能，为您的业务构建未来。
探索 Vantage
在实践中了解 Vantage Analyst。
自定进度观览 Vantage Analyst 的主要功能。审视一家重型设备制造商的分析师如何使用 Vantage Analyst 深入了解设备故障突然增加的根本原因。
观看演示
Get started here

图 9-18　云计算数据分析平台

交通银行与 Teradata 天睿公司的结合就是充分利用大数据的结果，如图 9-19 所示。借助 Teradata Vantage 平台发挥数据的真正力量，打破信息孤岛，从而多维度扩展银行业务，实现经济效益地最大化发展。

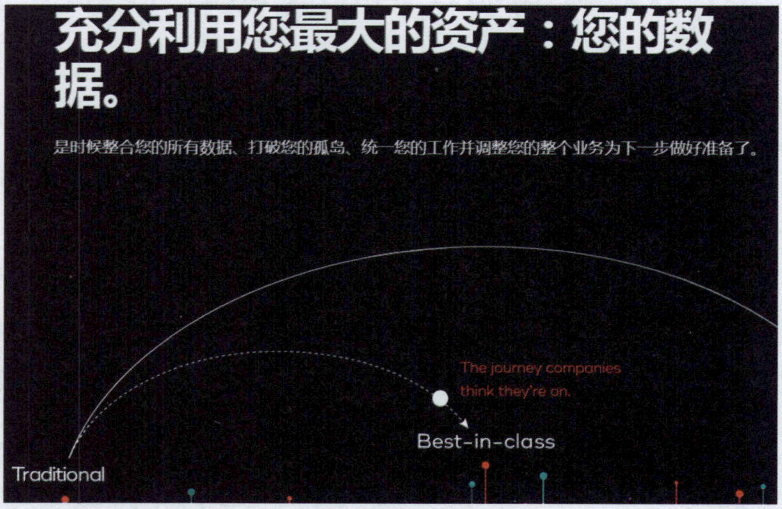
充分利用您最大的资产：您的数据。
是时候整合您的所有数据、打破您的孤岛、统一您的工作并调整您的整个业务为下一步做好准备了。
The journey companies think they're on.
Best-in-class
Traditional

图 9-19　数据资产

金融市场的竞争越来越激烈，用户逐渐呈现出分散化和多样化的特点，因此针对不同类型的客户，应该采取不同的策略，推出个性化服务，对个体进行精准营销，这一模式将成为银行在零售业务领域增长的着力点。

Teradata 的数据解决方案，不仅为交通银行带来了直接效益，同时也帮助银行实现了从信息整合到数据分析，从营销机会发现到名单分配和销售过程管理的全域式闭环营销管理流程，促进了银行的数字化转型。

> ▶ 专家指点
>
> 银行的事件式营销是根据客户的有关属性与行为特征，如身份属性和理财偏好等，对客户群进行精准定位，分析出其潜在金融服务需求，进而有针对性地创造并设计出适合于他们消费需求的营销项目。

9.2.3　招商银行

在大数据时代，信息的获得更加便捷，技术和产品的模仿更加容易，企业之间的竞争更加激烈，保持优势和丧失优势的周期大大缩短。因此，国内银行要开展品牌创新，首先必须高度重视品牌战略的创新，即在品牌建设上具备战略意识。

招商银行之所以成为令人瞩目的金融品牌，就是持续追求品牌战略创新的结果。概而言之，这主要体现在以下四点，如图 9-20 所示。

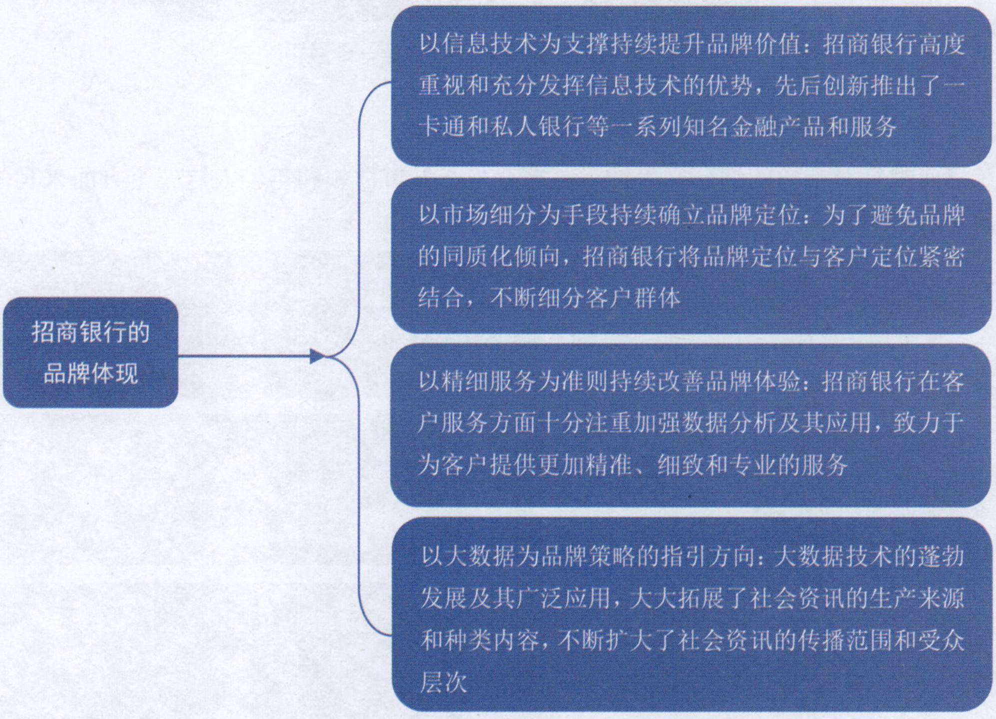

招商银行的品牌体现
以信息技术为支撑持续提升品牌价值：招商银行高度重视和充分发挥信息技术的优势，先后创新推出了一卡通和私人银行等一系列知名金融产品和服务
以市场细分为手段持续确立品牌定位：为了避免品牌的同质化倾向，招商银行将品牌定位与客户定位紧密结合，不断细分客户群体
以精细服务为准则持续改善品牌体验：招商银行在客户服务方面十分注重加强数据分析及其应用，致力于为客户提供更加精准、细致和专业的服务
以大数据为品牌策略的指引方向：大数据技术的蓬勃发展及其广泛应用，大大拓展了社会资讯的生产来源和种类内容，不断扩大了社会资讯的传播范围和受众层次

图 9-20　招商银行的品牌体现

1. 以信息技术为支撑持续提升品牌价值

近年来，为了顺应 5G 移动互联网蓬勃兴起的历史趋势和积极探索移动金融行业的热潮，招商银行先后推出了 iPhone 版和安卓版手机银行，力图打造全新互联网时代的移动金融生活平台，提升品牌价值。同时，招商银行还创新运用互联网金融解决小微企业融资难题，比如开发的“生意一卡通”产品，如图 9-21 所示。这有力推动了小微企业业务的发展，通过以信息技术为支撑持续创新金融产品，招商银行的品牌价值得到了持续提升。

图 9-21　招商银行“生意一卡通”

2. 以市场细分为手段持续确立品牌定位

招商银行对市场的细分又可针对高端客户、城市白领和年轻人这三个方面来具体讲述，如图 9-22 所示。

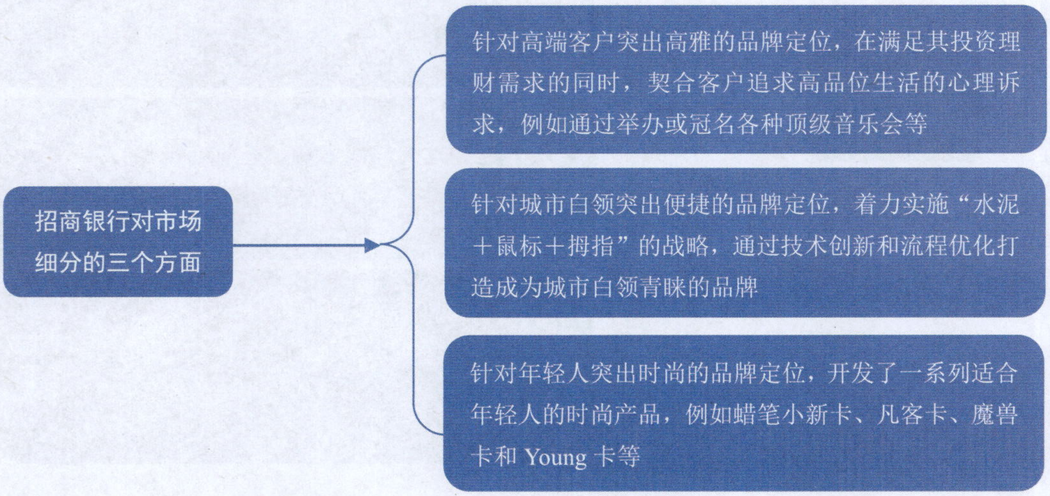
招商银行对市场细分的三个方面
针对高端客户突出高雅的品牌定位，在满足其投资理财需求的同时，契合客户追求高品位生活的心理诉求，例如通过举办或冠名各种顶级音乐会等
针对城市白领突出便捷的品牌定位，着力实施“水泥＋鼠标＋拇指”的战略，通过技术创新和流程优化打造成为城市白领青睐的品牌
针对年轻人突出时尚的品牌定位，开发了一系列适合年轻人的时尚产品，例如蜡笔小新卡、凡客卡、魔兽卡和 Young 卡等

图 9-22　招商银行对市场细分的三个方面

3. 以精细服务为准则持续改善品牌体验

招商银行的精细化服务还体现在如果用户尚未开通信用卡境外提现功能，无法取出外汇，在后台监测到该意外情况后，会立即反应，第一时间致电征询用户个人意见，并且在五分钟内就可以为用户解决提现问题。

4. 以大数据为品牌策略的指引方向

为了顺应大数据时代资讯传播呈现出的新情况和新特点，在品牌传播的创新实践中，招商银行采取了以下五个策略，如图 9-23 所示。

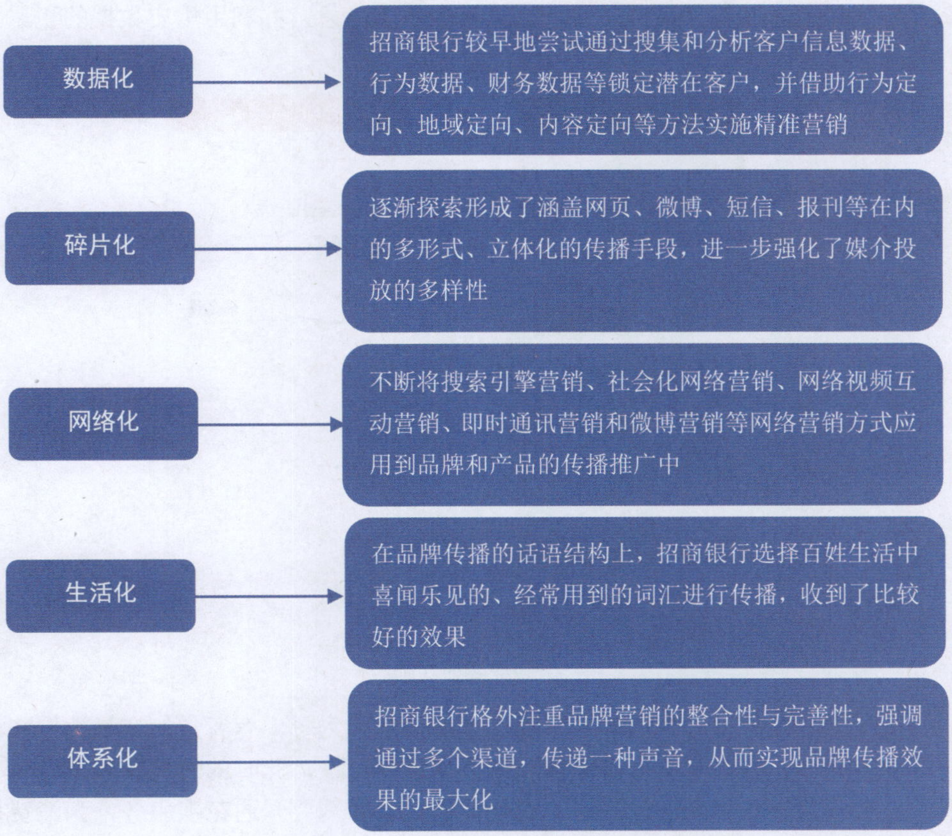
数据化
招商银行较早地尝试通过搜集和分析客户信息数据、行为数据、财务数据等锁定潜在客户，并借助行为定向、地域定向、内容定向等方法实施精准营销
碎片化
逐渐探索形成了涵盖网页、微博、短信、报刊等在内的多形式、立体化的传播手段，进一步强化了媒介投放的多样性
网络化
不断将搜索引擎营销、社会化网络营销、网络视频互动营销、即时通讯营销和微博营销等网络营销方式应用到品牌和产品的传播推广中
生活化
在品牌传播的话语结构上，招商银行选择百姓生活中喜闻乐见的、经常用到的词汇进行传播，收到了比较好的效果
体系化
招商银行格外注重品牌营销的整合性与完善性，强调通过多个渠道，传递一种声音，从而实现品牌传播效果的最大化

图 9-23　招商银行的五个品牌策略

9.3　金融行业大数据具体应用案例

如今，金融行业面临着前所未有的挑战，即市场格局和业务流程发生了巨大地改变。在大数据的时代背景下，未来的金融行业将开展新一轮的建设投资。本节主要为读者介绍一些金融行业大数据的实际应用，希望对各位读者有所启发。

9.3.1　支付宝掘金大数据

随着国内网络经济的迅速发展，众多网络支付应用的市场争夺战也进入白热化，各大企业也开始推出越来越多的特色产品和服务。

1. 余额宝

余额宝在 2013 年逐渐兴起，它是最为典型的互联网金融产品，如图 9-24 所示。与传统的货币基金相比，大数据是余额宝鲜明的特色之一。以基金的申购和赎回为例，余额宝可以利用淘宝和支付宝后期的大数据平台，充分掌握基金信息，并利用历史数据的积累预测客户的行为规律。

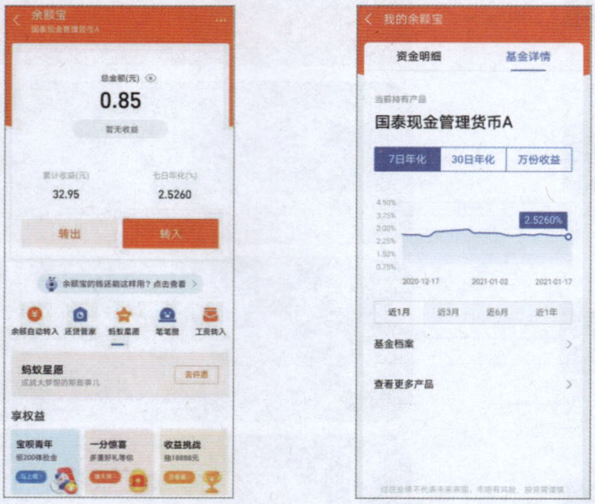

图 9-24　余额宝

2. 蚂蚁花呗

蚂蚁花呗更是得益于大数据。之所以这么说，是因为每天有海量的交易数据在淘宝或支付宝的后台上运行，通过对这些商户最近的数据进行分析，此时的蚂蚁花呗平台就有可能发挥作用，与潜在的贷款对象进行沟通，询问他们是否有需要开通花呗服务，为消费提供更多地可能，如图 9-25 所示。

图 9-25　蚂蚁花呗

这种利用大数据的应用模式不仅有助于识别和降低金融风险，为用户提供更有针对性的服务，而且批量化作业也可以使得交易成本大幅度下降。像支付宝这种开放式的财务管理服务，背后都是人工智能、大数据、云计算和金融科技的体现，如图 9-26 所示。运用这一系列的黑科技，可以让人们的生活更加智能与便捷。这种个性化的理财服务，让人们自己也能掌控投资理财，实现人生自由。

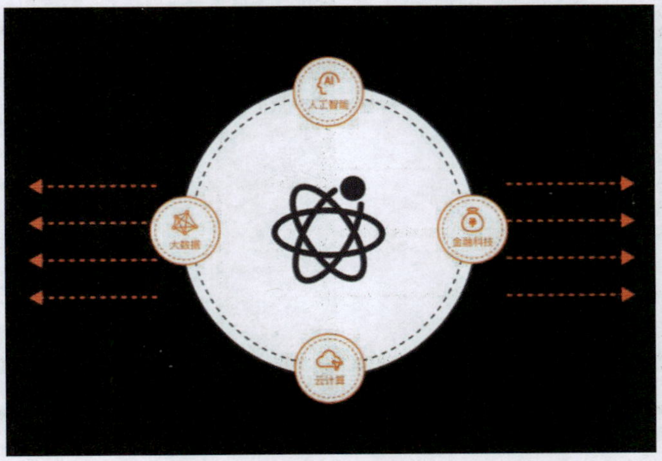

图 9-26　支付宝背后的黑科技

除此之外，基于以上黑科技，支付宝还推出了分期付款服务，如图 9-27 所示。利用数据平台，这种金融服务开通仅需 3-5 分钟，且具有费率低和额度高的特点。值得注意的是，虽然后台大数据会根据用户情况进行智能评估，限制贷款额度，但是这种金融贷款服务基本上都存在一定的风险，所以用户在应用软件时一定要注意把握分寸，在不损害自身利益的情况下合理运用软件。

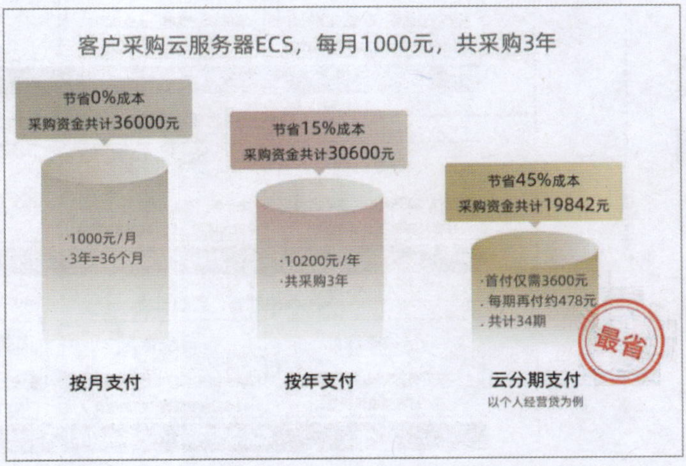

图 9-27　云分期

9.3.2　京东数科金融转型

京东数科是人工智能、云计算和大数据技术为基础，是一家致力于为金融机构、商家或者企业提供数字化金融服务的高新企业，如图 9-28 所示。它的最终目的还是通过这些技术平台，推动数字化应用落地。例如，通过技术组件和大数据前台架构，实现金融的智能营销运营战略和智能风控战略。

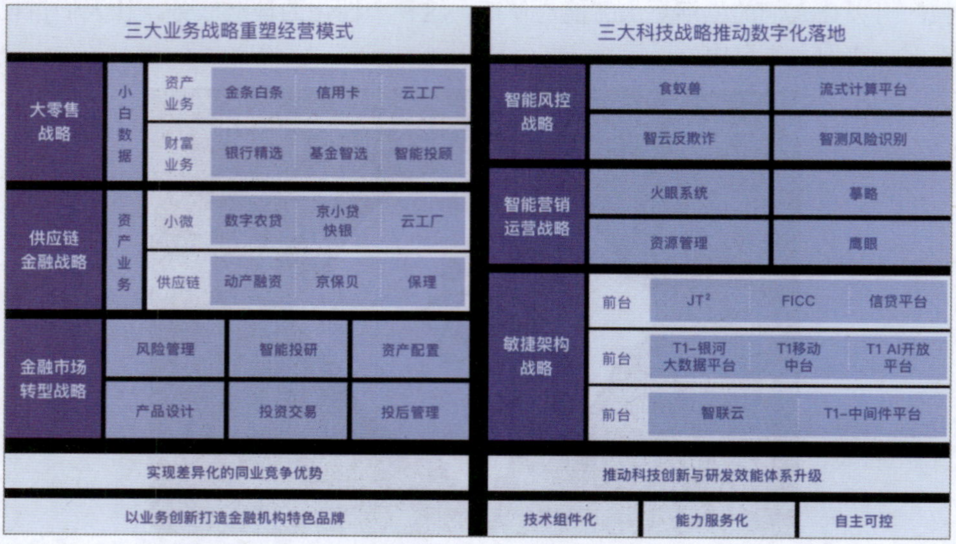

图 9-28 京东数科金融服务解决方案

面对金融行业全域式的数字化生态，京东数科赋能商业，还为政府提供了商家管理、商业信用和交易数字化服务，为消费者提供了消费维权和轨迹追踪等服务，这都是大数据的体现，如图 9-29 所示。

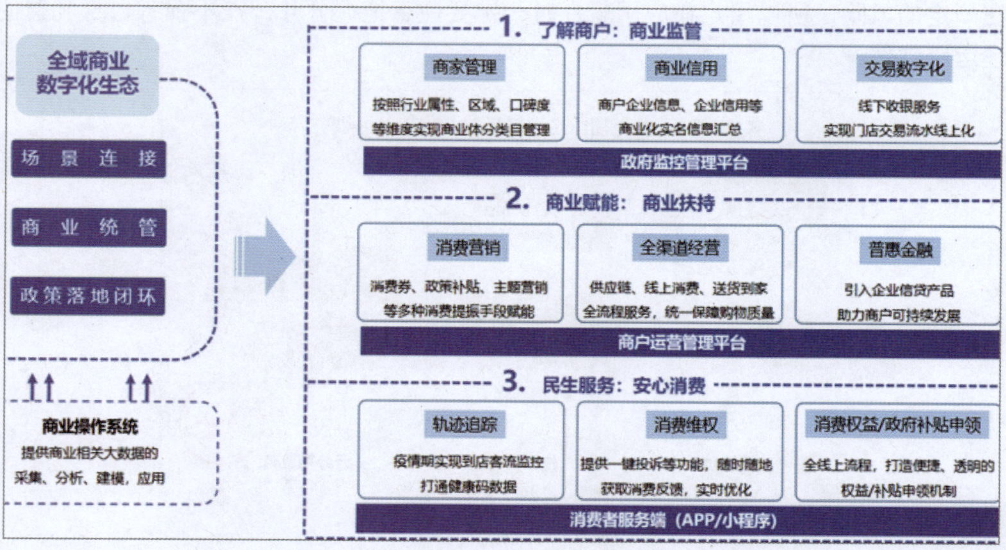

图 9-29 全域式的数字化生态

针对金融机构的财富管理和资产管理等各细分业务领域，京东数科还提供了数字证券、数字银行和数字保险等金融服务，如图 9-30 所示。

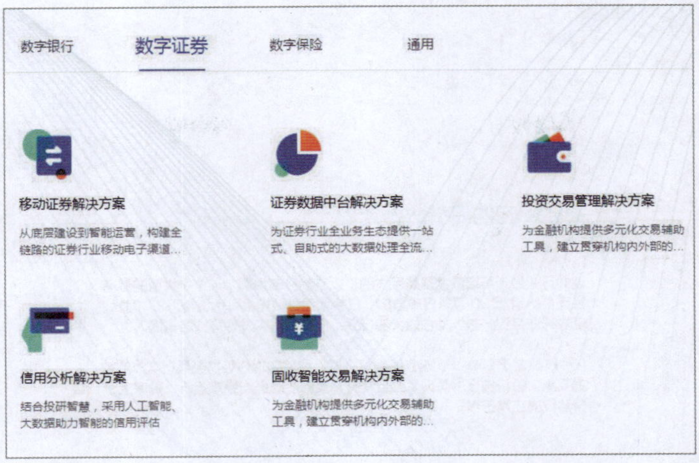
数字银行
数字证券
数字保险
通用
移动证券解决方案
从底层建设到智能运营，构建全链路的证券行业移动电子渠道...
证券数据中台解决方案
为证券行业全业务生态提供一站式、自助式的大数据处理全流...
投资交易管理解决方案
为金融机构提供多元化交易辅助工具，建立贯穿机构内外部的...
信用分析解决方案
结合投研智慧，采用人工智能、大数据助力智能的信用评估
固收智能交易解决方案
为金融机构提供多元化交易辅助工具，建立贯穿机构内外部的...

图 9-30　数字证券

京东数科的金融转型方案还得益于它强大的数据库功能，如图 9-31 所示。它的数据库具有自动运维功能，能够为其应用平台提供一站式的数据库备份恢复、迁移、管理和回收等服务，极大地提高了数据运行效率。

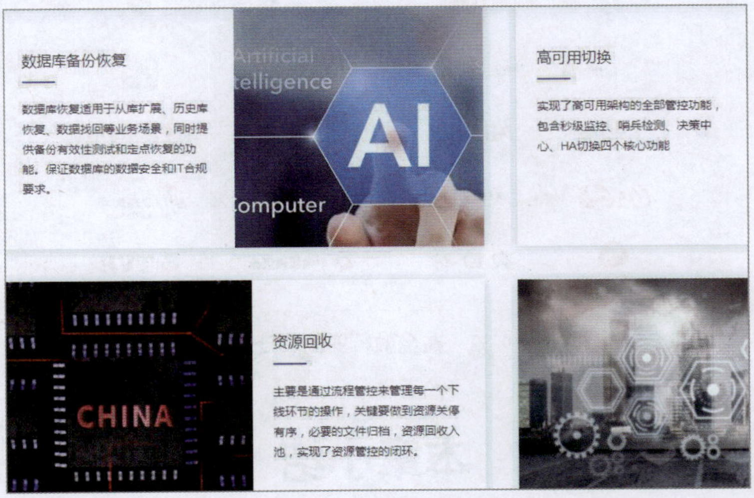
数据库备份恢复
数据库恢复适用于从库扩展、历史库恢复、数据找回等业务场景，同时提供备份有效性测试和定点恢复的功能。保证数据库的数据安全和IT合规要求。
AI
高可用切换
实现了高可用架构的全部管控功能，包含秒级监控、哨兵检测、决策中心、HA切换四个核心功能
CHINA
资源回收
主要是通过流程管控来管理每一个下线环节的操作，关键要做到资源关停有序，必要的文件归档，资源回收入池，实现了资源管控的闭环。

图 9-31　数据库功能

9.3.3　HYPERS 据开辟新路径

HYPERS（嗨普智能）是利用高效稳定的数据处理方案，帮助金融企业深度洞察消费者，实现智能化的金融用户的资产管理和运营，最终达到业务快速增长的目的，如图 9-32 所示。

通过前期对客户信息的统一梳理，它可以帮助公司把全国所有的交易信息统一汇集至 Hadoop 集群，然后将数据上传至平台，帮助公司实现实时业务分析，降低人工计算数据带来的成本，提升用户的体验。这一模式在金融行业得到了广泛的应用，例如浦发银行、中信证券和中国银行证券等，如图 9-33 所示。

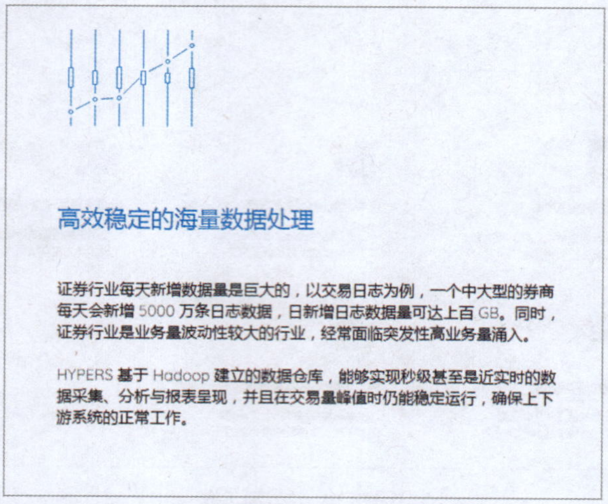
高效稳定的海量数据处理
证券行业每天新增数据量是巨大的，以交易日志为例，一个中大型的券商每天会新增 5000 万条日志数据，日新增日志数据量可达上百 GB。同时，证券行业是业务量波动性较大的行业，经常面临突发性高业务量涌入。
HYPERS 基于 Hadoop 建立的数据仓库，能够实现秒级甚至是近实时的数据采集、分析与报表呈现，并且在交易量峰值时仍能稳定运行，确保上下游系统的正常工作。

图 9-32　HYPERS 高效稳定的数据处理方案

CPG 与零售
金融
广告媒体

图 9-33　在金融行业的广泛应用

本章小结

本章首先为读者讲述了金融行业大数据的基本规模和应用市场，再通过对工商银行、交通银行和招商银行大数据的解析，说明了大数据对传统银行销售模式带来的改变，最后通过支付宝、京东数科和 HYPERS 这 3 个案例具体介绍了金融行业大数据的应用。

本章习题

1．在大数据的冲击下，我国金融行业开始向哪 3 个方面转型？

2．在大数据面前，数据洞察将成为金融企业的核心竞争力，具体包括哪三个方面？

第 10 章　智能医疗大数据应用

本章导读

如果说什么行业对大数据资源的汇总及运用最为广泛，那一定是医疗。随着人们对医疗健康的日渐关注，医疗行业的发展也越来越趋向于数字化和智能化。本章对大数据在医疗行业的价值以及影响做了具体介绍，并例举了三个医疗应用案例，希望能够帮助大家更好地了解大数据。

本章重点

- 将大数据转化为价值
- 大数据对在线医疗的影响
- 医疗行业大数据应用案例

10.1 将大数据转化为价值

医疗服务领域与人们的切身利益息息相关，大数据技术在此的应用市场也非常广泛。可以说，在大数据的推动下，医疗服务获得了更广阔的发展天地，并很好地为其服务水平的提升创造了条件。

10.1.1 医疗因大数据而改变

大数据与医疗的结合具有非常可喜的发展。如果说精准医疗的时代即将到来，那么大数据就是它的关键助力和推手。借助医疗领域的众多实践经验，对各种与医疗相关的数据进行解读，可以获取更具优势的数据结论。

因此，只有妥善处理好数据运行效率和存储架构，大数据才能给医院带来价值。我国的医疗行业正在迈入大数据时代，具体有两大特征，如图 10-1 所示。

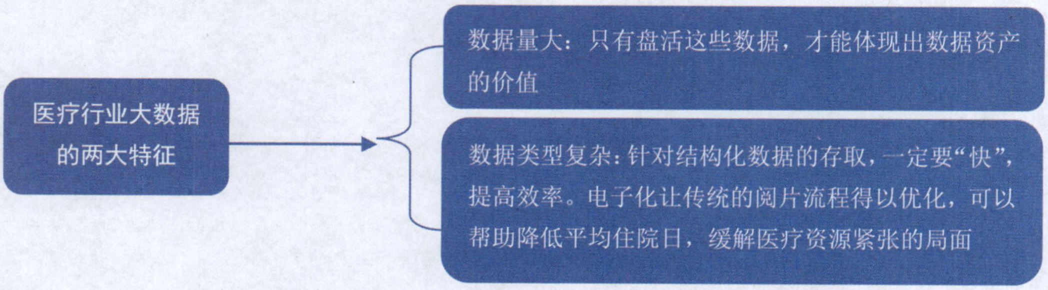
医疗行业大数据的两大特征
数据量大：只有盘活这些数据，才能体现出数据资产的价值
数据类型复杂：针对结构化数据的存取，一定要“快”，提高效率。电子化让传统的阅片流程得以优化，可以帮助降低平均住院日，缓解医疗资源紧张的局面

图 10-1 医疗行业大数据的两大特征

相信终有一天，每个老百姓都可以随时管理和查询自己的健康医疗数据，不是在遥不可及的第三方，而是在他自己手里。

这样的数据将不仅仅是体检结果、日常健康行为监测数据和就诊记录，还可以衍生到基因数据，他们将从法律上拥有获得这些数据的权利。到那个时候，才真正地发挥医疗行业大数据的实际价值，也将对自身有一个更清晰明了地认识。

10.1.2 医疗大数据应用框架

在电子病历系统、电子处方软件、公共卫生报告和移动医疗设备等医疗产业中，充满了等待被使用的数据。随着时间的增加，会有越来越多的医疗数据需要被保存，它们要求在遇到某一相似病例时，能够被及时调出并发挥参考作用。下面将主要介绍医疗行业大数据的应用框架，希望能对各位读者有所启发。

> ▶ 专家指点
>
> 医院和医疗行业面临的大数据主要有医学影像、视频（教学、监控）及文献等非结构化数据。由于这些数据增长很快且结构复杂，给数据管理和利用带来了较大的压力，导致存储与管理成本不断提高，数据利用率低。

总的来说，医疗大数据应用有以下五大领域，在这些场景下，大数据的分析和应用都将发挥巨大的作用，提高医疗效率和医疗效果，如图 10-2 所示。

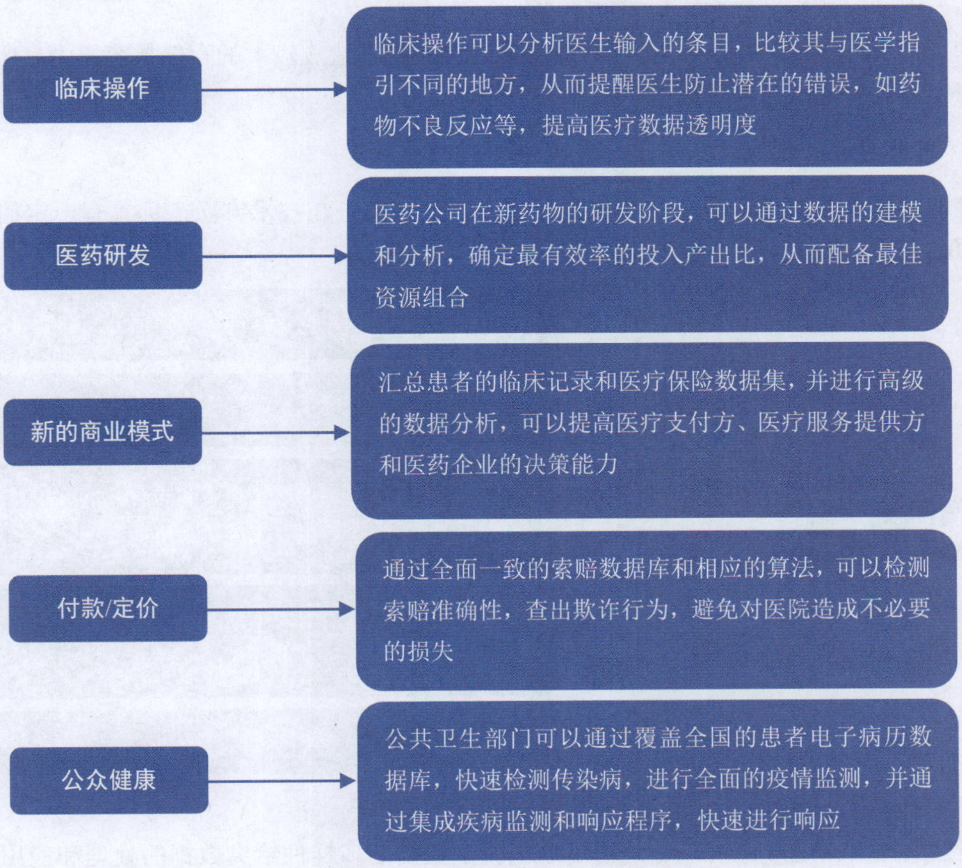
临床操作
临床操作可以分析医生输入的条目，比较其与医学指引不同的地方，从而提醒医生防止潜在的错误，如药物不良反应等，提高医疗数据透明度
医药研发
医药公司在新药物的研发阶段，可以通过数据的建模和分析，确定最有效率的投入产出比，从而配备最佳资源组合
新的商业模式
汇总患者的临床记录和医疗保险数据集，并进行高级的数据分析，可以提高医疗支付方、医疗服务提供方和医药企业的决策能力
付款/定价
通过全面一致的索赔数据库和相应的算法，可以检测索赔准确性，查出欺诈行为，避免对医院造成不必要的损失
公众健康
公共卫生部门可以通过覆盖全国的患者电子病历数据库，快速检测传染病，进行全面的疫情监测，并通过集成疾病监测和响应程序，快速进行响应

图 10-2　医疗大数据应用的五大领域

10.1.3　医疗行业面临的挑战

目前，大数据在医疗行业的应用还处于起步阶段，但大部分医疗企业和机构已经开始意识到大数据的重要性。要想真正地在医疗健康领域创造实际价值，仅仅靠掌握医院内部数据是远远不够的，还要联合整个医疗行业的资源信息。

无论是对于医院，还是对于医疗企业或机构来说，在大数据道路上的医疗应用都会面临着不小的挑战。下面将从医院和医疗行业这两个方面来为读者具体介绍，以帮助读者更好地了解医疗大数据。

1. 医院存在的挑战

国人已经把健康大数据上升为国家战略，而面对“大数据”的挑战，医院必须考虑 3 个主要问题，具体如下。

（1）数据存储的问题。首先，医院系统应当具备突发情况紧急处理能力，例如当突然停电时，系统是否能对未完成业务进行自动存储和备份。如果数据不能迅速恢复，那将会对医院的人力物力造成浪费，并直接影响到患者满意度。

（2）数据运行和服务的效率的问题。数据的高效运行可以节省医生的时间，提高就诊效率，从而缓解医疗资源紧张，以帮助更多地人及时就诊。

（3）大数据的成本问题。医疗数据越多，会对医院造成较大的存储扩容压力。所以，医院要在保障效率的同时，考虑医疗成本的问题。

2. 行业存在的挑战

对于医疗行业来说，数据的共享具有重大意义。但是在技术方面，仍具有一定的挑战，如图 10-3 所示。

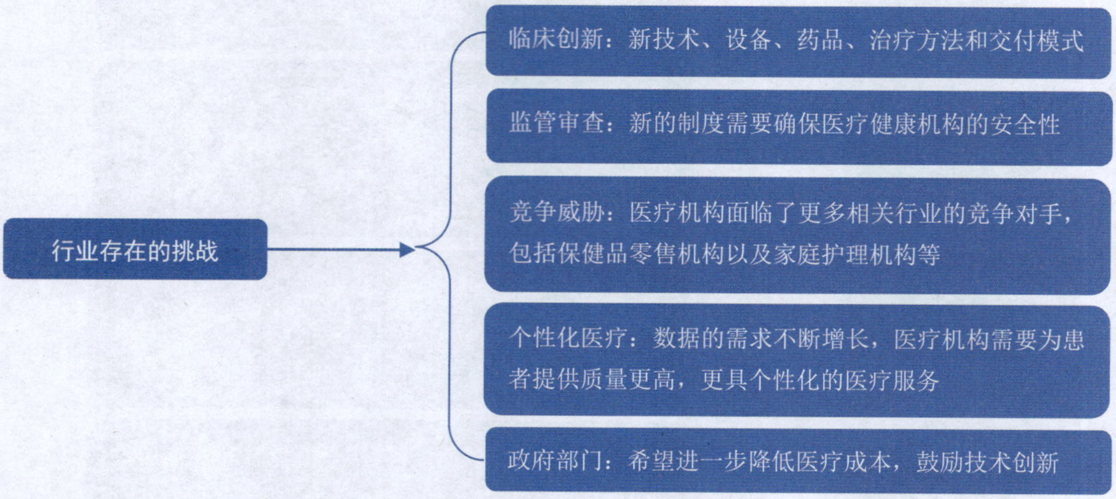
行业存在的挑战
临床创新：新技术、设备、药品、治疗方法和交付模式
监管审查：新的制度需要确保医疗健康机构的安全性
竞争威胁：医疗机构面临了更多相关行业的竞争对手，包括保健品零售机构以及家庭护理机构等
个性化医疗：数据的需求不断增长，医疗机构需要为患者提供质量更高，更具个性化的医疗服务
政府部门：希望进一步降低医疗成本，鼓励技术创新

图 10-3 行业存在的挑战

医学数据应该是严谨的，正是由于这些医学数据的多样性给大数据的处理和应用带来了一些难度，具体体现在以下三个方面，如图 10-4 所示。

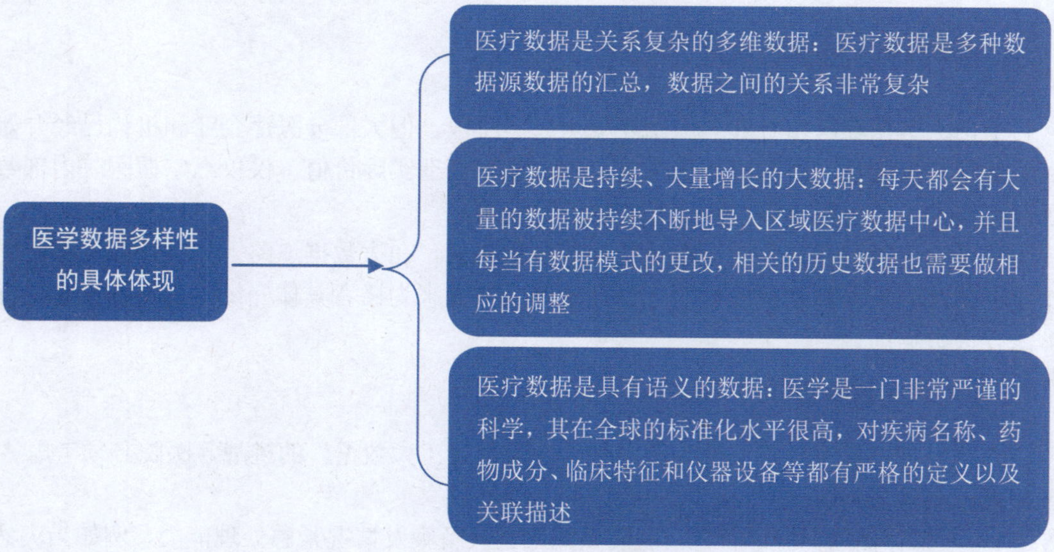
医学数据多样性的具体体现
医疗数据是关系复杂的多维数据：医疗数据是多种数据源数据的汇总，数据之间的关系非常复杂
医疗数据是持续、大量增长的大数据：每天都会有大量的数据被持续不断地导入区域医疗数据中心，并且每当有数据模式的更改，相关的历史数据也需要做相应的调整
医疗数据是具有语义的数据：医学是一门非常严谨的科学，其在全球的标准化水平很高，对疾病名称、药物成分、临床特征和仪器设备等都有严格的定义以及关联描述

图 10-4 医学数据多样性的具体体现

由于医疗数据的一些特有的性质，为医院管理和居民健康档案管理应用服务上的大数据

分析带来了特殊的挑战。比如，一个简单的实验室检测，必须同时记录与之相对应的编码系统、检测时间、检验项目、标本编码以及相关联的患者就诊机构、申请医师标识号、审核医师标识号和正常值参考等，这些都增加了数据处理的难度。

▶ 专家指点

如何有效地将大数据存储成本降至最低，是企业和 IT 领导者，尤其是医疗大数据面临的根本性挑战。因为除了数据数量和形态的迅速增加，医疗数据还需要越来越长的保留期。患者的病历可能需要保存 70 或 80 年，甚至更长。许多情况下，病历还必须以原始格式永久保存，以满足法规要求。

10.1.4　医疗大数据应用分析

一条检测记录就可以把患者、医生和医疗机构多个实体在不同层次上关联起来，而不同的医疗信息服务更需要从不同的视角来观察这些数据，如图 10-5 所示。

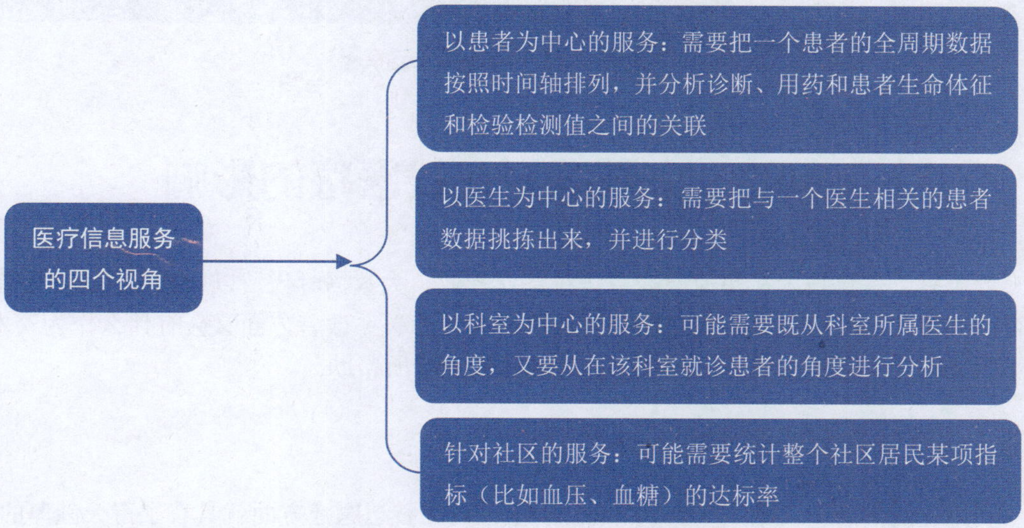
医疗信息服务的四个视角
以患者为中心的服务：需要把一个患者的全周期数据按照时间轴排列，并分析诊断、用药和患者生命体征和检验检测值之间的关联
以医生为中心的服务：需要把与一个医生相关的患者数据挑拣出来，并进行分类
以科室为中心的服务：可能需要既从科室所属医生的角度，又要从在该科室就诊患者的角度进行分析
针对社区的服务：可能需要统计整个社区居民某项指标（比如血压、血糖）的达标率

图 10-5　医疗信息服务的四个视角

另外，医疗大数据中心并不是简单地进行存储和备份。相比与传统的医疗数据存储，它的路径更加灵活，读写和更新的速度更快，对数据存储的水平可扩展性的要求也更高。但是，在应用方面，医疗大数据中心较高的读取速度和运行效率，可以衍生出更多地医疗医用，推动医疗行业的发展。

▶ 专家指点

医疗数据的多维度和多粒度为各种信息服务的多角度分析提供了可能，但同时也为大数据分析带来了挑战：不可能为每一种信息服务存储一份特定优化模式的数据，况且也无法枚举出所有可能的信息服务需求。这样在医疗数据分析的过程中就不可避免地需要对大量 XML 文档进行解析和对各种关系进行推理。这样的数据分析处理过程比之前提到的互联网数据处理要复杂得多。

10.1.5 医疗数据的解决方案

根据医疗行业大数据的特性，可得出特有的大数据解决方案，如图 10-6 所示。

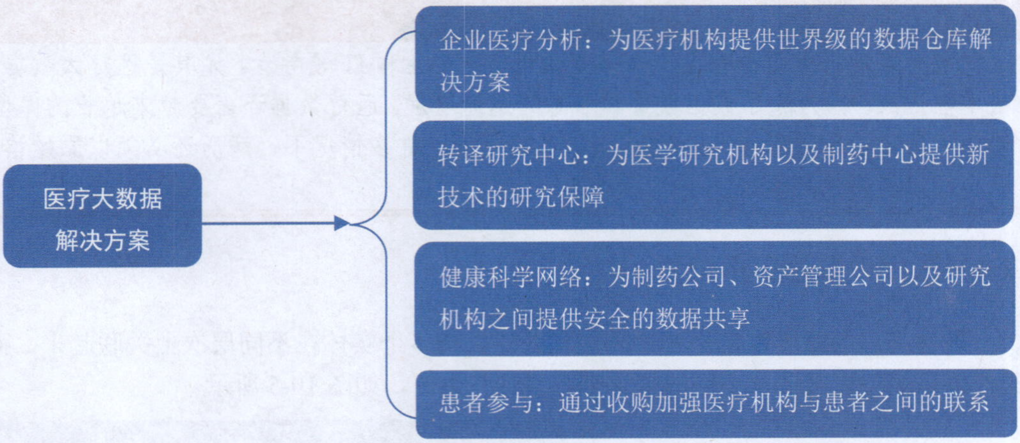
医疗大数据解决方案
企业医疗分析：为医疗机构提供世界级的数据仓库解决方案
转译研究中心：为医学研究机构以及制药中心提供新技术的研究保障
健康科学网络：为制药公司、资产管理公司以及研究机构之间提供安全的数据共享
患者参与：通过收购加强医疗机构与患者之间的联系

图 10-6　医疗大数据解决方案

10.2　大数据对在线医疗的影响

近年来，信息技术在快速改变着传统医疗行业。大数据时代，以数据为内容的移动医疗是否会颠覆传统医疗模式？它在医疗资源整合和医患关系改善方面又会有什么作为？本节将例举四大医疗平台的商业应用案例，希望能对读者有所帮助。

10.2.1　AI 阿里云医疗

利用先进的阿里云数据平台和算法，阿里巴巴在智慧医疗方面就具有了得天独厚的优势，如图 10-7 所示。

自动分割
采用尖端核心算法
处理速度快
准确率高
定量预测

图 10-7　阿里巴巴智慧医疗算法

为了提升医疗机构服务能力，提高居民个人健康水平，阿里巴巴特地推出了阿里云医疗健康行业解决方案，如图 10-8 所示。

图 10-8　阿里云医疗健康技术框架

阿里巴巴以行业中台、大数据中台和 AI 中台为基础，打造了一系列健康信息平台，例如公共卫生云、药事服务云和医防联动云等，为老百姓提供了便捷的就医服务，为政府提升了行业治理水平，为医院提高了就诊效率。

云 HIS 解决方案是面向医院建立的统一数字化医疗服务流程，如图 10-9 所示。从数据采集到门诊，再到住院和形成病历，都可以通过云 HIS 解决方案进行全面管控，且部署方式十分灵活，支持各种医疗业务创建，在许多医院都得到了良好地实践认证。

图 10-9　云 HIS 解决方案

另外，阿里巴巴在医疗影像方面也取得了巨大的成就，如图 10-10 所示。一般来说，医疗行业要求医学影像要保留 15 年以上，这对医院的存储能力是一项非常大的挑战。传统的存储不仅成本高，读取速度慢，还需要反复检查。而阿里云无需修改接口，就可以为医院提供海量的云存储空间，从影像存储到影像智能，实现了医疗资源的备份和扩容。

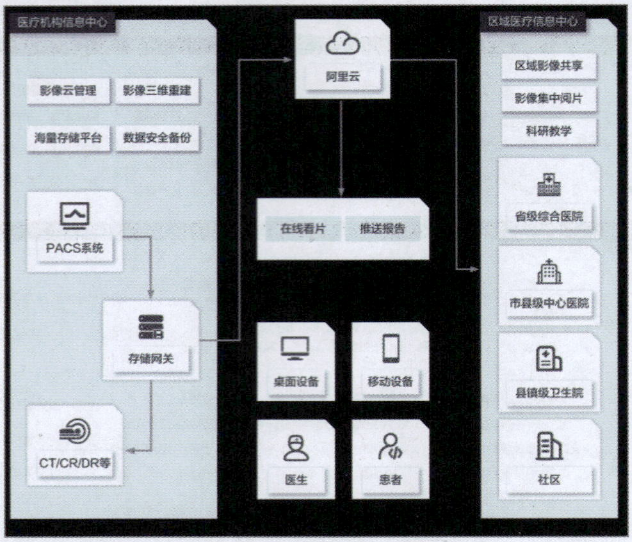

图 10-10　影像云解决方案

阿里巴巴的影像云解决方案为医疗数据搭建了统一的共享平台，在社区、县镇级卫生院、市县级中心医院和省级综合医院都得到了广泛地应用。

讲到医疗数据的管理，各位读者可能就会想到这么庞大的数据库，如何来保障它的信息安全呢？作为科技发展的巨头企业，阿里巴巴提交了一份完美的答卷，如图 10-11 所示。阿里云达摩院使用自主研发的深度学习算法，在全球各地域进行部署，其系统完全符合个人数据隐私的相关规定。

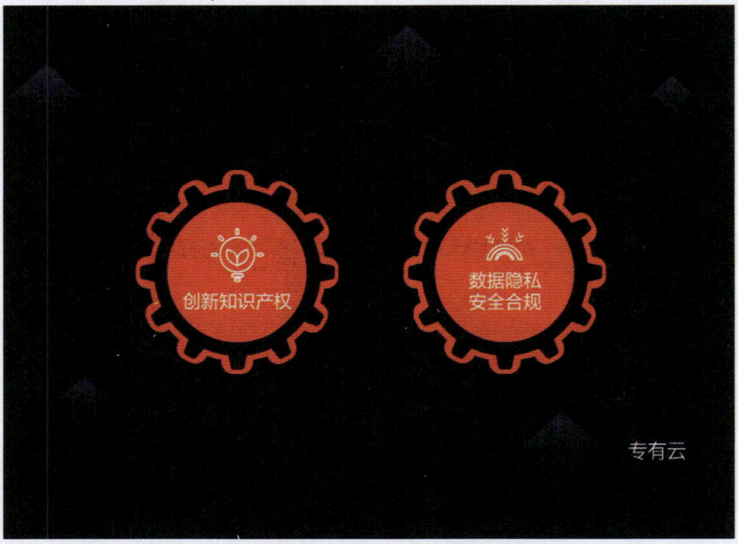

图 10-11　数据隐私安全合规

10.2.2　艾信智慧医疗

艾信智慧医疗是我国在智能物流领域，唯一拥有全栈式医疗产品组合的企业，如图 10-12 所示。它是集医院智能中型箱式物流、医用智能气动传输系统、医用智能接驳机器人和医用智能轨道小车系统为一体的高新技术企业，可帮助医院完成物资传输的数字化转型。

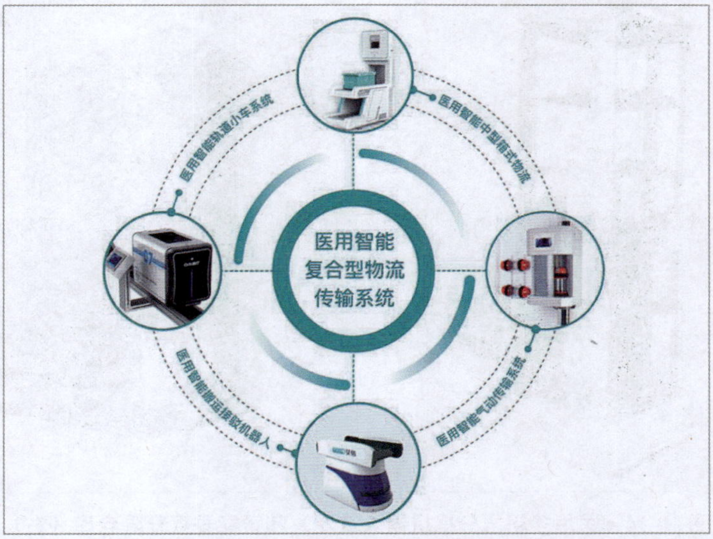

图 10-12　医用智能复合型物流传输系统

智能轨道小车还可以根据医院实际建筑结构调整布局，通过数据中台的智能调控，可以实现水平和垂直方向的医用物资运输，如图 10-13 所示。

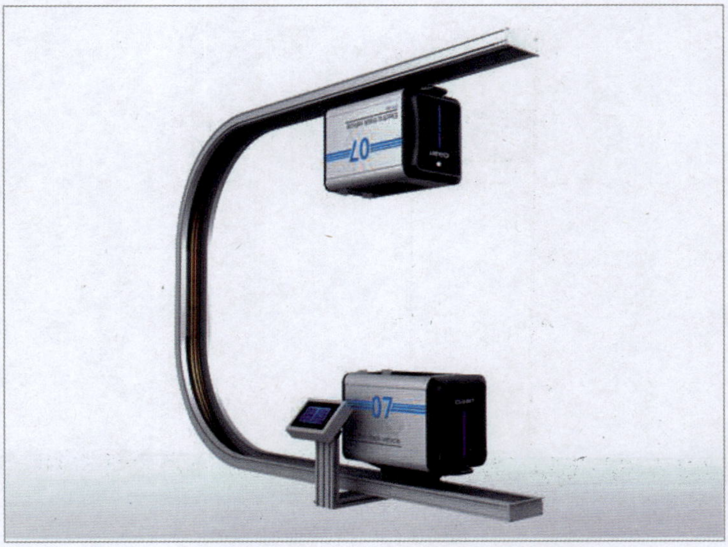

图 10-13　医用智能轨道小车

医用智能轨道小车物流系统具备消毒功能和智能水平感控技术，可以运输一次性无菌物品和不能倾斜的试剂或血液样品，还具有智能上锁功能，提高了贵重药品的运输安全。

艾信企业还自主研发了医用多箱层分拣机器人和智能垂直升降仓库，如图 10-14 所示。分拣机器人通过二维码导航，可以自动行驶，并可以根据数据后台精准拣选药品，无需人工干涉，全自动出入库，准确率可以达到 99.9%。智能垂直升降仓库是给医院手术部以及消毒供应室提供物资存储和输送的智能方案，可以自动分配出库下架货位，降低了人力成本。

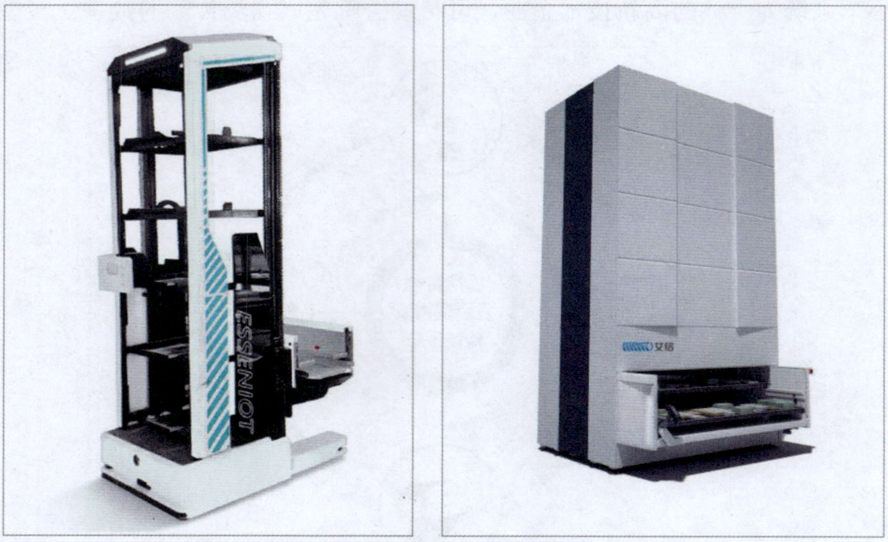

图 10-14　医用多箱层分拣机器人（左）和智能垂直升降仓库（右）

艾信企业还专门为手术室设置了麻醉药房，如图 10-15 所示。采用智能管理权限，例如指纹和 RFID 读卡等人工智能技术，该系统可以对药品进行动态存储管理，还具有智能取药导航功能。

图 10-15　麻醉药房

信息化和智能化的药品权限管理和储存管理有利于后期追溯和审查，保障了相关人员的安全，也防止了一些不法人士想要窃取药品的行为，提高了药品管控的安全性，满足了国家法规对手术药品的管理要求。

艾信企业还具有医用智能垃圾被服处理系统，如图 10-16 所示。该系统是一个高效率的固体废物回收系统，能对医院内所有的生活垃圾和床单被罩等非医疗性垃圾进行自动智能传输和收集处理。

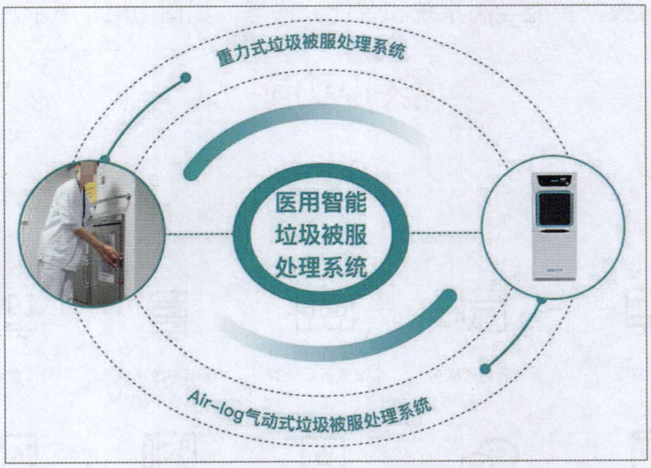

图 10-16　医用智能垃圾被服处理系统

通过艾信物资云平台对数据的智能调控和管理，可以实现多部门物资数据管理系统的对接，它的后勤管理系统也为现代医院数字化建设提供了保障。

图 10-17 所示，为重力式垃圾被服处理机。该系统通过实现铺好的管道，利用重力和人工智能技术，形成自成一体的医院生活垃圾收集系统，可以有效避免二次污染。

图 10-17　重力式垃圾被服处理机

10.2.3　安想智慧医疗

安想智慧医疗又称为平安联想智慧医疗，是新一代智能医疗技术代表力量。平安是每个家庭最美好的愿景，安想智慧医疗秉持着以患者为中心的理念，致力于为每一个家庭创造健康绿色的生活环境。安想智慧医疗分为智慧医院、智慧医疗和智慧健康三大部分。

顾名思义，智慧医院是专为医院打造的一系列综合业务系统，具有许多核心功能，例如线上预约管理、后台数据智能导医系统和智能分诊等，如图 10-18 所示。

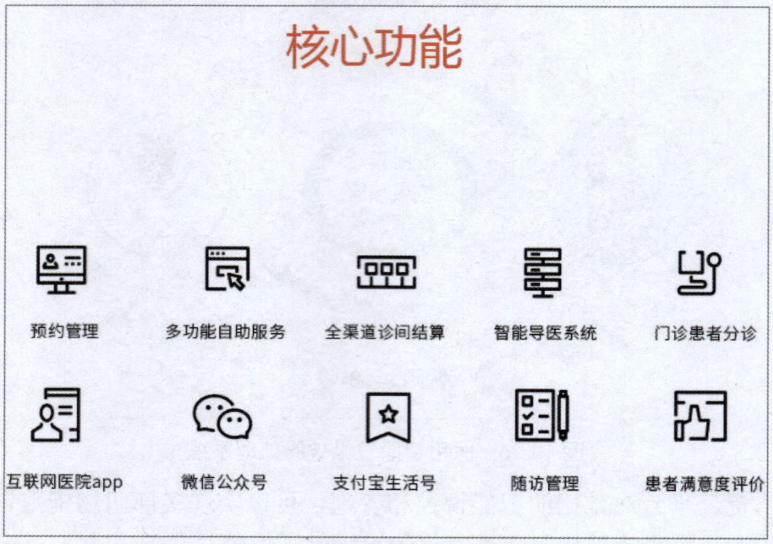

图 10-18　智慧医院核心功能

临床系统是安想智慧医疗的一大亮点，通过移动护理可以将医护业务拓展到手持终端，形成一个动态和实时的智能平台，例如智能提醒，为患者提供更高效的服务，如图 10-19 所示，这些移动应用的背后都是大数据工作和运行的体现。

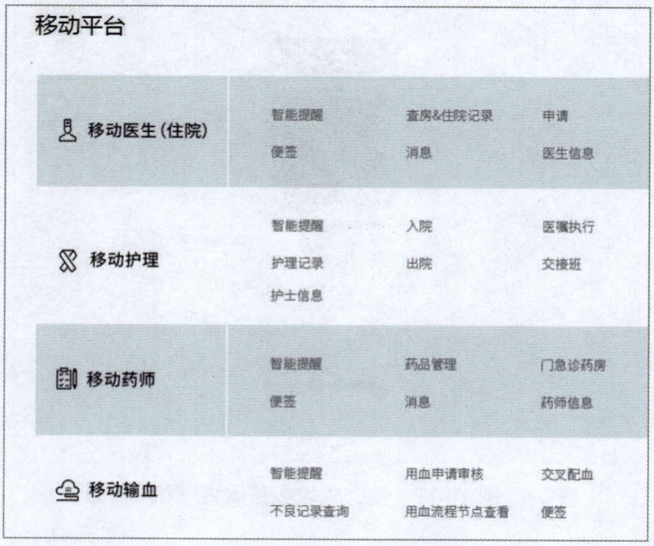

图 10-19　移动护理平台

这一系列智能化的操作都归功于安想智慧医疗的三大虚拟化系统，即服务器虚拟化、存储虚拟化和网络功能虚拟化，如图 10-20 所示。

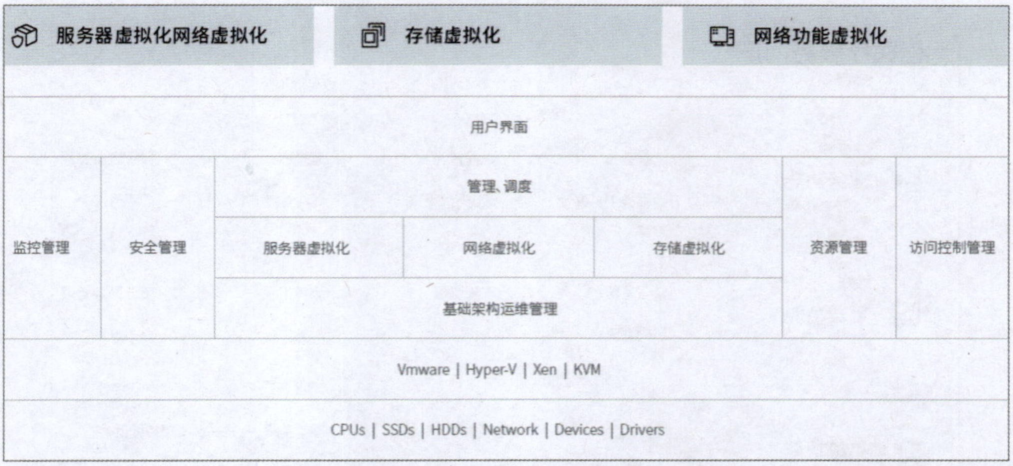

图 10-20　三大虚拟化系统

> **▶ 专家指点**
>
> 这三大虚拟化系统又统一称为联想私有云解决方案，是基于大数据、5G、计算机视觉技术和图像识别等 AI 技术，将医院复杂的诊疗流程数字化，将计算、数据存储和网络深度融合，为医院实现集中化管理的智能平台。

基于联想私有云解决方案，安想智慧医疗还设置了医院专业细分系统——自助机，如图 10-21 所示，为患者打造了诊前、诊中和诊后的一体化服务，实现了自助挂号、自助候诊、自助缴费和自助打印等功能。

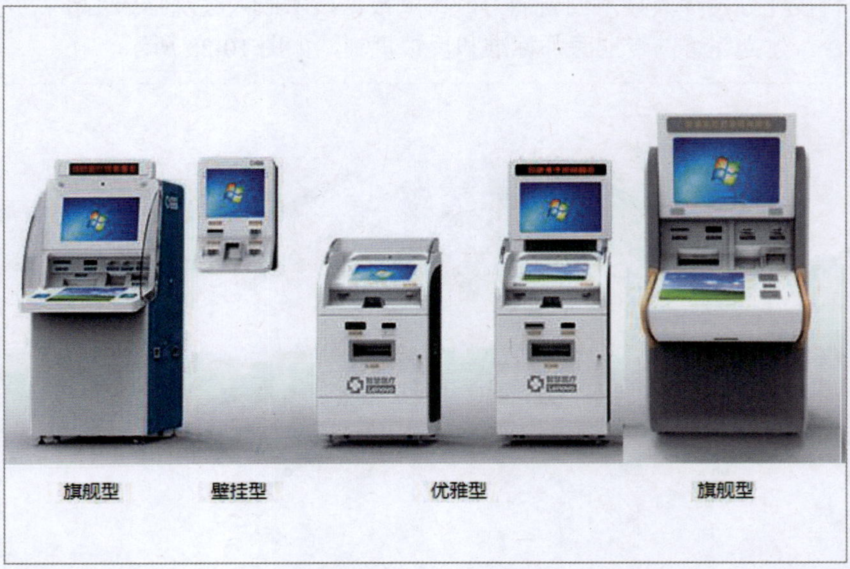

图 10-21　自助机

为了积极响应国家医改政策，安想智慧医疗利用互联网基础架构和人工智能图像、视频和定位等技术，还能实现远程会诊、双向转诊、远程重症监护、远程影响诊断和远程心电诊断等多功能，如图 10-22 所示。

远程医疗服务门户

业务功能	远程会诊	远程预约	双向转诊	远程影像诊断
	远程多学科会诊	远程手术示教	远程重症监护	远程监控
管理功能	认证管理	权限管理	服务目录	资源配额管理
	机构管理	统计分析	财务计费	分成管理
集成功能	医疗平台集成适配及监控		协作音频、视频平台集成适配及监控	
	在线临床数据中心集成适配及监控		在线即时通讯平台集成适配及监控	

图 10-22　远程医疗

10.2.4　依图智能医疗

依图科技凭借其先进的基础科技研究，在大数据、自然语言处理、计算机视觉以及算法推理方面均有突破，秉持着将大数据与行业相结合的理念，用技术推进行业的发展。

依图科技的全域式自研技术应用在智能城市、智能医疗和智能商业等多个领域。在医疗方面，依图科技充分发挥其技术创新能力，将大数据技术嵌入医院临床工作，并形成智能互联网医疗平台，建立完善的专业医师标准和反馈机制，如图 10-23 所示。

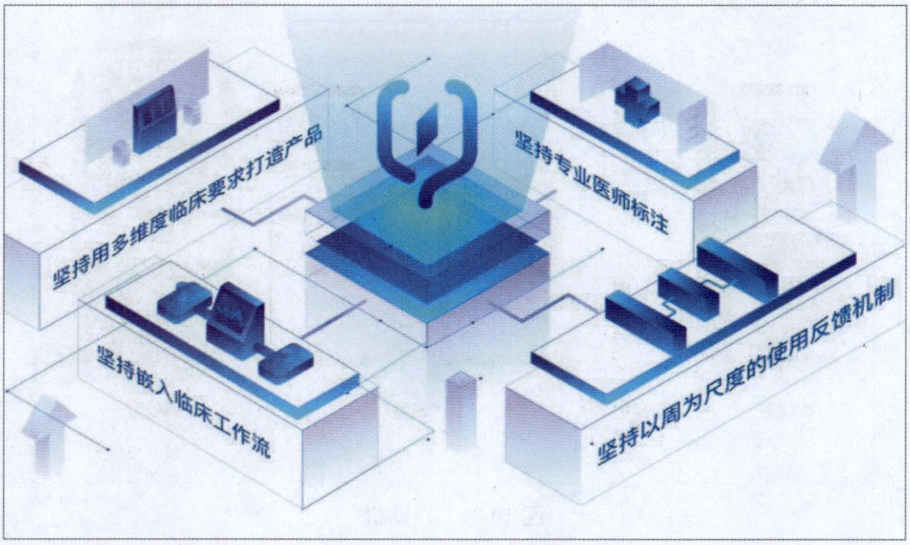
坚持用多维度临床要求打造产品
坚持专业医师标注
坚持嵌入临床工作流
坚持以周为尺度的使用反馈机制

图 10-23　依图科技智能医疗

基于依图科技完善的的医疗知识图谱体系和云计算技术对医疗数据进行深度挖掘、提取与结构化处理，可为医院提供云计算＋大数据的科研平台，连接多项医疗业务。另外，依图科技利用人工智能语音技术连接手机终端，为每一位用户打造了智能语音助手——“小依”，如图 10-24 所示。“小依”具有强大的数据库，可以为用户提供基本医学问题的解答。

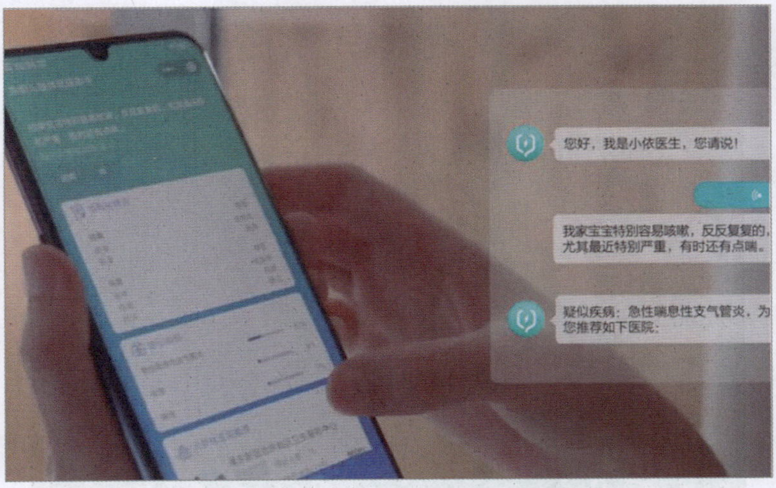

图 10-24　“小依”辅助诊疗

“小依”可以将语音转化为文字，帮助用户解决基础医疗问题。当它遇到紧急情况或难以处理的场景，就为用户推荐附近医院，让人人都能享受更好的医疗环境。

依图科技的人工智能技术与硬件的结合则体现在其儿童生长发育智能测评方案上，如图 10-25 所示。将全防护 X 骨龄摄片与人工智能测评系统深度融合，并对其摄片数据进行深层次分析，依图科技在帮助儿童进行疾病早筛和解决儿童放射辐射方面做出了巨大贡献。

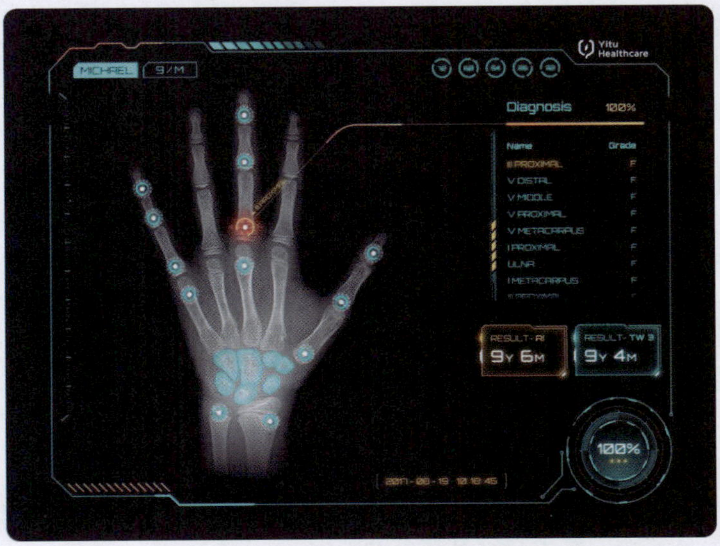

图 10-25　儿童生长发育智能测评

基于以上技术成果，依图科技联合广州妇女儿童医疗中心还研发了利用人工智能技术诊断儿科疾病的重磅科研成果，并在国际著名医学期刊《Nature Medicine》发表，对临床智能诊断来说具有重要意义。

基于 3D 的算法模型，依图科技还研发了胸部 CT 智能 4D 影像系统，如图 10-26 所示。

该系统可以智能诊断胸部以及肺部的常见病变，并根据以往的案例对其数据进行全面的量化和智能分析，为临床影像诊断提供了丰富的决策信息。

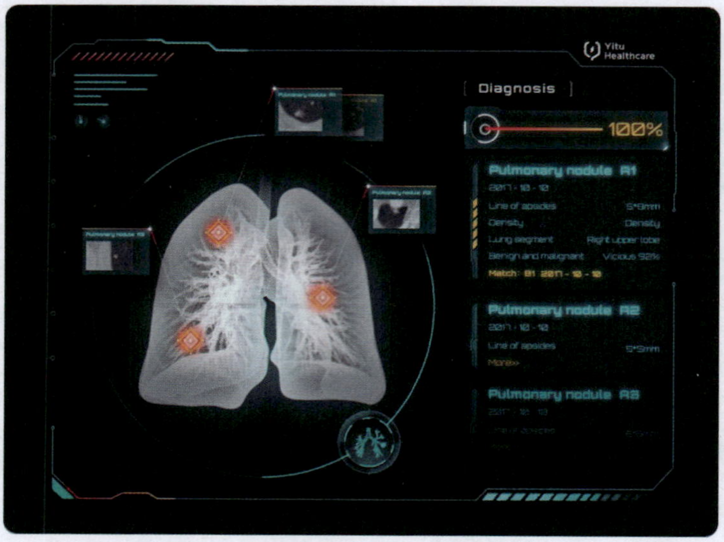

图 10-26　智能 4D 影像系统

10.3　医疗行业大数据应用案例

随着科技的发展，智慧医疗有着日益广阔的发展空间。各大龙头企业也不甘落后，积极拓展医疗业务，形成了当今智慧医疗市场欣欣向荣的局面。本节主要介绍医疗行业大数据的应用案例。

10.3.1　基因组测序

北卡罗莱纳大学（简称 UNC）致力于研究基因组测序技术，以支持其医疗系统更好地进行临床医护工作，同时推进基因组和生物基础研究。它的解决方案依赖于一个大型商业集群，该集群使用 50 个基于英特尔处理器的刀片服务器，每周最多可处理 30 个基因组。

目前，北卡罗莱纳大学在一个大型 EMC Isilon 数据系统上存储了大约 200TB 到 300TB 的基因组数据。利用 Hadoop 系统，研究人员可以进行极具针对性的分析，很好地改进了 MapReduce 结构。

总的来说，基因组测序是一项新技术，各种事项都在迅速变化中。人们提出的问题也在迅速变化，因此信息解决方案也必须具有可调整性。

由于该计划需要处理大量数据，要求管理和分析数百乃至数千人员的基因组，以满足临床医生和研究人员的不同需求。为了解决这种大数据难题，研究人员采用了三个阶段的工作流程，如图 10-27 所示。

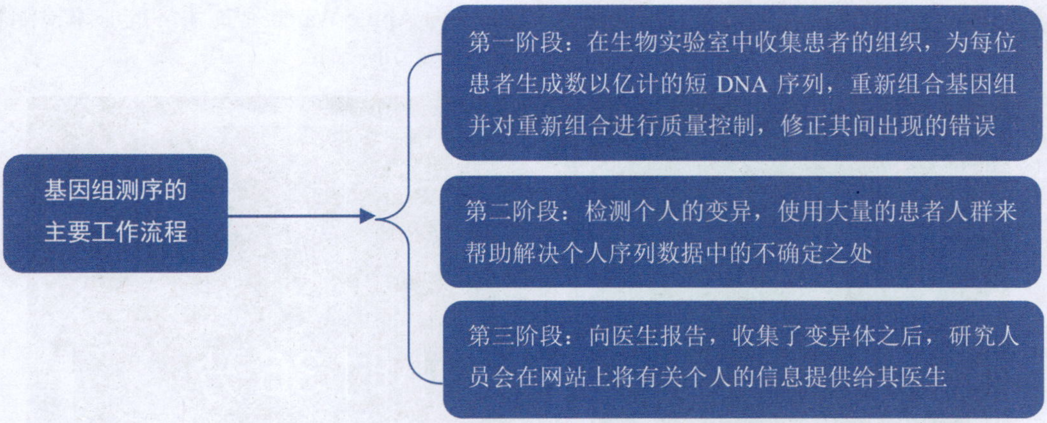
基因组测序的主要工作流程
第一阶段：在生物实验室中收集患者的组织，为每位患者生成数以亿计的短 DNA 序列，重新组合基因组并对重新组合进行质量控制，修正其间出现的错误
第二阶段：检测个人的变异，使用大量的患者人群来帮助解决个人序列数据中的不确定之处
第三阶段：向医生报告，收集了变异体之后，研究人员会在网站上将有关个人的信息提供给其医生

图 10-27　基因组测序的主要工作流程

10.3.2　手环监测血压

人们在医院测量血压时，由于特定环境产生的心理压力可能导致血压异常，而且人体的血压是动态变化的，测量一次的结果，也不能反映出心血管系统的运作状况。

Apple Watch 智能手环不仅可以检测那些血压非常高的人，还把目光瞄准那些没有任何症状的人。通过持续测量血压状况，收集大量数据，Apple Watch 智能手环可以使医生能详细了解佩戴者的血压变动，及时发现异常状况，最终将有可能利用这些数据来预测心脏病发病时间，降低心脏病和中风发病率。

Apple Watch 智能手环的血氧监测功能，可以作为衡量用户健康状况的关键指标，如图 10-28 所示。它全新的血氧传感器会得到用户手腕上的血管样本，然后人工智能算法会根据反射回来的样本，计算用户血液的颜色和含氧量。

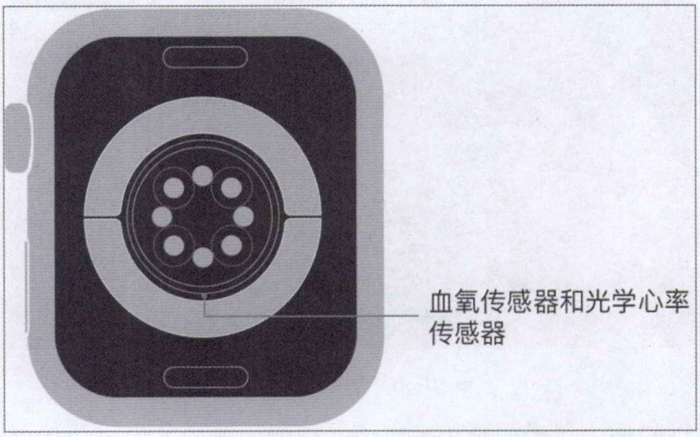
血氧传感器和光学心率传感器

图 10-28　血氧监测示例

由于它的轻巧便携，可以全天候佩戴，所以也适用于中老年人，能够实时监测健康状况。而且它还具有远程操控功能，让一些用户即使不在父母身边，也能了解他们的健康水平。

另外，心率过高或过低，都有可能发展成为严重的健康问题。但是，人们往往无法及时发现，甚至有些留守老人在睡梦中死去却无人发现。而 Apple Watch 智能手环的心率检测和睡眠作息时间记录功能，可以解决这一大问题，如图 10-29 所示。

图 10-29 心率检测（左）和睡眠作息时间记录（右）

Apple Watch 智能手环可以检测心脏，一旦发现心率异常，就会发出警告提醒，以便用户采取行动，及时就医。

从以上案例中可以发现，大数据的挑战不仅来自数据量的增长，还需要新技术的支持。信息化和健康整合就会关系到每一个人的生活。

图 10-30 所示，为智能血压轴带。同样地利用大数据和人工智能技术，能满足用户在家就能测血压和做心电图的需求。

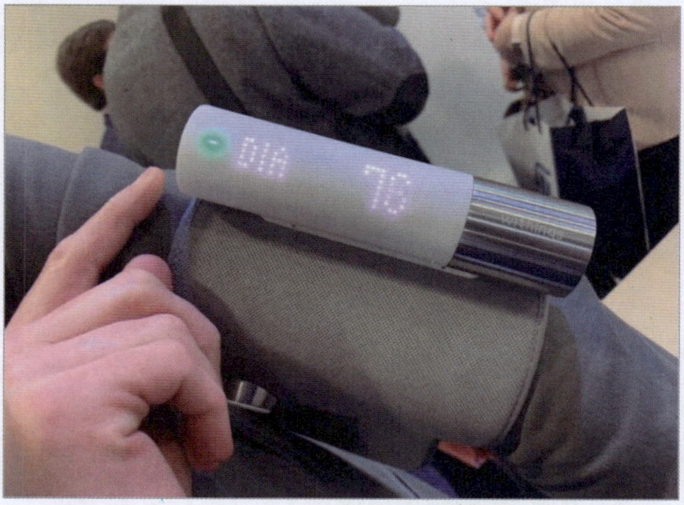

图 10-30 智能血压轴带

这个智能血压轴带的金属表面是一个数字听诊器，触摸其电极两端可以做心电图轴带可以用来测量血压，听诊器可以监听用户心跳。最重要的一点是，通过数据传输，所有的诊断结果可以通过手机移动端共享给你的医生，然后医生给出合理建议，即在家就达到了看医生的目的，如图 10-31 所示。

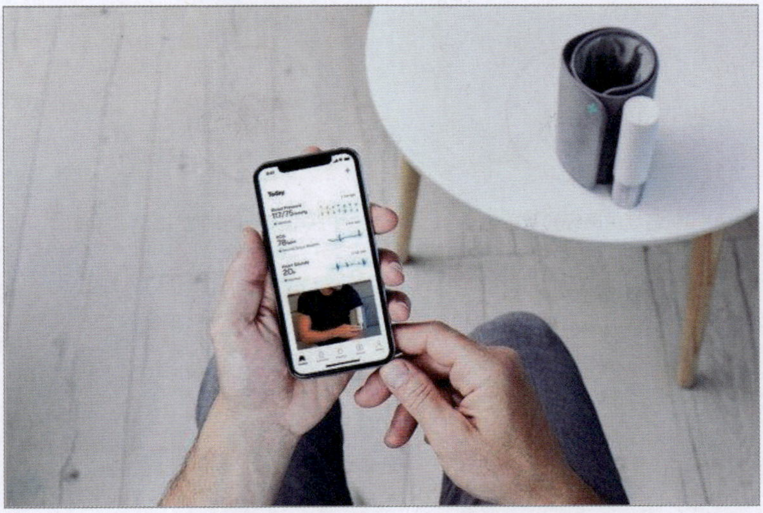

图 10-31　诊断结果共享

另外，根据血压监测的不同时段，智能血压轴带还可以自动进行数据分析，并能实现一键导出用户血压分析状况图，如图 10-32 所示，为医生诊疗提供了数据决策依据。

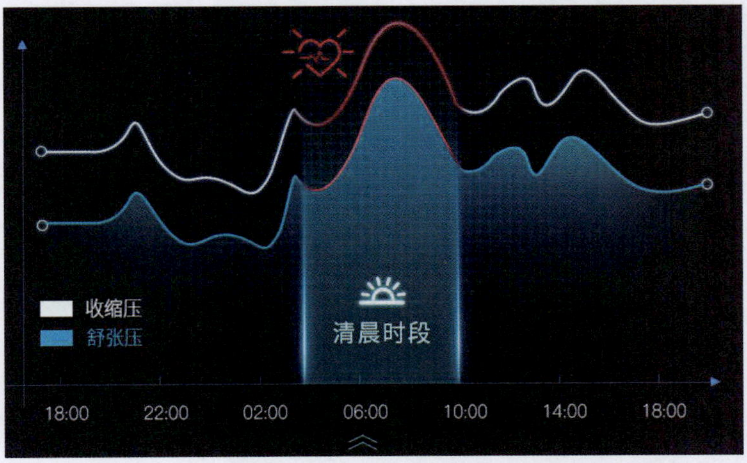

图 10-32　血压分析状况图

10.3.3　智慧中医大数据

“大经中医”是将中医药学与大数据和人工智能等技术相结合的高科技企业，主要目的是促进中医的信息化和智能化的发展，跟上时代的潮流。在中医行业，“大经中医”实现了诊疗数据的结构化记录以及数据的智能化统计分析，并形成了智能化的传承系统，如图 10-33 所示。

针对医院多源化的业务系统数据，“大经中医”还打造了一套从数据采集到数据治理、数据检索、数据清理及数据转化的具有中医特色应用的全流程一体化中医科研需求，如图 10-34 所示。

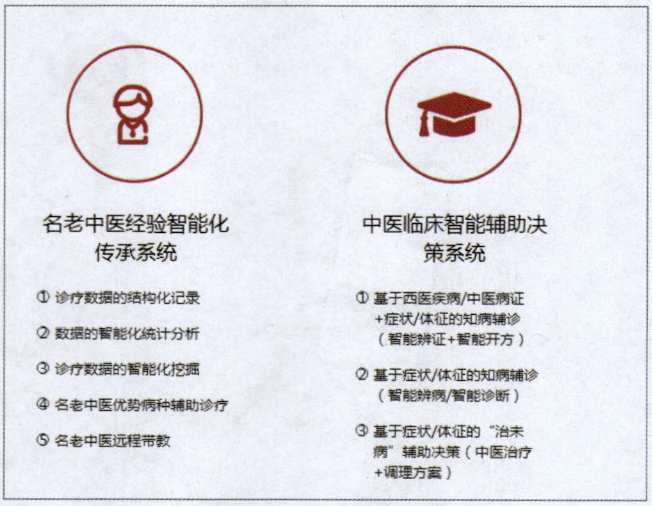

图 10-33　中医智能化传承系统

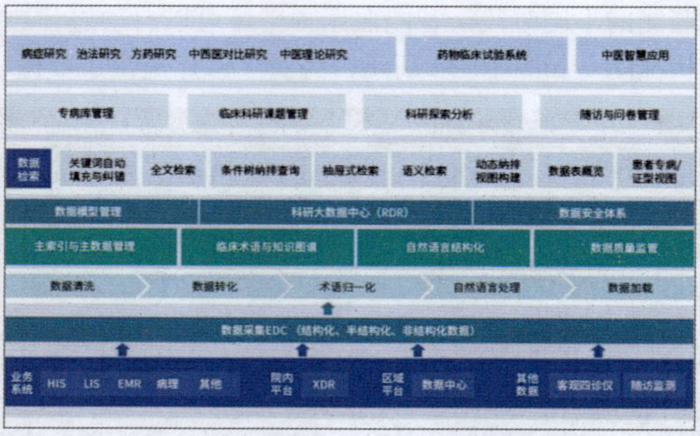

图 10-34　全流程一体化中医科研需求

本章小结

本章首先通过对医疗大数据的特征、应用框架、挑战和数据解决方案进行介绍，让读者对医疗行业大数据有了初步的认识，然后通过例举 4 大在线医疗大数据平台和一些医疗产品，详细介绍了大数据对医疗行业的影响。

本章习题

1．对于医院来说，医疗大数据存在哪些挑战？

2．医疗信息服务可以从哪些视角来观察这些数据？

第 11 章　服装和餐饮大数据应用

本章导读

衣食住行是人们的基本需求，所以很多人在创业时会把眼光放在这四大行业，而这其中当属服装和餐饮行业竞争最为激烈。那么，服装和餐饮经营者如何才能让自己的投资不打水漂，如何才能做到利润最大化？利用大数据应用的特点，即可帮助服装和餐饮经营者走向成功。

本章重点

- 大数据下的服装品牌营销
- 餐饮行业大数据解决方案
- 大数据引爆餐饮用户流量

11.1 大数据下的服装品牌营销

随着移动互联网的不断发展，服装行业的移动营销模式已经日渐成熟。总的来说，充分结合移动互联网以及大数据的诸多优势是未来服装行业电商化的核心。本节将选取服装行业的移动营销案例进行分析研究。

11.1.1 Zara 品牌

目前，Zara 之所以深受全球年轻人的喜爱，是因为它多样少量的经营理念。从服装产品的策划到生产出厂，Zara 最快可在一周内完成，而它每隔三周，店内所有的服装产品一定要换新。为什么它每次换新都能抓住年轻人的“胃口”？这还得从它的大数据后台说起。

首先，Zara 推出了网上商店，用户可以通过搜索店内产品、关注官方微博和微信或下载购物 APP 订阅其时尚资讯，强化双向搜索引擎与分析功能，如图 11-1 所示。用户也可以采用邮箱的方式，将信息反馈给 Zara 官网。Zara 的后台数据中心会根据网民和用户的喜好推出符合当今潮流的时尚产品，来增加店铺的销售成绩与客流量。

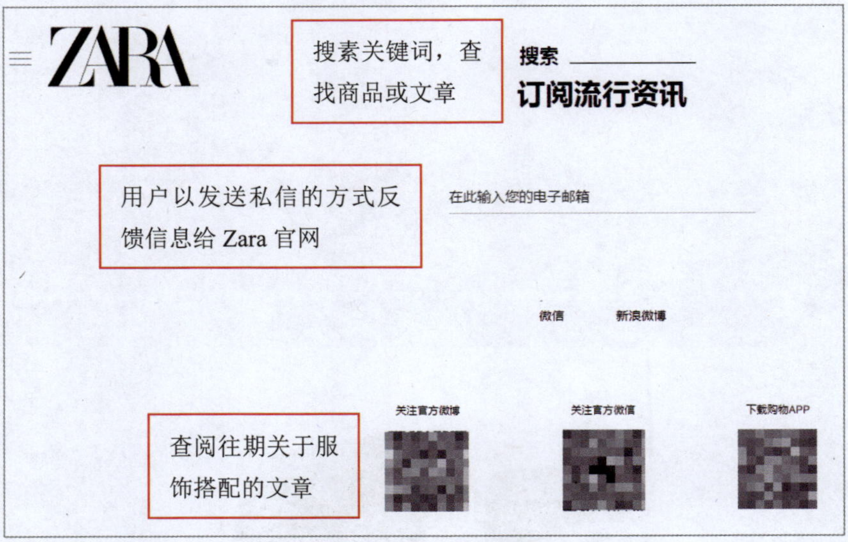

图 11-1 Zara 大数据的体现

Zara 的大数据也体现在线下店铺的购买过程中。它的数据采集首先表现在顾客在门店购买商品的过程中，顾客对店员反馈设计建议，然后店员再向分店经理汇报，最后由经理反馈给总部设计师。其次，销售人员会在每天盘点当日上架商品以及当日销售热门商品后做出销售分析报告，并将数据发往 Zara 仓储系统。它的仓储系统就会根据销售热潮，生产设计更迎合大众品味的服装产品。

Zara 通过搜集顾客资料产生的数据，除了应用在生产端，还同时被整个 Zara 集团各部门执行运作，例如客服中心、行销部、生产线和通货渠道等。通过这些海量的数据资料，可以形成各部门合作的 KPI，完成 Zara 内部的垂直整合主轴，如图 11-2 所示。

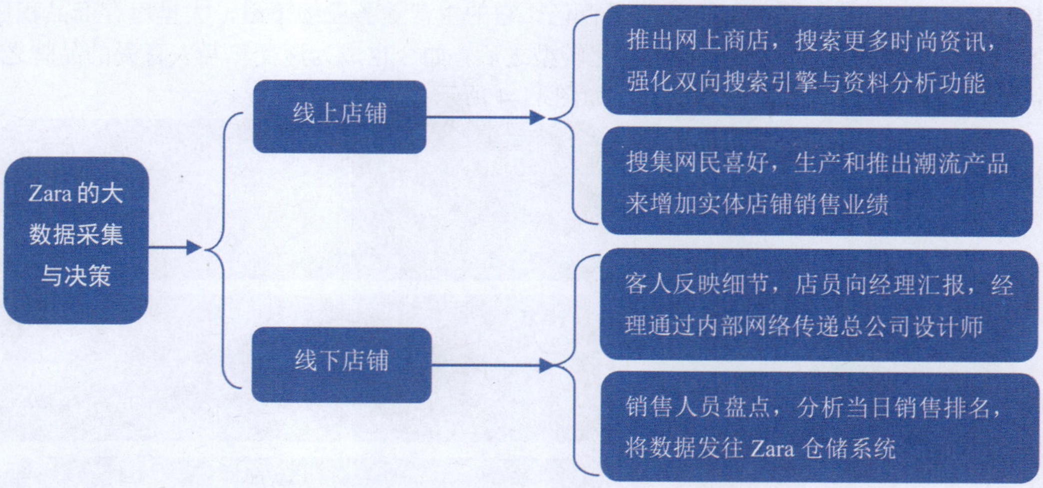
Zara 的大数据采集与决策
线上店铺
推出网上商店，搜索更多时尚资讯，强化双向搜索引擎与资料分析功能
搜集网民喜好，生产和推出潮流产品来增加实体店铺销售业绩
线下店铺
客人反映细节，店员向经理汇报，经理通过内部网络传递总公司设计师
销售人员盘点，分析当日销售排名，将数据发往 Zara 仓储系统

图 11-2　Zara 的大数据采集与决策

11.1.2　阿迪达斯

阿迪达斯的大数据之所以能精准定位市场是由经销商搜集门店销售数据发往阿迪达斯内部来操作完成的，然后内部会根据这些数据对城市消费定位和商品数据终端定位进行分析。

城市消费定位的主要区别在于一、二线城市与低线城市投放的商品重点不同；而数据终端定位则表现在哪些跑鞋更受欢迎，哪些颜色更容易让消费者接受等这些具体情况分析。这一系列的数据整合更能精准定位市场需求，解决库存难题，如图 11-3 所示。

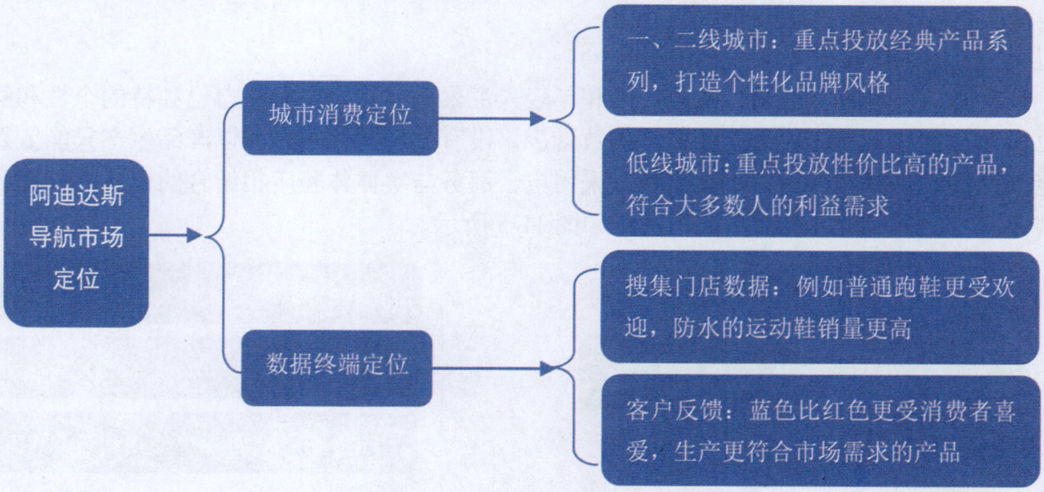
阿迪达斯导航市场定位
城市消费定位
一、二线城市：重点投放经典产品系列，打造个性化品牌风格
低线城市：重点投放性价比高的产品，符合大多数人的利益需求
数据终端定位
搜集门店数据：例如普通跑鞋更受欢迎，防水的运动鞋销量更高
客户反馈：蓝色比红色更受消费者喜爱，生产更符合市场需求的产品

图 11-3　阿迪达斯导航市场定位

11.1.3　美特斯邦威

美特斯邦威的发展可谓是起起伏伏。这家“不走寻常路”的服装企业最风光的时候市值

近 400 亿，后来又有一段时间市值不足百亿。它的主营业务业绩下滑，大量库存商品积压和滞销。但是，在它不断地尝试进行数字化转型之后，如今也成为深受年轻人喜爱的品牌之一。它的数字化转型之路具体可分为三步，如图 11-4 所示。

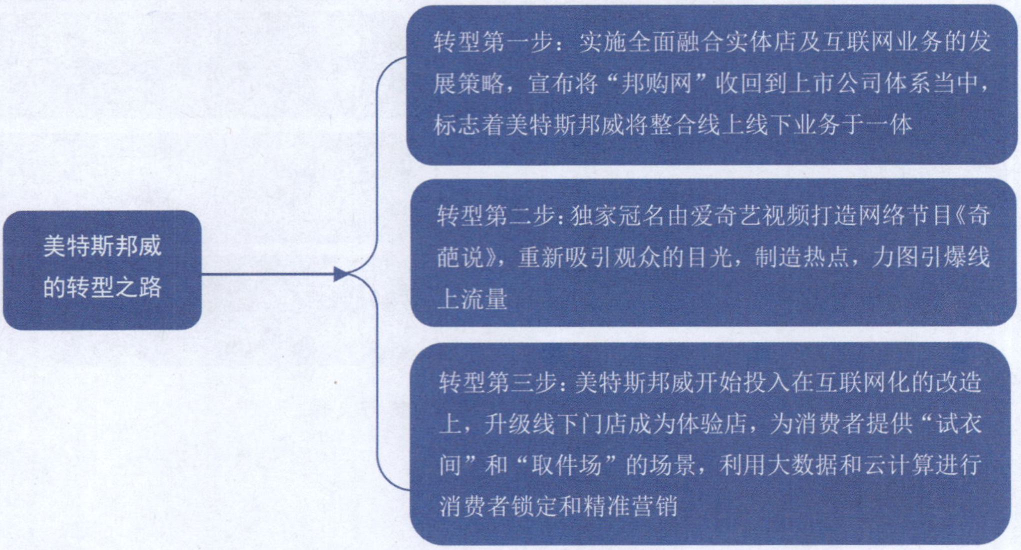
美特斯邦威的转型之路
转型第一步：实施全面融合实体店及互联网业务的发展策略，宣布将“邦购网”收回到上市公司体系当中，标志着美特斯邦威将整合线上线下业务于一体
转型第二步：独家冠名由爱奇艺视频打造网络节目《奇葩说》，重新吸引观众的目光，制造热点，力图引爆线上流量
转型第三步：美特斯邦威开始投入在互联网化的改造上，升级线下门店成为体验店，为消费者提供“试衣间”和“取件场”的场景，利用大数据和云计算进行消费者锁定和精准营销

图 11-4　美特斯邦威的转型之路

另外，美特斯邦威还通过支付宝为消费者提供便捷的支付服务，借助相互打通的体系，进一步实现数据的共享和交叉分析，让美特斯邦威可以积累更多的线上数据。通过入驻电商平台，可以说是最直接和最基本的一步。

11.1.4　裂帛服饰

裂帛是由一群具有创造力的设计师和年轻人汇聚而成，他们有着自己独特的个性和鲜明的立场。在创业初期，因为设计的产品数量少，没有工厂肯代工，所以产品生产只能依靠两台老式的缝纫机制作。后来，裂帛通过采用电子商务与实体体验店相结合的模式，打造线上与线下统一的产业链，刺激用户消费，如图 11-5 所示。

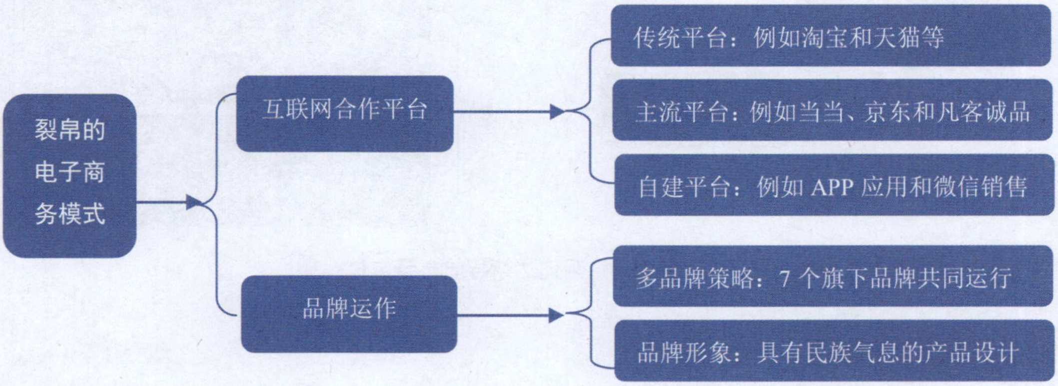
裂帛的电子商务模式
互联网合作平台
传统平台：例如淘宝和天猫等
主流平台：例如当当、京东和凡客诚品
自建平台：例如 APP 应用和微信销售
品牌运作
多品牌策略：7 个旗下品牌共同运行
品牌形象：具有民族气息的产品设计

图 11-5　裂帛的电子商务模式

通过网络电子商务的大数据模式，可以为用户消费提供更多地可能性，也为裂帛开辟了一条新的道路。在用户体验方面，裂帛可以通过逐条看评论，与买家交流，然后把买家意见糅合到下一轮的设计当中，这样的数据采集方式也就是典型的人机思维模式，

11.1.5　优衣库

有这样一种思维定势，即电商将要冲垮大部分的实体店。但是对于运转良好的传统服装品牌来说，网络销售状况火爆，并不代表着重心的转移和实体店销量的下降，这其中最有代表性的当数优衣库。优衣库有一个很聪明的举动，即以 APP 推广的方式向用户推送打折优惠券，并在特定的时间进行打折活动，其目的主要有以下四点，如图 11-6 所示。

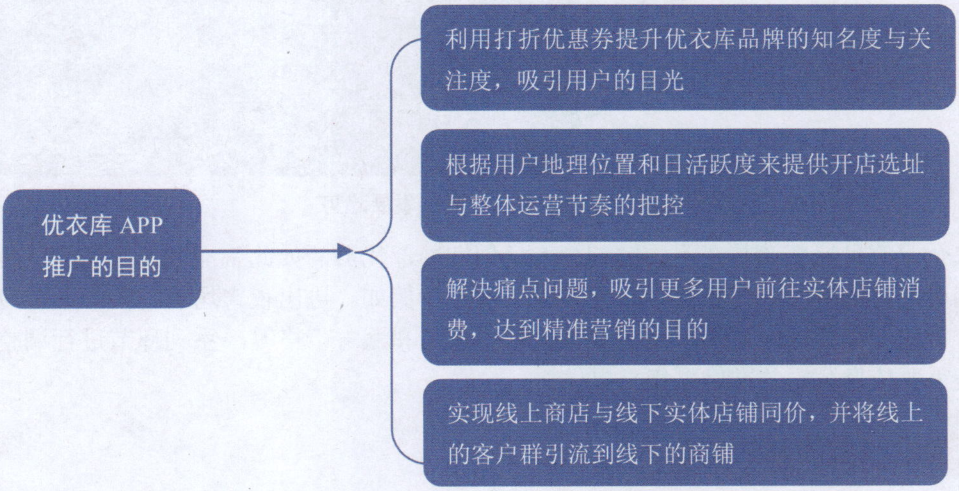
优衣库 APP
推广的目的
利用打折优惠券提升优衣库品牌的知名度与关注度，吸引用户的目光
根据用户地理位置和日活跃度来提供开店选址与整体运营节奏的把控
解决痛点问题，吸引更多用户前往实体店铺消费，达到精准营销的目的
实现线上商店与线下实体店铺同价，并将线上的客户群引流到线下的商铺

图 11-6　优衣库 APP 推广的目的

用户在网上看到打折活动，若附近刚好有优衣库门店，就会产生想要试一试的想法。这些目的的最终核心价值是利用 APP 数据精准指导线下门店在中国的选址区域，最终实现精准营销。

11.2　餐饮行业大数据解决方案

面对着这个市场信息爆炸的时代，餐饮行业数据挖掘该怎么做，要如何利用大数据进行准确精准的餐饮市场定位呢？本节将重点分析餐饮行业数据挖掘的市场现状和前景。

11.2.1　餐饮行业的市场现状

面对全行业过度竞争的局面，如何创造局部的优势，对全体餐饮人来说是很大的挑战。如果在一个细分市场没有优势，就会陷入到同质化的竞争中去，对企业的生存和发展都将是非常困难的。这些优势有可能是局部的优势，有可能是地点或地域的优势，也有可能是一部分特征人群的优势。图 11-7 所示，为中国餐饮行业的发展趋势。这样的大背景对餐饮经营者

的决策产生了更高的要求。

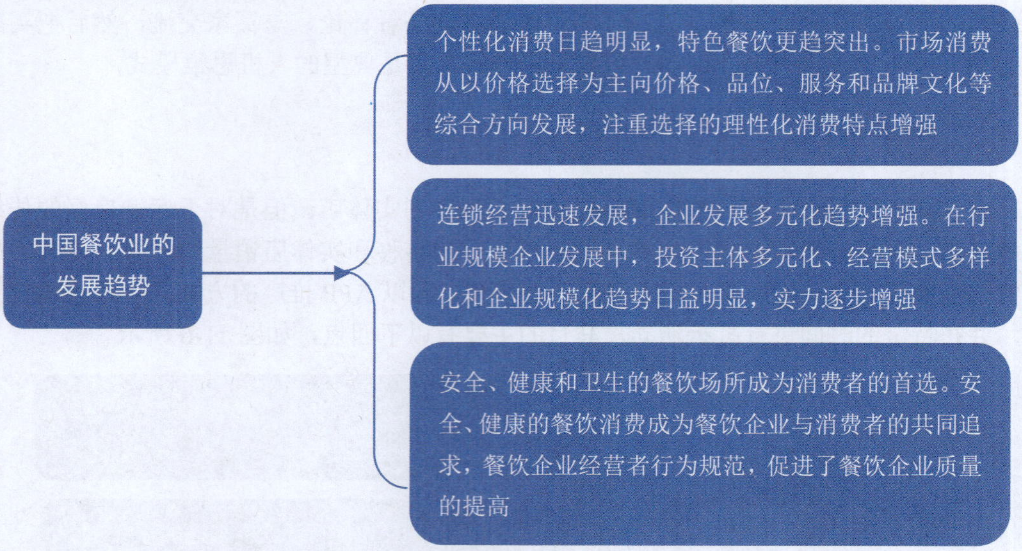
中国餐饮业的发展趋势
个性化消费日趋明显，特色餐饮更趋突出。市场消费从以价格选择为主向价格、品位、服务和品牌文化等综合方向发展，注重选择的理性化消费特点增强
连锁经营迅速发展，企业发展多元化趋势增强。在行业规模企业发展中，投资主体多元化、经营模式多样化和企业规模化趋势日益明显，实力逐步增强
安全、健康和卫生的餐饮场所成为消费者的首选。安全、健康的餐饮消费成为餐饮企业与消费者的共同追求，餐饮企业经营者行为规范，促进了餐饮企业质量的提高

图 11-7　中国餐饮行业的发展趋势

餐饮企业的目标应该是在不同的细分市场创造局部优势，如此就能在一个完全竞争的环境中，创造相对的垄断，为企业带来生存上的保障。例如，进出夜宵场所的核心顾客应该是加班族，针对其主要顾客层级，企业要从选址、产品和服务价格等一系列环节进行调整，当然前提是需要依靠数据的准确采集与提供。

11.2.2　餐饮行业面临的挑战

中国菜也是世界上最全面、最丰富的菜别。可是为什么中国餐饮一直做不大呢？面对国外餐饮行业规模化和集团化经营模式，依靠经验管理和传统经营的中国餐饮企业，显然处于劣势。尤其是在大数据时代，我国餐饮行业将面临以下四大挑战。

1. 如何控制餐饮成本

餐饮行业的竞争环境发生很大变化的原因主要是由于三大成本的上升，如图 11-8 所示。

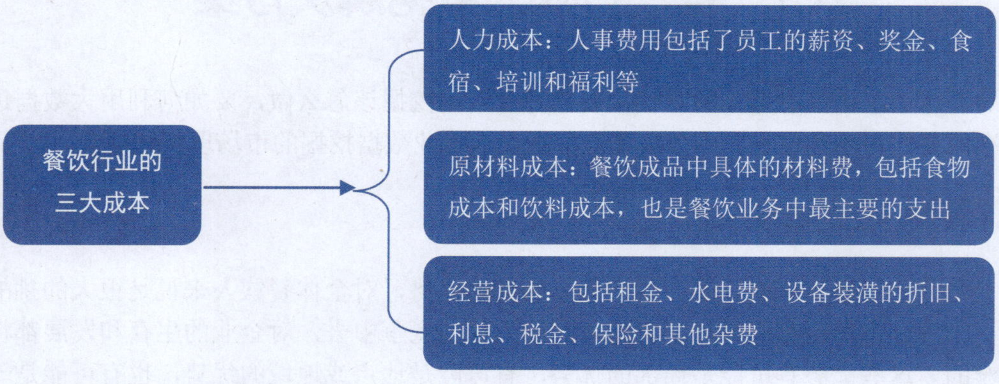
餐饮行业的三大成本
人力成本：人事费用包括了员工的薪资、奖金、食宿、培训和福利等
原材料成本：餐饮成品中具体的材料费，包括食物成本和饮料成本，也是餐饮业务中最主要的支出
经营成本：包括租金、水电费、设备装潢的折旧、利息、税金、保险和其他杂费

图 11-8　餐饮行业的三大成本

原材料成本、房租成本迅速提高和利润率下滑是目前餐饮行业基本的状态。人力成本和房租成本的上升是餐饮行业的必然趋势和刚性需求。在大数据时代，如何控制成本成了餐饮行业首要解决的问题。

2. 如今进行多渠道消费

在社会消费的引领者中，多渠道消费的特点十分明显。目前，大部分餐饮企业都是采用实体店经营的方式，在多渠道消费上的注意力则略显不足。如何在多渠道消费领域升级服务，是摆在餐饮行业每一个企业家面前的难题。

现阶段，一项全新的信息化应用服务——餐前的网络订餐悄然兴起，有的企业自建了订餐平台，有的则使用第三方服务平台为消费者提供网络支付和商家结算。用户通过互联网，能足不出户，轻松闲逸地实现自己订购餐饮和食品（包括饭、菜、盒饭和便当等）的一种网络订餐形式。

例如，用户可以使用美团 APP 进行网上订餐，如图 11-9 所示。根据后台大数据的统计与分析，美团 APP 还会自动推荐符合用户口味的外卖商家，并赠送常用商家的优惠卷，进行促销活动。

图 11-9　美团 APP

另外，用户到餐厅以后，还可以实现用平板电脑或智能手机扫描桌面上的二维码进行点餐。客户在用餐过程中可以进行抽奖活动，用餐之后还可以利用网站进行点评。现阶段消费者已经越来越倾向于多种渠道的消费模式。

如果随着未来人工智能技术与大数据研究地深入进行，美团还可能实现大规模地无人配送，对其行业发展来说，将是一场巨大的变革。

在 2020 年 10 月，美团宣布首家 AI 智慧门店 MAI Shop 正式开业，它将 AI 技术与机器人结合，实现了无人微仓＋无人配送的运营模式。例如，用户在任意一个首钢园区内的美团站牌下单，MAI SHOP 系统就会迅速响应，通过 AGV 小车完成配货以及打包服务。

据数据统计，美团无人配送车的平均配送时间为 17 分钟。美团 AI 智慧门店将大数据技术与人们的生活场景相结合，实现了餐饮行业人、货、场三者的统一。

针对市场的不同需求，美团还提供了不同的配送模式，例如巡游模式、仓配一体模式和智能末端模式等，实现了不同场景的配送服务，如图 11-10 所示。

Y先生，请取餐哦
PLEASE TAKE

图 11-10　巡游模式

3. 如何跟上大数据的步伐

云计算和大数据等新兴技术的快速发展，成为推动社会发展的重要因素，对餐饮行业的影响也很深远，这些新应用正潜移默化地改变着餐饮行业的发展方式。

如今，很多餐饮企业都转向应用云计算发展，摒弃了原来繁杂的CS（Customer Satisfaction）顾客管理方式。运用云计算可以有效降低管理成本，快速升级和快速部署，更为迅速地对市场和消费者需求进行反应。现在很多餐饮企业大幅度增加 IT 方面的投资，强化信息化技术管理，加速推动整个餐饮行业的 IT 信息技术建设。

▶ 专家指点

由于历史和技术的种种原因，餐饮企业的信息化建设缺乏长期的规划，因此逐渐形成了信息孤岛。当企业规模达到一定程度时，这些孤岛便成为影响企业运营效率和流程的阻碍，因此财务流程一体化的协同管理将成为未来的主流应用。

很多餐饮企业已经由原来的业务管理信息化，逐步提升到业务管理精细化。很多具有一定规模的餐饮企业已经完成了核心业务模块的信息化建设，接下来的重点是管理信息化向管理精细化的过渡，向管理要效益。在餐饮企业，数据的挖掘和分析也将得到更多的应用。餐饮行业已经积累了大量的历史数据，如何有效地利用这些数据，需要专业的工具和手段支持。企业对用户就餐体验的深入关注，将会使智能终端的应用越来越广泛。

为了给消费者提供更好的消费体验，餐饮企业内的智能终端应用将越来越丰富，目前两种主要的终端应用平台一个是基于 IOS 系统，另一个是基于安卓系统。餐饮企业通过设备和顾客进行深层的互动，获得消费者的评价信息和调查数据。

4. 餐饮企业如何面对数据的挑战

目前，餐饮行业很少提及大数据这个概念，毕竟中国信息化建设只有 30 年左右的时间，具体到餐饮行业充其量不超过 10 年。因此，餐饮行业信息化的建设仍然属于“人治”的状态，随意性比较大，尚未形成信息化和规范化的管理制度，缺乏对信息化的实施和控制。

信息化决策机制不完善，风险管理缺位，数据没有使用起来，导致企业管理很大程度上要依赖于个人领导力，这也会增长信息化的风险和不确定性。此外，餐饮行业也存在找不到信息化中心的问题，这些都会影响信息化的成功实施。

对于还未进行信息化策略的中小餐饮企业来说，首要任务是使用信息技术来提高自身的管理水平，将中国的传统饮食与现代信息化管理充分结合，实现餐饮上的成本控制和运营控制，从而收获效益。

对于已经做好 IT 规划成长型的餐饮企业来说，要有一定的前瞻性，制定三五年的中长期规划，避免信息规划不统一，甚至产生信息孤岛的情况。信息规划是动态匹配的过程，是用具体的 IT 技术最大程度地解决和满足企业的业务需求的过程，所以在 IT 规划前必须先进行组织业务的规划。

11.2.3　大数据对餐饮的作用

在大数据时代，集成化和个性化是企业运营的典型特征，如图 11-11 所示。

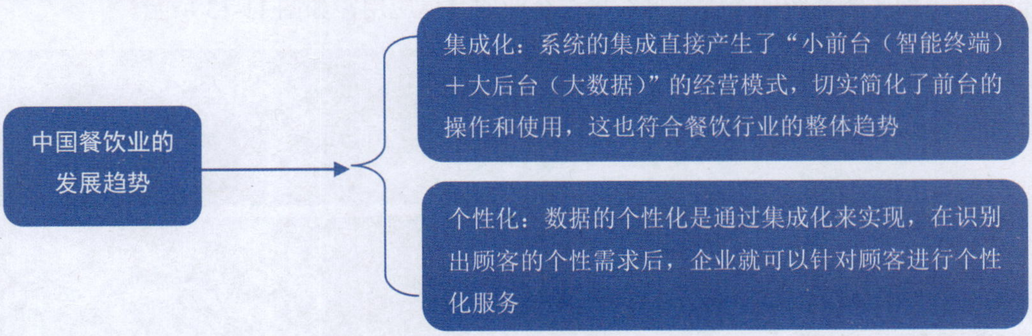
中国餐饮业的发展趋势
集成化：系统的集成直接产生了“小前台（智能终端）+大后台（大数据）”的经营模式，切实简化了前台的操作和使用，这也符合餐饮行业的整体趋势
个性化：数据的个性化是通过集成化来实现，在识别出顾客的个性需求后，企业就可以针对顾客进行个性化服务

图 11-11　中国餐饮行业的发展趋势

集成化另一种方式是数据的集成，比如银行在这方面的应用。当外出消费时，通常会收到银行的短信提醒，内容是消费金额以及获得积分奖励等内容。集成化前端的简化将有效减少系统使用的培训工作。

如何才能使数据的挖掘和应用做得更好？这就需要企业对消费行为有更深刻的识别。云计算可称之为集成化模式下的典型应用。这种应用操作成本比较低，必将成为主流。目前应用主要集中在网络点餐等方面。

除了系统和数据层面的集成化，电子商务也得到了快速发展。目前，很多餐饮企业都在进行电子商务方面的尝试和探索，比如使用第三方平台的订餐系统，也可以自己搭建 B2C 和 B2B 平台。大数据时代信息化的作用，还可以延伸到品牌的宣传中，如图 11-12 所示。

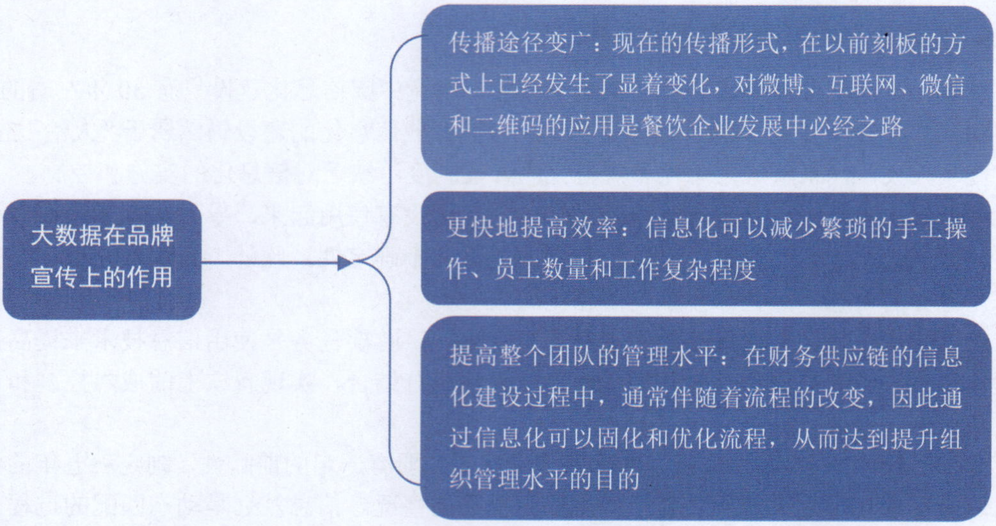
大数据在品牌宣传上的作用
传播途径变广：现在的传播形式，在以前刻板的方式上已经发生了显着变化，对微博、互联网、微信和二维码的应用是餐饮企业发展中必经之路
更快地提高效率：信息化可以减少繁琐的手工操作、员工数量和工作复杂程度
提高整个团队的管理水平：在财务供应链的信息化建设过程中，通常伴随着流程的改变，因此通过信息化可以固化和优化流程，从而达到提升组织管理水平的目的

图 11-12　大数据在品牌宣传上的作用

11.2.4　企业如何应用大数据

在餐厅行业中，大数据要对应到特定企业、人群和需求上，才能发挥其特定作用，并产生价值。下面主要介绍四个大数据在餐饮企业的具体应用，如图 11-13 所示。

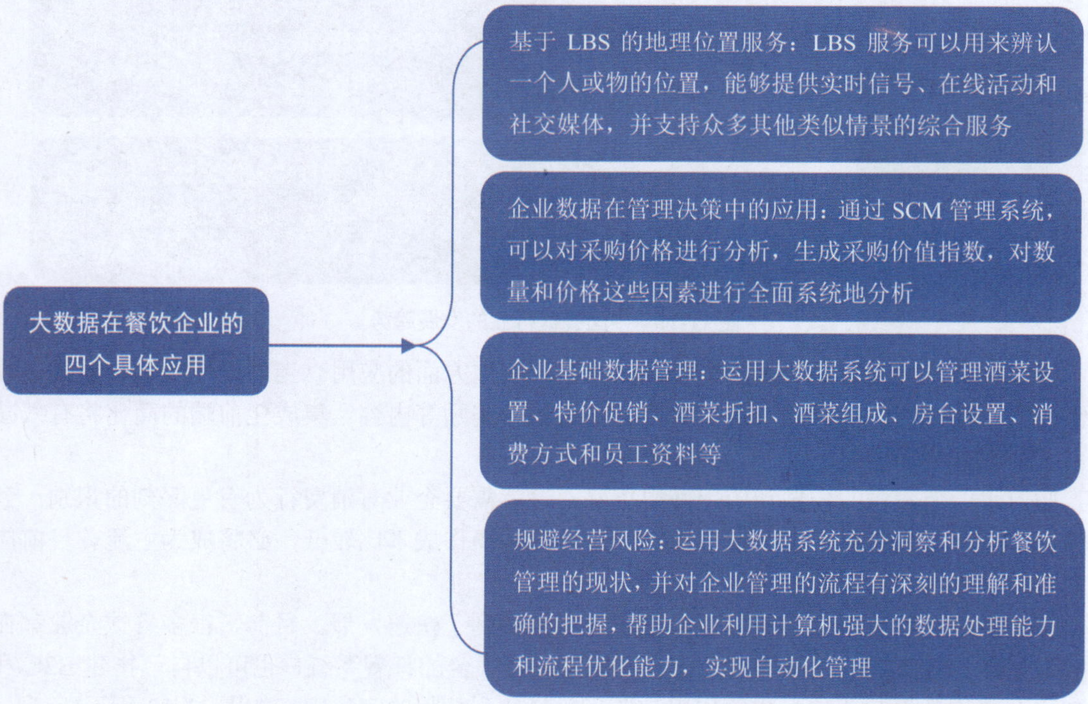
大数据在餐饮企业的四个具体应用
基于 LBS 的地理位置服务：LBS 服务可以用来辨认一个人或物的位置，能够提供实时信号、在线活动和社交媒体，并支持众多其他类似情景的综合服务
企业数据在管理决策中的应用：通过 SCM 管理系统，可以对采购价格进行分析，生成采购价值指数，对数量和价格这些因素进行全面系统地分析
企业基础数据管理：运用大数据系统可以管理酒菜设置、特价促销、酒菜折扣、酒菜组成、房台设置、消费方式和员工资料等
规避经营风险：运用大数据系统充分洞察和分析餐饮管理的现状，并对企业管理的流程有深刻的理解和准确的把握，帮助企业利用计算机强大的数据处理能力和流程优化能力，实现自动化管理

图 11-13　大数据在餐饮企业的四个具体应用

大数据可以给餐饮企业提供决策上的数据支持，帮助管理者更好地运营。因此，管理者

也要充分抓住大数据带来的机遇和挑战，增强企业的竞争力。

11.3　大数据引爆餐饮用户流量

正当的竞争给了餐饮行业的发展无穷的动力。那么，大数据的日渐普及又给餐饮行业带来什么机遇和挑战呢？大数据技术除了带给餐饮企业与顾客交流沟通的高效、便捷外，最大的好处便是可以通过餐饮管理软件和网站来建立自己的客户数据库。

对于餐饮企业，特别是大规模的连锁餐饮企业，拥有自己的客户数据库，无疑于在信息时代占领了市场竞争的战略制高点。本节主要介绍餐饮行业大数据的应用案例，希望对读者有一定的启发和学习价值。

11.3.1　海底捞

海底捞火锅作为以服务闻名的餐饮品牌，一直都尊崇把顾客当作家人来服务。例如，在等位区还没开吃就有免费的水果赠送，另外还提供免费的美甲和擦皮鞋服务，在等待之余还可以玩玩海底捞的小游戏。

作为国内最具口碑的餐饮连锁服务机构，海底捞的餐饮连锁服务，凭借其在微博和点评网站等互联网平台的口碑，海底捞迅速聚焦起了大量的忠实粉丝。在做微信营销之后，海底捞更是把极致服务从线下提升到了移动端线上平台，微信公众号粉丝数更是每日增长 4000 多人，给用户带来了极大地享受。

用户还可以通过微信实现预订座位和送餐上门，甚至可以去商城选购底料，如图 11-14 所示。例如，如果你想要外卖，只需要简单输入送货信息，就可以坐等美食送到嘴边。

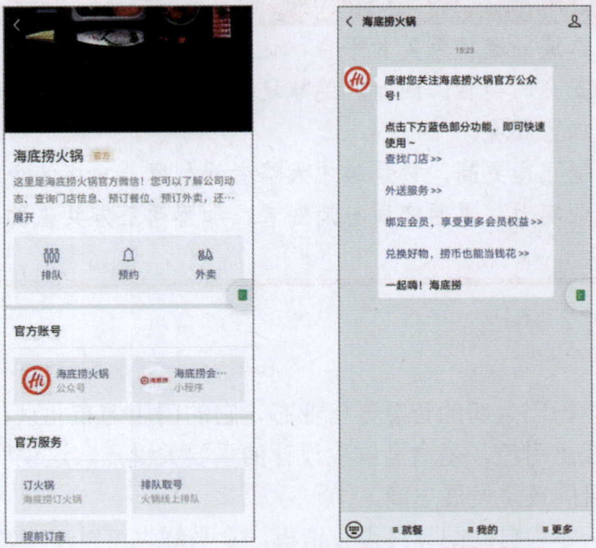

图 11-14　海底捞微信预定

这种线上线下的交互模式，都是大数据和云计算的体现，让用户在享受火锅大餐的同时，也能体验到科技带来的快乐。

另外，海底捞还具有完善的网上支付系统和网络会员体系，将各大分店的会员信息汇总起来，让海底捞的 VIP 用户无论在哪个地区，只要有进行过注册，就可以享受会员福利与优惠，极大地提升了用户体验。

11.3.2 绝味鸭脖

绝味在商业模式、管理方式和营销手段上都做了创新和尝试，才获得了今天的地位，主要表现在以下 3 个方面，如图 11-15 所示。

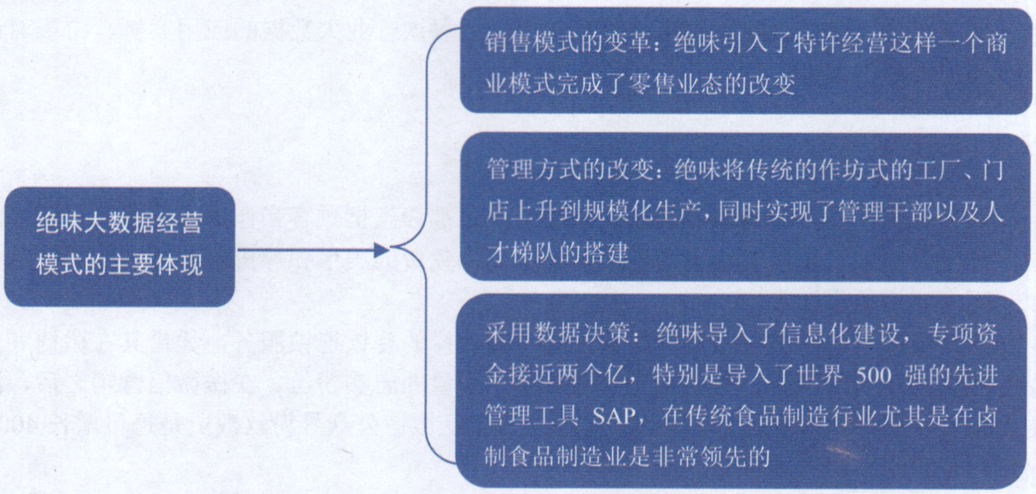
绝味大数据经营模式的主要体现
销售模式的变革：绝味引入了特许经营这样一个商业模式完成了零售业态的改变
管理方式的改变：绝味将传统的作坊式的工厂、门店上升到规模化生产，同时实现了管理干部以及人才梯队的搭建
采用数据决策：绝味导入了信息化建设，专项资金接近两个亿，特别是导入了世界 500 强的先进管理工具 SAP，在传统食品制造行业尤其是在卤制食品制造业是非常领先的

图 11-15　绝味大数据经营模式的主要体现

▶ 专家指点

绝味正在努力打造成一流特色美食平台，让绝味成为汇集各类美食的渠道，让消费者更便捷地获得健康和安全的美食。同时，绝味还将强势推广品牌，不断拓展经营加盟商，为加盟商提供更好的加盟环境。

绝味可以让大数据飞得更高，它是雄才大略者的利器，它将使企业具有无可比拟的竞争优势，可以增强企业实力，进而实现与消费者、加盟商三方共赢的商业生态圈，促进多方共赢。

11.3.3 盒马鲜生

盒马鲜生作为阿里巴巴全新的智慧零售业态，它的门店遍布北京、上海、广州和深圳等各个地区。从线下到线上引流，是盒马鲜生设计的重要关键点。这说明，其主要消费人群还是线上用户，其最终目的还是发展电商。

采用阿里最新的新零售自助结算终端收银机，盒马鲜生可以减少 20%的人力成本，减少用户 40%的排队时间。但是，为了推进线上支付，盒马鲜生需用专门的盒马 APP 付款，且仅支持支付宝，不接受现金或其它支付方式。

图 11-16 所示为盒马鲜生自助结算终端收银机。用户只需要将商品置于扫码区，机器便能自动识别商品种类和其价格，实现自助付款。

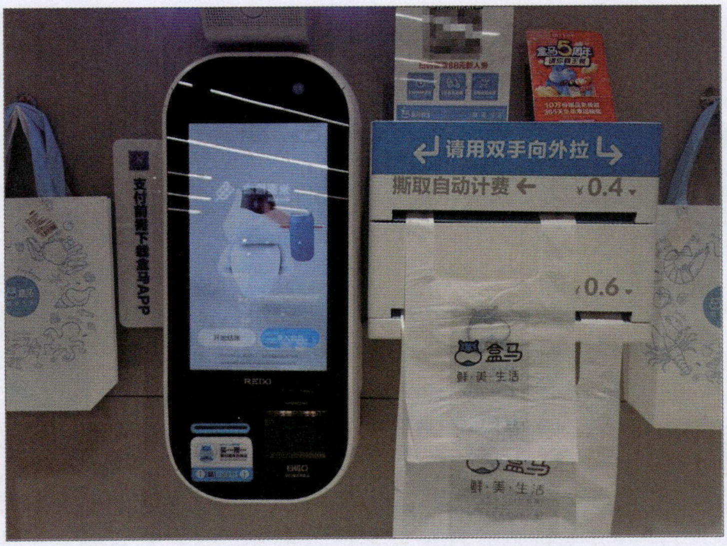

图 11-16 盒马鲜生自助结算终端收银机

尽管如此，盒马鲜生在人工智能与大数据技术的加持下，也实现了良好的运营效益。图 11-17 所示，为盒马鲜生数据运营框架。在以数据中台为基础的架构上，盒马鲜生打造了一系列可视化行业解决方案。

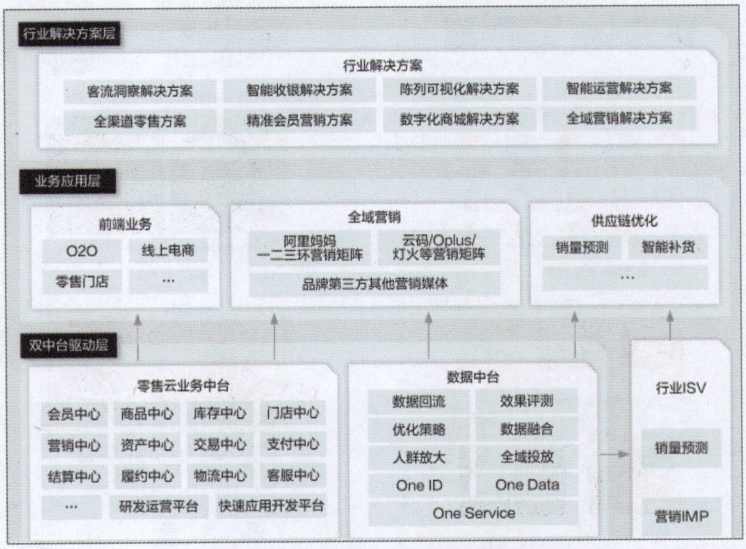

图 11-17 盒马鲜生数据运营框架

11.3.4 饿了么

作为餐饮 O2O 专业化平台，饿了么分成网站系统、移动端应用、在线支付系统、业务后台系统、餐厅管理系统、统一的系统数据库平台和统一的系统服务集成接口。饿了么并不是简单的线下和线上相互转移模式，而是完整服务链条，如图 11-18 所示。它全栈式的网络数据服务为用户带来了愉悦地消费体验。

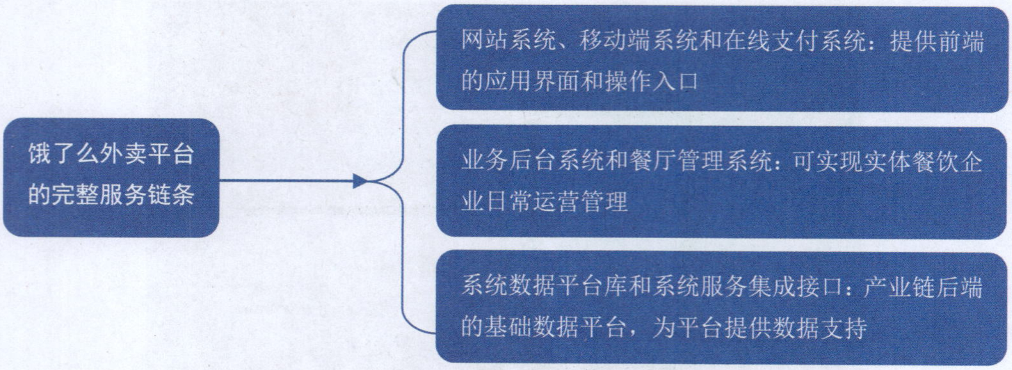
饿了么外卖平台的完整服务链条
网站系统、移动端系统和在线支付系统：提供前端的应用界面和操作入口
业务后台系统和餐厅管理系统：可实现实体餐饮企业日常运营管理
系统数据平台库和系统服务集成接口：产业链后端的基础数据平台，为平台提供数据支持

图 11-18　饿了么外卖平台的完整服务链条

▶ 专家指点

饿了么是中国最大的餐饮 O2O 平台之一，创立于 2009 年。饿了么的自身定位是连接“跟吃有关的一切”除了现有的餐饮配送业务，目前饿了么已经将触角延伸至商超配送等其他领域。

在诸多餐饮商家意识、人财物等方面不健全或不具备 O2O 条件下，饿了么深耕实体，在传统企业电商化改造方面应该颇具实际意义。图 11-19 所示，为饿了么前端数据呈现界面。饿了么后台数据会为用户推荐附近的美食或团购活动。

图 11-19　饿了么前端数据呈现界面

饿了么还建立了“蜂鸟配送”，以及更加智能的“方舟”调度系统，提高外卖平台的物流运营效率，将每个订单分配给最合适的骑手，为每位骑手规划最佳路径，并精确地将外卖送到每位顾客手上。

除此之外，饿了么还在研发无人机配餐，推出“E7”无人机，最高飞行时速可达 65 千米，最大载重为 6 千克，可以承载 8～10 份的外卖数量，可以让外卖配送更加完全高效，为智能零售开辟了新的路径，如图 11-20 所示。

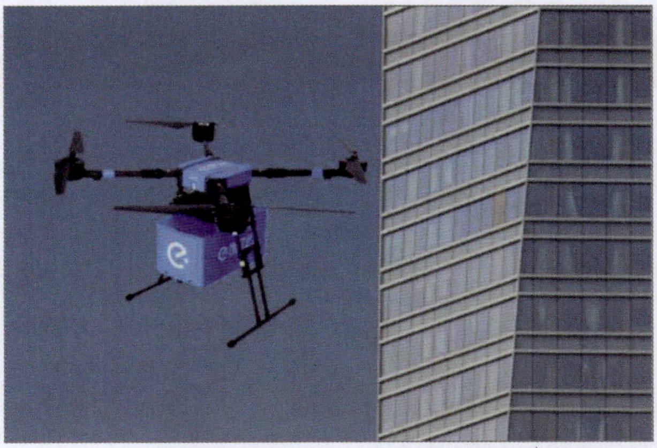

图 11-20　饿了么送餐无人机

11.3.5　炮制新食谱

计算机正在不断变得更加聪明，甚至有研究人员已经开发出一套软件，能够利用数学、化学和海量数据，炮制出前所未有而又不同寻常的食谱，而销售这种独一无二美食将是餐厅的营销“神器”。为了构建他们的算法，研究者们将开发创意时可能会采取的步骤建立了模型。

由该模型创造的食谱中，有一些菜式确实非常好吃，如奶油烤甘蓝等。下面就看看计算机是如何利用大数据创造美味食谱的，如图 11-21 所示。

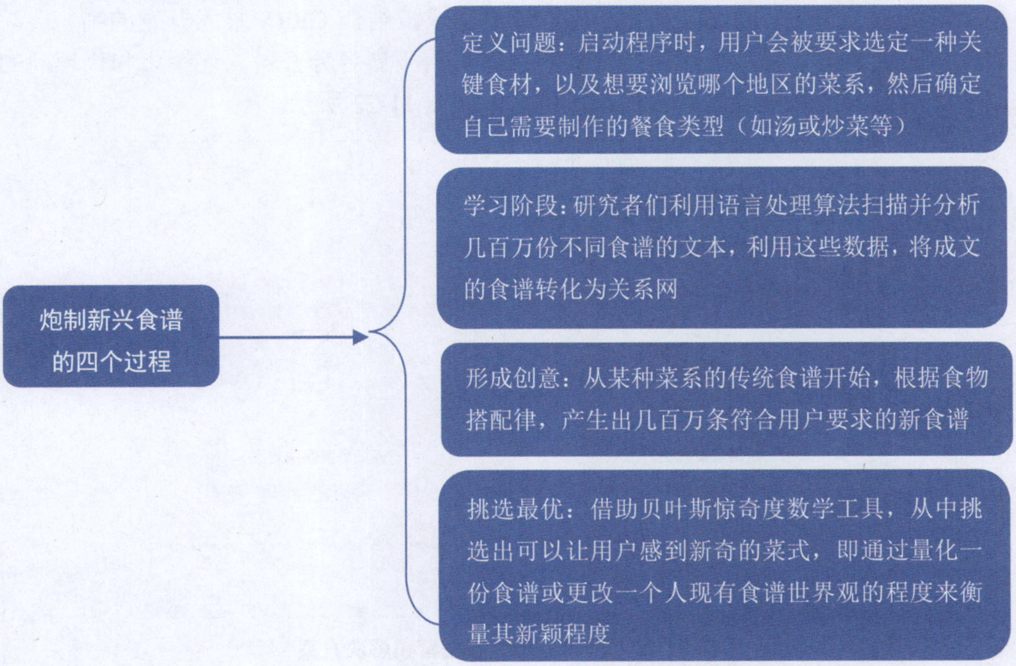
炮制新兴食谱的四个过程
定义问题：启动程序时，用户会被要求选定一种关键食材，以及想要浏览哪个地区的菜系，然后确定自己需要制作的餐食类型（如汤或炒菜等）
学习阶段：研究者们利用语言处理算法扫描并分析几百万份不同食谱的文本，利用这些数据，将成文的食谱转化为关系网
形成创意：从某种菜系的传统食谱开始，根据食物搭配律，产生出几百万条符合用户要求的新食谱
挑选最优：借助贝叶斯惊奇度数学工具，从中挑选出可以让用户感到新奇的菜式，即通过量化一份食谱或更改一个人现有食谱世界观的程度来衡量其新颖程度

图 11-21　炮制新兴食谱的四个过程

通过以上过程，计算机积累了巨量可读的知识体系，其中包括人类的口味偏好、地区食谱和这些食谱化学构成方面的信息，然后将其与传统食谱融合，就可以产生各种各样前所未见的混合食谱。

▶ 专家指点

通过该方式形成的食谱往往有成千上万份，但并没有谁愿意试吃如此之多的创意食谱。因此，在考虑菜谱的味道时，软件会考察一份食谱中所有不同的口味分子，查询它们的化学性质。通过将这些化学性质与其他 70 种气味分子做比较，研究者们可以预测特定的某种分子会有多么“好闻”。

11.3.6 可口可乐

相信大家都喝过可口可乐，作为快速消费品行业典型代表的饮料企业，因其行业特点，在销售数据和库存管理方面往往会出现以下问题。

第一，销售数据可能滞后或失真，影响营销决策。

第二，资金挤占和坏账损失，导致财务危机。

第三，库存数据不易准确及时，导致库存成本增加、流转效率低下。

第四，跨区域窜货，打乱企业整体市场布局。

在借鉴了多家有代表意义的快速消费品企业的数据管理经验，经过广泛的市场调查和产品试用评比后，北京亿美软通走进了可口可乐公司的视线。

亿美软通是中国领先的移动商务服务商，提供具备国际技术水准的移动商务平台及运营服务，针对可口可乐公司的业务需求，公司为其提供了亿美“数据空港”移动商务方案，该方案是针对可口可乐公司的终端销售和库存管理需求，结合 GPRS 技术开发的销售终端数据采集系统，通过活力短信，可口可乐公司将及时获得下属各分公司、连锁店和代理商的实时销售、库存情况，帮助企业提高流程运转效率，如图 11-22 所示。

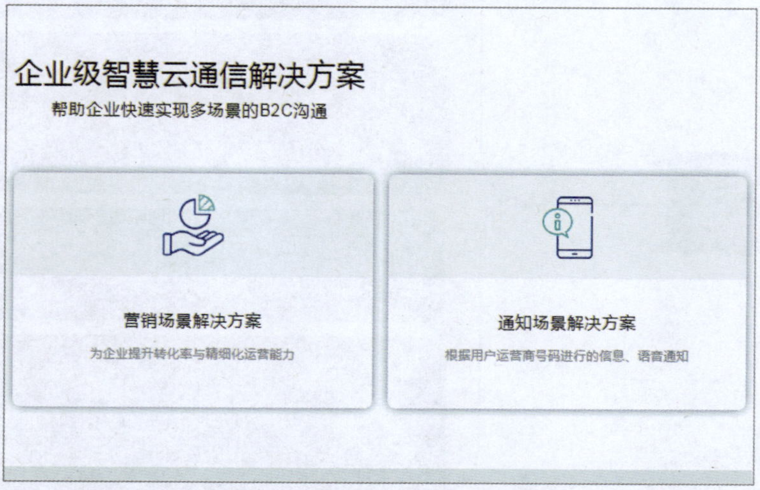
企业级智慧云通信解决方案
帮助企业快速实现多场景的B2C沟通
营销场景解决方案
为企业提升转化率与精细化运营能力
通知场景解决方案
根据用户运营商号码进行的信息、语音通知

图 11-22　可口可乐大数据营销解决方案

面对竞争日趋激烈的中国饮料市场，可口可乐公司也意识到这些普遍性的问题对公司盈利状况产生的不良影响，开始思考改变管理模式、优化管理流程来提高管理效率和控制成本的重要意义。亿美软通“数据空港”移动商务大数据方案优势体现在以下几点，如图 11-23 所示。

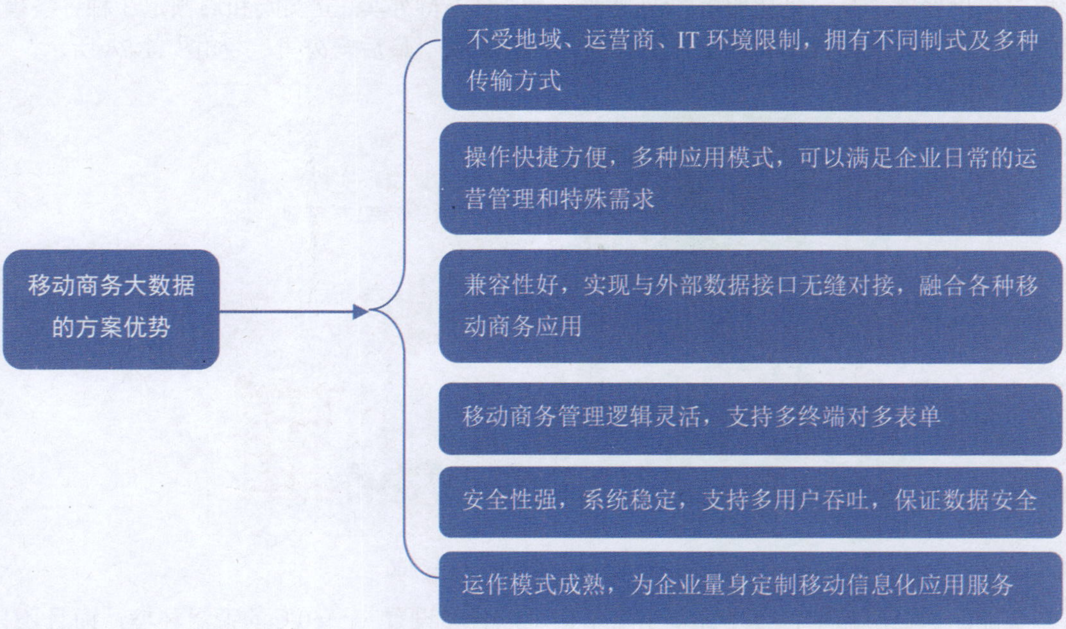
移动商务大数据的方案优势
不受地域、运营商、IT 环境限制，拥有不同制式及多种传输方式
操作快捷方便，多种应用模式，可以满足企业日常的运营管理和特殊需求
兼容性好，实现与外部数据接口无缝对接，融合各种移动商务应用
移动商务管理逻辑灵活，支持多终端对多表单
安全性强，系统稳定，支持多用户吞吐，保证数据安全
运作模式成熟，为企业量身定制移动信息化应用服务

图 11-23　移动商务大数据的方案优势

通过亿美软通的大数据系统，可口可乐公司可实现以下功能。

（1）销售和库存管理。销售人员编辑固定格式的短信，将当日销售金额、售出商品明细等信息上行发送至总部；通过上行发送规定格式短信，销售人员向总部物流中心汇报库存物品的入库、出库、盘点情况并提报补货请求。

（2）工作通知。总部发送下行短信下达各种通知：商品价格调整通知、促销信息和发薪通知等。

（3）信息发布。通过数据的传递，实现总部重大事件的信息发布提醒和企业各层级人员之间的信息沟通。

（4）短信自动归档管理。对上下行短信进行归档，并保存到历史数据表，供数据统计部门进行汇总处理。

（5）人文关怀。在重大节日、员工生日时，总部行政部门发送短信，送上节日祝福和生日祝贺，为员工送上关怀，增强员工凝聚力。

▶ 专家指点

不断提高销售额、降低流转成本和提高运营效率是快速消费品企业的利润来源。亿美软通移动销售大数据方案，利用无限移动技术提供了企业管理层和终端销售人员间的信息管理平台，提高了销售执行力，加强了沟通，规范了终端销售人员的工作流程，帮助企业将管理延伸到每一个营业网点，真正实现了移动化办公。

11.3.7 智能配送柜

“乐栈”是一家互联网新锐 O2O 服务提供商，致力于为商务白领、社区家庭、医院以及学校等提供餐饮食品定制化服务。“乐栈”外卖平台支持外卖、立买吃和周预定 3 种订餐模式，同时与“格力”合作推出智能配送柜产品，打通配餐“最后一公里”，如图 11-24 所示。

按需
扩展
占地仅1~3平米
组合方式灵活，按需扩展
乐栈
现免费申领
免费安装，免费维护

图 11-24 智能配送柜产品

智能配送柜产品中包含了许多小格子，可以智能设置 0～60℃的调温环境，而且还具有消毒杀菌、逾期报警和多屏广告位展示等功能，可以放置在写字楼、企业、社区、书报亭以及其它场景中，支持现金、银行卡和在线支付等支付手段。

智能配送柜与“乐栈”的周预定订餐模式相结合，用户不用每天都去重复点外卖的操作，而是可以直接预订一周的外卖，合作商户会每天按时将餐品送至智能配送柜，用户可自行领取，大大减少了等餐时间。

本章小结

本章首先例举了服装行业大数据的具体应用案例，例如 Zara、阿迪达斯、美特斯邦威、裂帛服饰和优衣库等，其次详细介绍了餐饮行业大数据的市场现状、所面临的挑战以及大数据对餐饮的作用，最后为读者例举了一系列餐饮行业大数据的具体应用案例，例如海底捞、绝味鸭脖和盒马鲜生等。

本章习题

1．Zara 是如何利用大数据来增加店铺的销售成绩与客流量的？

2．面对大数据的带来的挑战，餐饮企业应该如何应对？

第 12 章　智慧城市大数据应用

本章导读

从以前的马车到现在的自动驾驶汽车，城市也变得越来越科技化和智能化，这就是云计算和大数据技术发展带来的便利。那么，在科学技术变革下的智慧城市究竟是什么样的，又会给人们的生活带来怎么样的影响呢？

本章重点

- 城市交通
- 城市通信
- 城市传媒

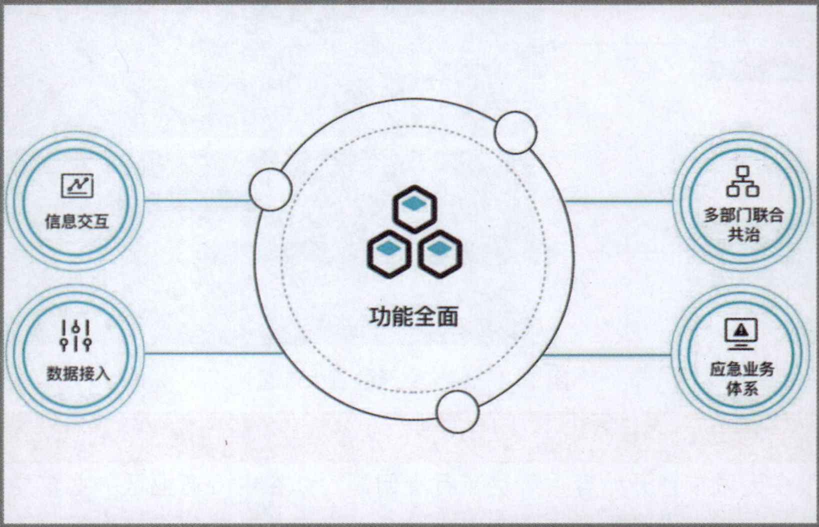

12.1　城市交通

在大数据技术的大力推动下，城市建设也变得越来越智能化。政府部门也出台了多个政策和法律，支持企业向数字化转型，从而构建了一系列的城市交通生态建设。

12.1.1　数据交通解决方案

随着我国城市人口的增加，城市交通问题日渐严重。由于过量的汽车，导致的交通阻塞、交通事故频繁和大气污染等问题，想必大家已司空见惯。城市交通问题已经给社会经济的发展带来了严重的影响，具体需要解决五个方面的难题，如图 12-1 所示。

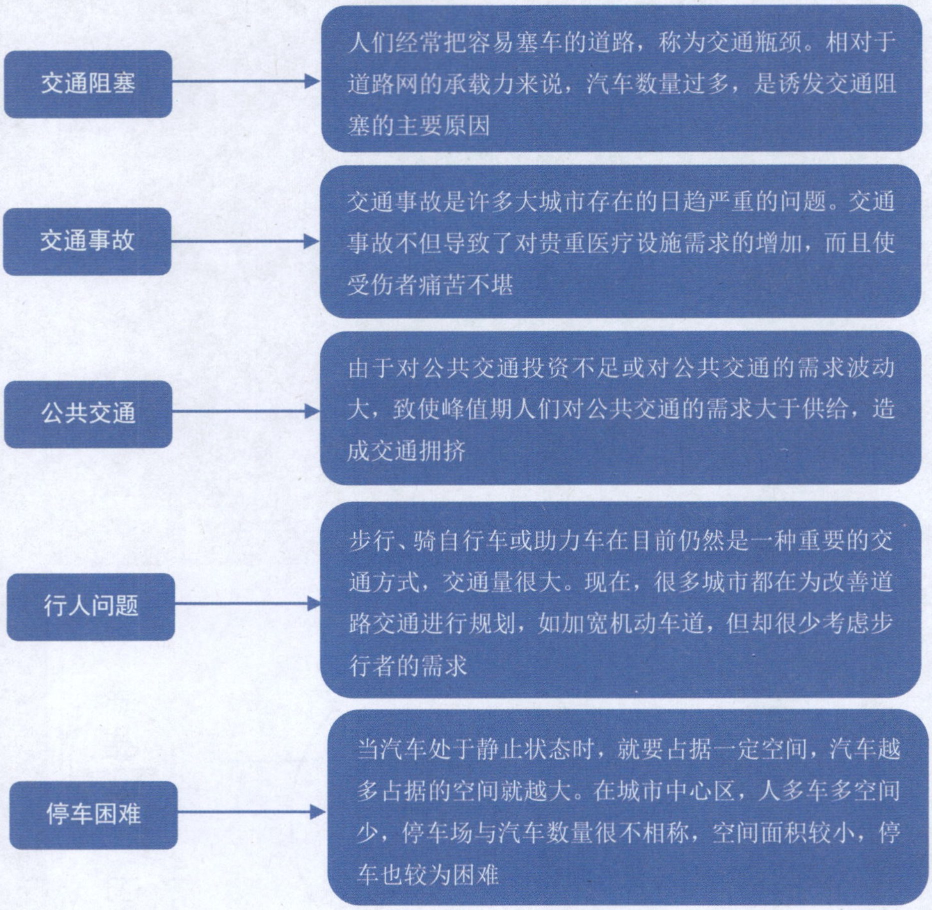
交通阻塞
人们经常把容易塞车的道路，称为交通瓶颈。相对于道路网的承载力来说，汽车数量过多，是诱发交通阻塞的主要原因
交通事故
交通事故是许多大城市存在的日趋严重的问题。交通事故不但导致了对贵重医疗设施需求的增加，而且使受伤者痛苦不堪
公共交通
由于对公共交通投资不足或对公共交通的需求波动大，致使峰值期人们对公共交通的需求大于供给，造成交通拥挤
行人问题
步行、骑自行车或助力车在目前仍然是一种重要的交通方式，交通量很大。现在，很多城市都在为改善道路交通进行规划，如加宽机动车道，但却很少考虑步行者的需求
停车困难
当汽车处于静止状态时，就要占据一定空间，汽车越多占据的空间就越大。在城市中心区，人多车多空间少，停车场与汽车数量很不相称，空间面积较小，停车也较为困难

图 12-1　城市交通的五大难题

> ▶ 专家指点
>
> 现在，很多大城市已开始着手解决步行者问题，如在中心商业区一些重要街道上禁止车辆通行，设为步行街或步行区；在市中心除公共汽车外，其他车辆白天均不得通过等，但解决的力度还远远不够。

由此可见，交通问题的解决绝不是一朝一夕的事情。因此，政府要将实时地获取准确的交通数据作为构建城市交通管理体系的前提。另外，大数据能将离散的数据按需求聚合形成数据长尾，从而满足传统交通解决方案中难以实现的需求。

用大数据管理交通是交通管理模式的变革，与此同时也变革了公共交通市场管理的整个内涵，阻碍传统交通的瓶颈可通过大数据解决。大数据在交通方面的解决方案主要有四个方面，如图 12-2 所示。

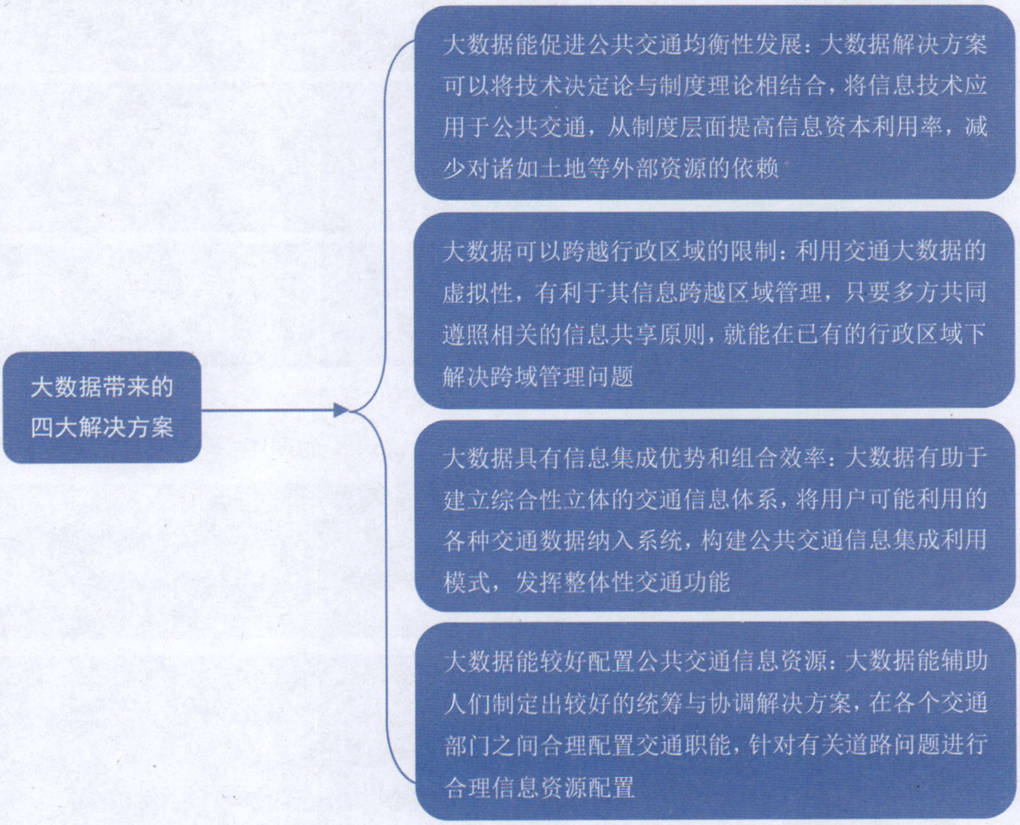
大数据带来的四大解决方案
大数据能促进公共交通均衡性发展：大数据解决方案可以将技术决定论与制度理论相结合，将信息技术应用于公共交通，从制度层面提高信息资本利用率，减少对诸如土地等外部资源的依赖
大数据可以跨越行政区域的限制：利用交通大数据的虚拟性，有利于其信息跨越区域管理，只要多方共同遵照相关的信息共享原则，就能在已有的行政区域下解决跨域管理问题
大数据具有信息集成优势和组合效率：大数据有助于建立综合性立体的交通信息体系，将用户可能利用的各种交通数据纳入系统，构建公共交通信息集成利用模式，发挥整体性交通功能
大数据能较好配置公共交通信息资源：大数据能辅助人们制定出较好的统筹与协调解决方案，在各个交通部门之间合理配置交通职能，针对有关道路问题进行合理信息资源配置

图 12-2　大数据带来的四大解决方案

▶ 专家指点

公共交通的智能化管理表现在：一旦某个路段发生问题，能立刻从大数据中调出有用信息，确保交通的连贯性和持续性；另一方面，大数据具有较高预测能力，可降低误报和漏报的概率，可随时针对公共交通的动态性给予实时监控。

大数据与云计算技术的发展给人们未来的交通方式带来了无限的可能性，在公共交通、无人运输、无人港口和自动驾驶等方面都得到了广泛地应用。在互联网技术的压力下，传统企业要想转型，就要充分利用云计算和大数据的价值。实践是大数据和云计算最终价值的体现，是社会发展前进的基石。转型中的交通面临着调整发展结构、提升发展质量的难题，此时与大数据时代相遇实为幸事，因为大数据为交通难题带来了解决方案。在交通问题解决过程中，基于大数据的智能交通数据处理体系流程有以下四点，如图 12-3 所示。

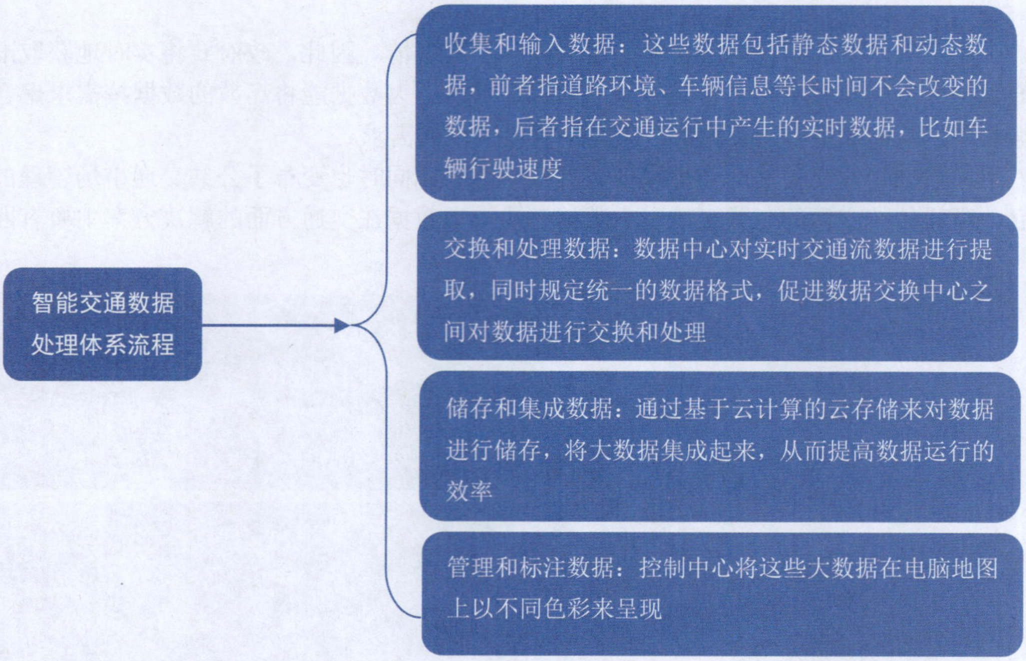
智能交通数据处理体系流程
收集和输入数据：这些数据包括静态数据和动态数据，前者指道路环境、车辆信息等长时间不会改变的数据，后者指在交通运行中产生的实时数据，比如车辆行驶速度
交换和处理数据：数据中心对实时交通流数据进行提取，同时规定统一的数据格式，促进数据交换中心之间对数据进行交换和处理
储存和集成数据：通过基于云计算的云存储来对数据进行储存，将大数据集成起来，从而提高数据运行的效率
管理和标注数据：控制中心将这些大数据在电脑地图上以不同色彩来呈现

图 12-3　智能交通数据处理体系流程

总的说来，用大数据解决交通难题具有以下四大优势，如图 12-4 所示。

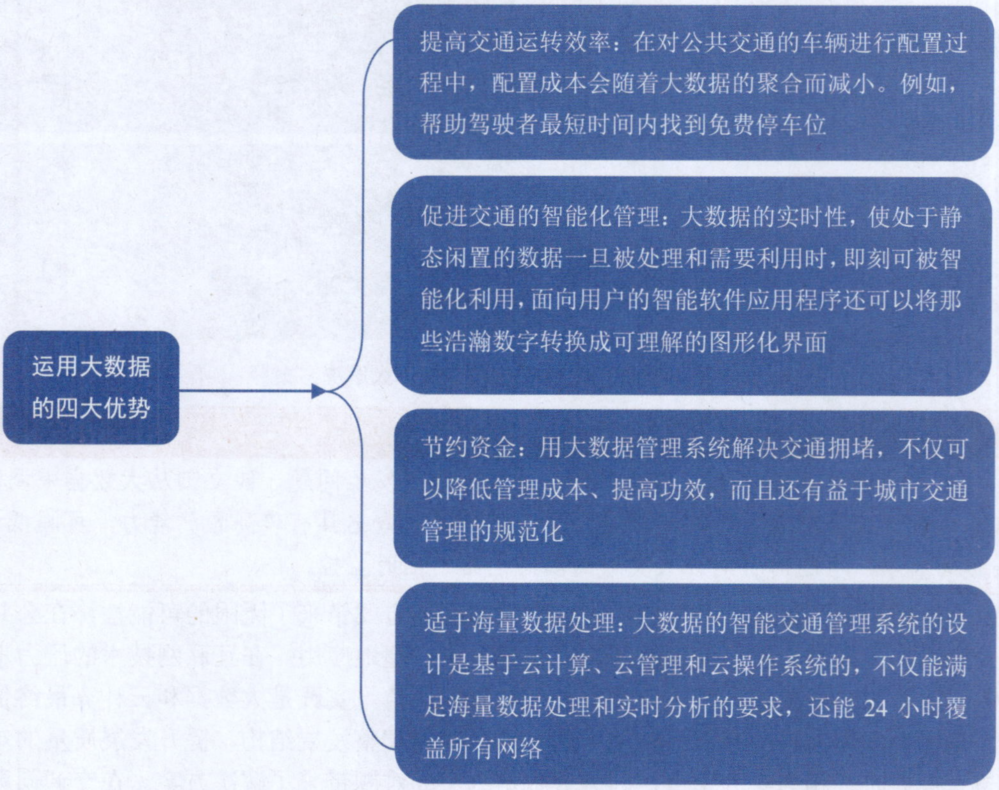
运用大数据的四大优势
提高交通运转效率：在对公共交通的车辆进行配置过程中，配置成本会随着大数据的聚合而减小。例如，帮助驾驶者最短时间内找到免费停车位
促进交通的智能化管理：大数据的实时性，使处于静态闲置的数据一旦被处理和需要利用时，即刻可被智能化利用，面向用户的智能软件应用程序还可以将那些浩瀚数字转换成可理解的图形化界面
节约资金：用大数据管理系统解决交通拥堵，不仅可以降低管理成本、提高功效，而且还有益于城市交通管理的规范化
适于海量数据处理：大数据的智能交通管理系统的设计是基于云计算、云管理和云操作系统的，不仅能满足海量数据处理和实时分析的要求，还能 24 小时覆盖所有网络

图 12-4　运用大数据的四大优势

12.1.2 智能交通面临的挑战

随着信息通讯技术的发展，交通运输从数据贫乏的困境转向数据丰富的环境，而面对众多的交通数据，如何从中根据用户需求提取有效数据成为关键所在。

大数据管理是一项巨大挑战，一方面要及时提取交通数据以满足用户需求，另一方面须在数据的潜在价值与个人隐私之间进行平衡。图 12-5 所示，为大数据在智能交通行业面临的三大挑战以及建议。

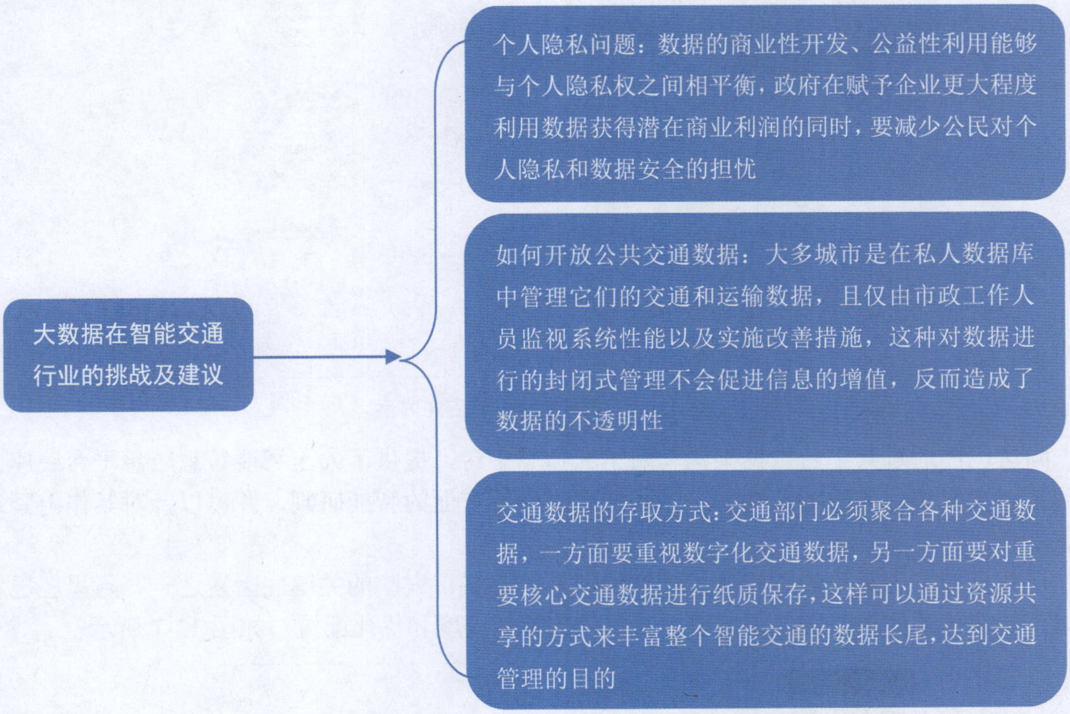
大数据在智能交通行业的挑战及建议
个人隐私问题：数据的商业性开发、公益性利用能够与个人隐私权之间相平衡，政府在赋予企业更大程度利用数据获得潜在商业利润的同时，要减少公民对个人隐私和数据安全的担忧
如何开放公共交通数据：大多城市是在私人数据库中管理它们的交通和运输数据，且仅由市政工作人员监视系统性能以及实施改善措施，这种对数据进行的封闭式管理不会促进信息的增值，反而造成了数据的不透明性
交通数据的存取方式：交通部门必须聚合各种交通数据，一方面要重视数字化交通数据，另一方面要对重要核心交通数据进行纸质保存，这样可以通过资源共享的方式来丰富整个智能交通的数据长尾，达到交通管理的目的

图 12-5 大数据在智能交通行业的挑战及建议

> ▶ 专家指点
>
> 要真正利用大数据构建一体化的公共交通管理体制，还需要对交通数据采集、处理和存储等方面进行梳理，需要对智能交通系统的构建以及用户界面的完善做进一步研究。总而言之，大数据是智能交通的核心，对交通数据深度处理与分析是其中的关键因素之一。

12.1.3 优质方案带来客户

目前，我国市场上有许多企业开发并研究了云计算和大数据解决方案，在交通管理方面做出了巨大的贡献。

1. 阿里安联大数据

阿里巴巴围绕政府防汛、防涝和防台等突发事件的处理工作，通过数字化预案管理精准预测，智能分析，为最大程度地减少自然灾害带来的社会损失，设置了一系列智能应用，如

图 12-6 所示。例如，防汛防涝时，可以利用云计算与大数据，通过物联感知检测水位和雨量，一键启动数字化预案管理，并对其物资和路径进行智能调度，为城市紧急情况建设提供安全保障。

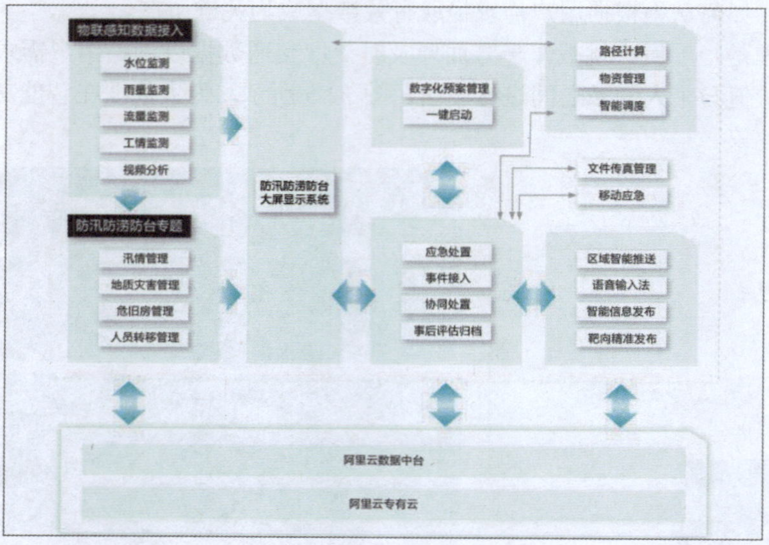

图 12-6　防汛防台智慧应急方案

阿里巴巴通过其平台数据架构和阿里云数据中台，提供了人工智能智慧应急平台底座，实现了对突发事件的影响范围、方式和持续时间等方面的智能研判，并可以针对其作出紧急预案处理。

以数据城市为驱动的智能化，是实现阿里巴巴城市大脑的关键性因素之一。阿里巴巴智慧城市的建设还体现在实现了城市公共资源的智能调度和优化配置，如图 12-7 所示。

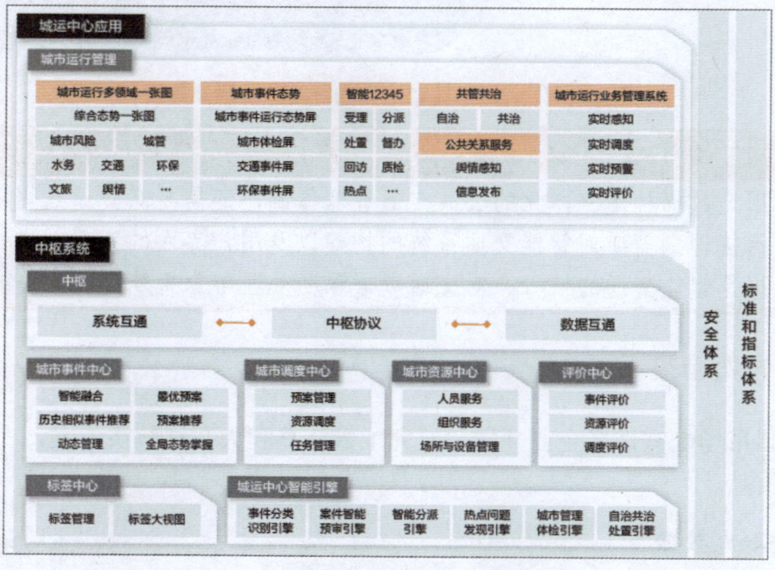

图 12-7　城市智能运行中心解决方案

城市的运行离不开各部门的协同配合，阿里巴巴在建设智慧城市时明显考虑到了这点。

以阿里云平台为中心，它可以实现多部门之间的数据接入、信息交互和联合共治，从而形成高效应急业务体系，如图 12-8 所示。

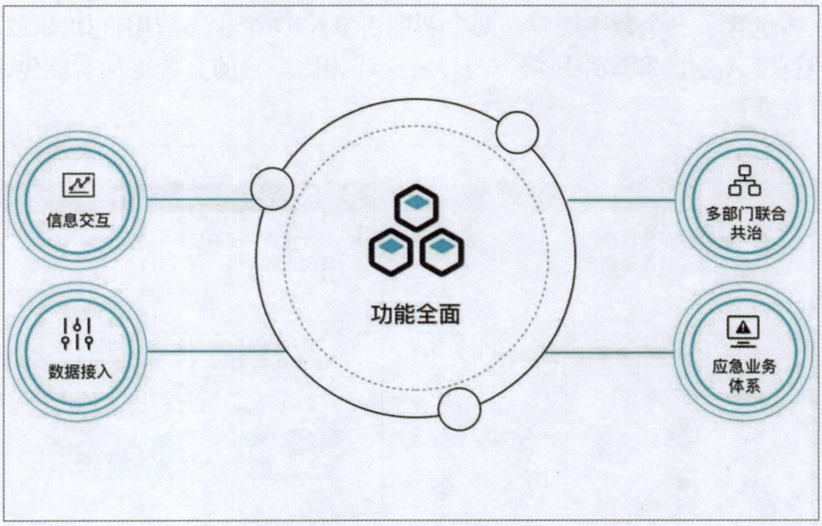

图 12-8　多部门协同配合

社区是城市的重要组成部分，也是城市服务的“最后一公里”。阿里巴巴为营造一个智能、安全和时尚的智慧小区，全面打造了社区微脑解决方案，如图 12-9 所示。

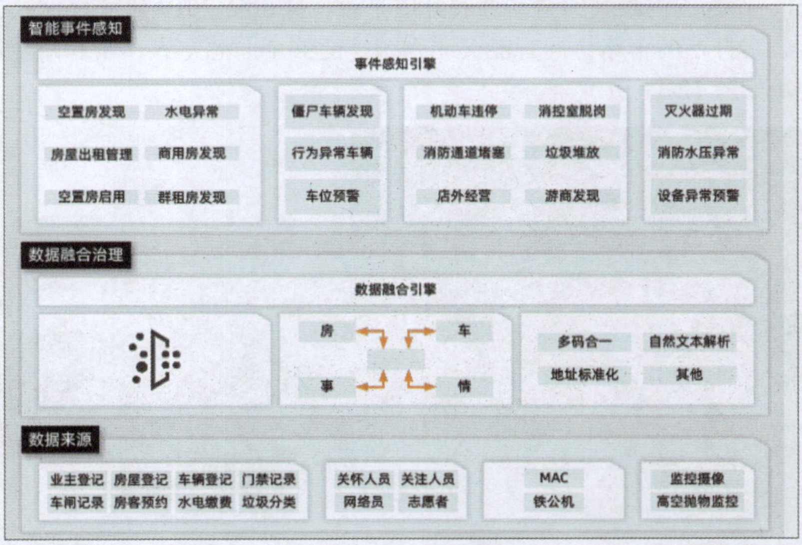

图 12-9　社区微脑

社区微脑针对日常业主和访客，打造了社区电子通行证，保障了社区人员安全，可以有效排查异常人员，并对老人或行为不便等人员进行重点关注，传递社区温暖。它还可以利用人脸识别、文本解析和智能监控等人工智能技术，对社区车辆、水电和房屋进行智能化管理，帮助居民快速获得生活服务。

2. 百度车路智行

百度 ACE 交通引擎是基于人工智能和自动驾驶等技术，可以应用在多个交通方面的生态融合体，它具体包含了一个数字底座，两个智能引擎和 N 个生态应用，如图 12-10 所示。两个智能引擎即百度 Apollo 和车路协同，与传统交通相比，它的系统更加智能化，从长远角度来看，更具有发展性。

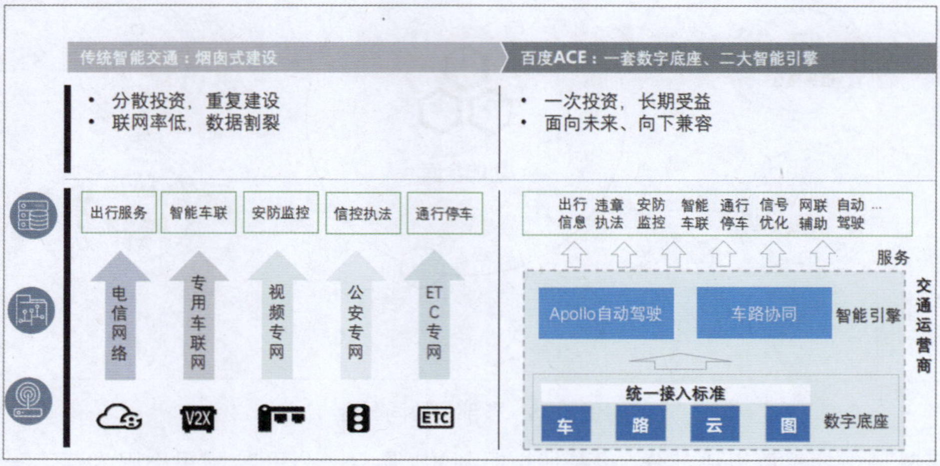

图 12-10　百度 ACE 交通引擎

百度 Apollo 作为国内最大的自动驾驶开放平台，截止至 2019 年底，已经拥有了 177 家企业合作伙伴。它打造的车路协同智能交通系统，能够全面感知人、车和路全域数据，从而保障交通安全，如图 12-11 所示。

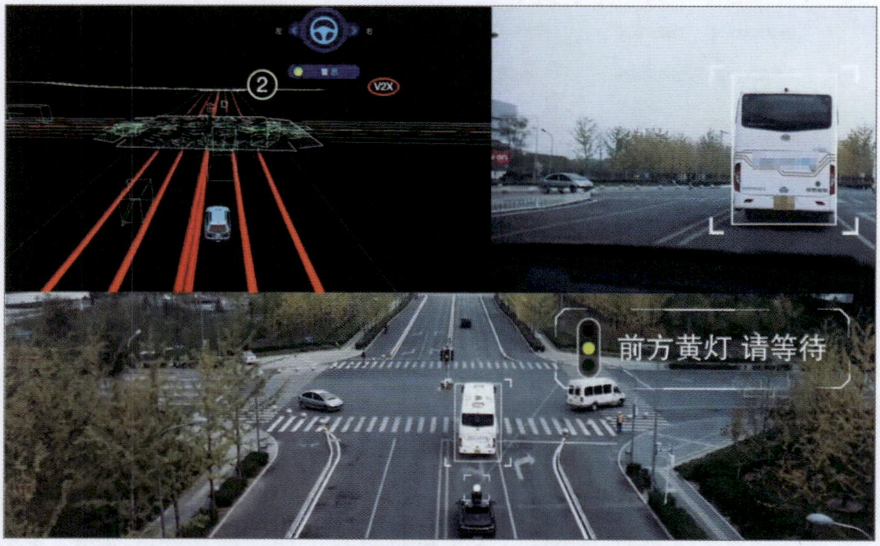

图 12-11　车路协同智能交通系统

另外，北京和长沙等地区已经使用了百度智能信控系统，也就是利用核心 AI 视觉技术以及交通大数据，并融合 5G 技术，智能优化道路通行方案，提高区域道路通行流畅度。

除此之外，百度还推出了智能出租方案，如图 12-12 所示。用户只需要前往最近的

“Robotaxi 停靠点”，然后进入自动驾驶频道输入目的地，车辆上的传感器就会根据用户定位自动导航到用户所在处。

图 12-12　智能出租

截止至 2019 年底，长沙已实现了一万多次 Robotaxi 智能载客，吸引了 20 多家智能网连企业向长沙聚集，智能出租的针对人群十分广泛。

为顺应未来车辆发展趋势，在百度的车路智行方案中，预计在 2025 年完成数字化升级，在 2035 年全面实现车路网联化升级，即车路智行数字化程度达到 95%，网联化程度达到 80%，如图 12-13 所示。直到本世纪中叶，车路智行将进入完全无人驾驶时代，实现 0 拥堵和 0 事故愿景，真正服务人类。

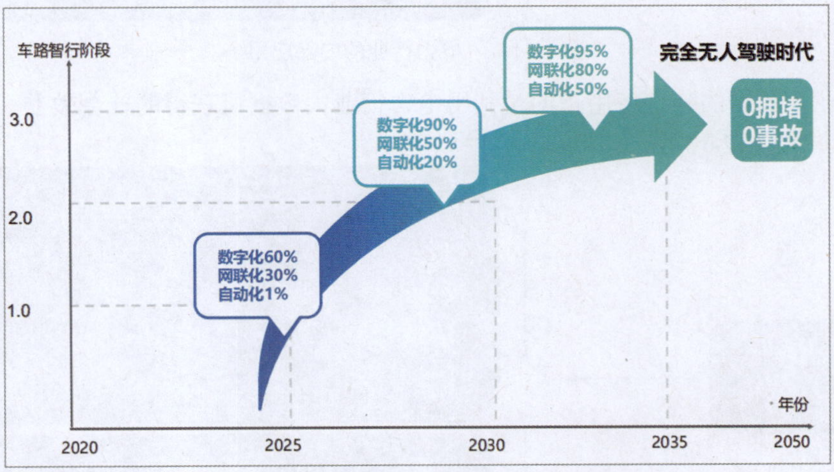

图 12-13　车路智行方案

12.1.4　节能降低营销成本

自 2013 年起，电力和石油等能源细分行业纷纷拉开了大数据开发应用的序幕。在能源应用方面，大数据同样能起到巨大的作用。

电力大数据是大数据理念、技术和方法在电力行业的实践，是大数据应用的重点领域之一。那么，电力行业如何应用大数据？在电力行业面临的挑战中，电信业能找到哪些共性，电信业又有怎样的机遇？电力行业的应用策略中有哪些值得电信业借鉴？

对于电力行业来说，有对内和对外两种管理模式。电力行业的内部应用指运用大数据优化电力企业管理模式，提升电力企业经营管理水平，主要包括以下四个方面的内容，如图 12-14 所示。

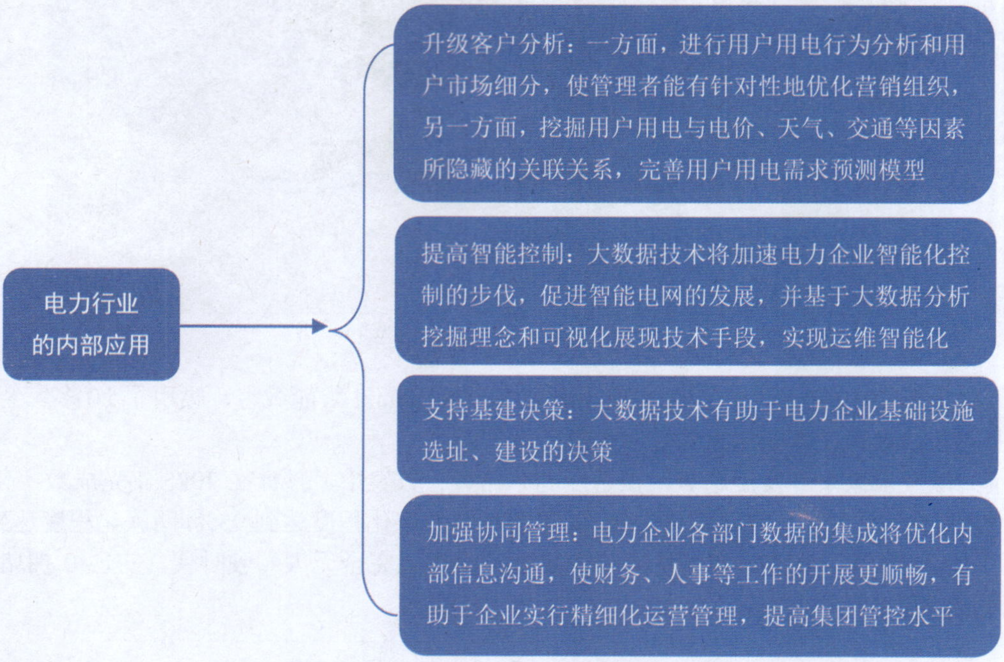
电力行业
的内部应用
升级客户分析：一方面，进行用户用电行为分析和用户市场细分，使管理者能有针对性地优化营销组织，另一方面，挖掘用户用电与电价、天气、交通等因素所隐藏的关联关系，完善用户用电需求预测模型
提高智能控制：大数据技术将加速电力企业智能化控制的步伐，促进智能电网的发展，并基于大数据分析挖掘理念和可视化展现技术手段，实现运维智能化
支持基建决策：大数据技术有助于电力企业基础设施选址、建设的决策
加强协同管理：电力企业各部门数据的集成将优化内部信息沟通，使财务、人事等工作的开展更顺畅，有助于企业实行精细化运营管理，提高集团管控水平

图 12-14　电力行业的内部应用

电力行业大数据的外部应用指的是利用电力行业大数据可获得的社会效益，主要包括以下两个方面，如图 12-15 所示。

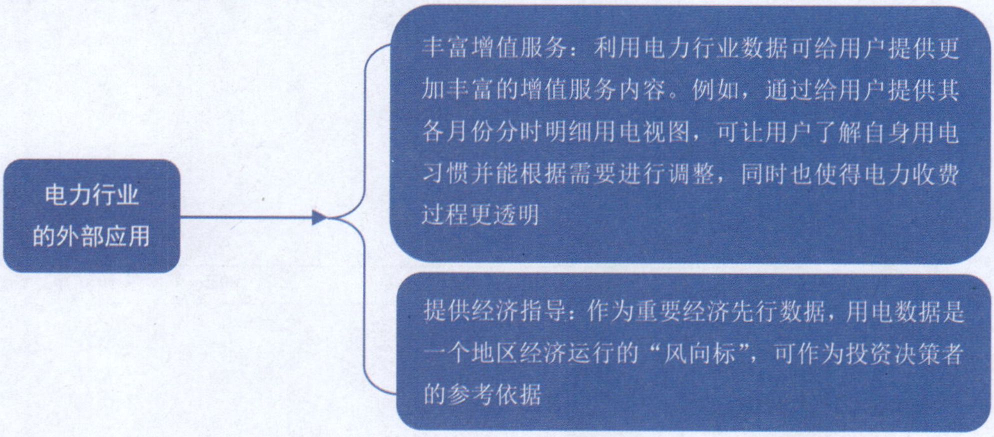
电力行业
的外部应用
丰富增值服务：利用电力行业数据可给用户提供更加丰富的增值服务内容。例如，通过给用户提供其各月份分时明细用电视图，可让用户了解自身用电习惯并能根据需要进行调整，同时也使得电力收费过程更透明
提供经济指导：作为重要经济先行数据，用电数据是一个地区经济运行的"风向标"，可作为投资决策者的参考依据

图 12-15　电力行业的外部应用

12.1.5 智能交通应用案例

对于许多从事交通、汽车行业的企业来说，大数据无疑是营销的利器。本节将通过企业的成功案例，来展示大数据在交通行业发挥的巨大应用。

1. 大数据确保无人驾驶运输

图森未来是世界上唯一一个无人驾驶运输网络企业。它开始创立于北京，后于美国合作。它的无人驾驶卡车搭载了 L4 级别自动驾驶技术，能够保持一年全天候不间断地进行高效运输，如图 12-16 所示。

无人驾驶卡车
图森未来无人驾驶货运网络使用的是配备了图森未来无人驾驶技术的L4级重型卡车，这些卡车能够在高速公路和城市街道上自主运输货物。

图 12-16 无人驾驶运输卡车

无人驾驶运输卡车是以图森未来货运网络（AFN）为基础，再加上其自主研发的高清地图，让卡车的感知距离长达 1000 米，并具备夜间感知功能，使其能够自动识别路线，即使在夜晚也能高效行驶，如图 12-17 所示。

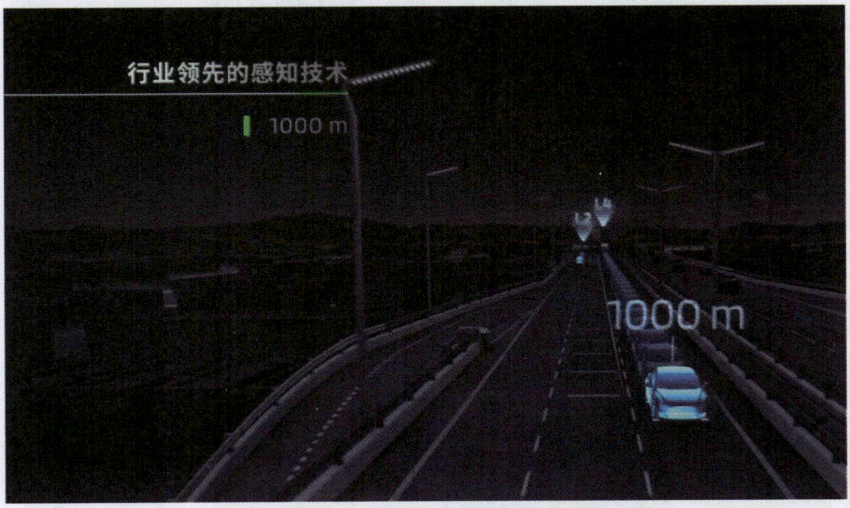
行业领先的感知技术
1000 m
1000 m

图 12-17 高清地图自动识别路线

不仅如此，它强大的处理能力，还能够实时检测道路情况并更新，以确保运输的安全和高效，如图 12-18 所示。它的监控系统能将数据传送给管理者，以确保每辆卡车都能保持联系，并将货物准时送达。

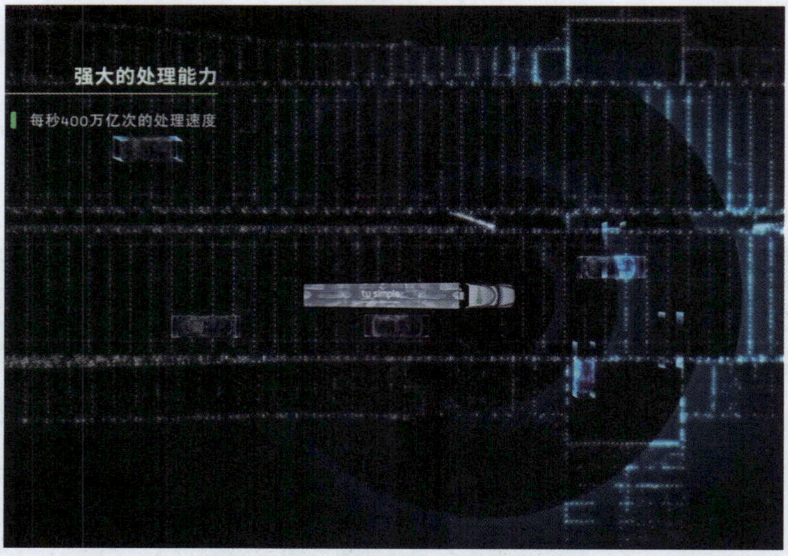
强大的处理能力
每秒400万亿次的处理速度

图 12-18 检测道路情况并更新

总的来说，图森未来就是通过无人驾驶卡车、智能地图和它独特的运营系统 TuSimple Connect 云平台，并利用大数据对车辆精准定位和管理，打造的一个面向全球的无人驾驶运输生态服务系统。

图森未来目前拥有 50 多台无人驾驶卡车，它充分利用了人工智能技术，将卡车的价值提升到最大化，并利用大量的数据模型进行检测，反复验证，努力提升货物运输的安全性。当它遇到紧急情况时，还可以自主闪避，反应时间只需 0.1 秒，如图 12-19 所示。

图 12-19 反应时间更快

2. 大数据连接家居和交通功能

自动驾驶汽车除了像宝马这种高端品牌，还有一些平民小众汽车品牌也具备很多智能化功能，上汽通用五菱汽车股份有限公司旗下的新宝骏就是一个很好的例子。它在安全及控制方面性能比较优异，例如它的 TJA 交通辅助功能，如图 12-20 所示。当与前车距离过近时，它能发出报警，避免交通事故。

TJA交通拥堵辅助
在城市车流密集路段
车辆自动走、跟、停

图 12-20　TJA 交通辅助功能

新宝骏目的是打造一套人、车和网络互联的智慧网连系统，如图 12-21 所示。在 5G 芯片的加持下，它能共享不同家用设备间的数据流，实现“手机＋车机＋智能家居”的车家互联。

17:37
每天都耀与家随行
智在车家互联，掌握随心生活

图 12-21　智慧网连系统

另外，它的智能语音算法能达到普通车机的 20 倍，能够快速响应，且无需唤醒，直接说出命令即可，如图 12-22 所示。

星巴克咖啡
TIFFANY&CO.蒂芙尼
声控开导航、播音乐，尽管开口，都听你的

图 12-22　无需唤醒的智能语音

新宝骏车辆还能与多个 APP 云端互联，让车也能成为用户的私人放松空间。新宝骏是一款更适合家用的新能源汽车，可以远程控制家居，更多的是承载多口家庭的日常出行。

12.2　城市通信

在互联网企业中，凡是颇具规模的公司都有自己的大数据战略，不同的是，他们使用大数据武装自己的方式各不相同，不同行业的互联网企业也有不同的侧重点。

12.2.1　微信开放的大数据

大数据和云计算越来越成为各大企业和社会重点关注的战略资源。在互联网的数据营销中，有几大企业取得了不错的成果。下面以微信为例，为读者具体讲述他们是如何运用互联网这座营销金矿的。

众所周知，PC 互联网上的数据量肯定比移动互联网数据更大，但较之 PC 互联网，现在的移动互联网，数据本身的价值在于更完整和更生动地去描绘了一个互联网用户的生活轨迹，例如用户的浏览记录。因此，移动互联网上的大数据相比 PC 互联网的大数据具有以下三个特征，如图 12-23 所示。

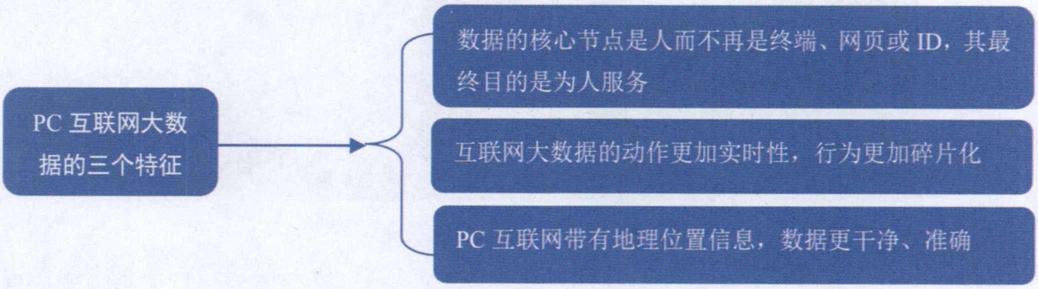
PC 互联网大数据的三个特征
数据的核心节点是人而不再是终端、网页或 ID，其最终目的是为人服务
互联网大数据的动作更加实时性，行为更加碎片化
PC 互联网带有地理位置信息，数据更干净、准确

图 12-23　PC 互联网大数据的三个特征

▶ 专家指点

每个用户可能拥有不同的终端，从 Pad、手机到其他各种移动式终端接入到互联网里，在移动终端上产生的信息越来越多样化，无论是文本、图片、语音、视频，还是多点信息、结构信息又或者是非结构信息，其使用频率都非常之高。

微信就是为移动互联网而生的，拥有的数据也非常吻合移动互联网大数据的特点。可以想象得到，微信具有两亿多的用户数，若把这些用户数据开放出来将会爆发出巨大的能量。至于这个金矿如何开采，可以有以下六个方向，如图 12-24 所示。

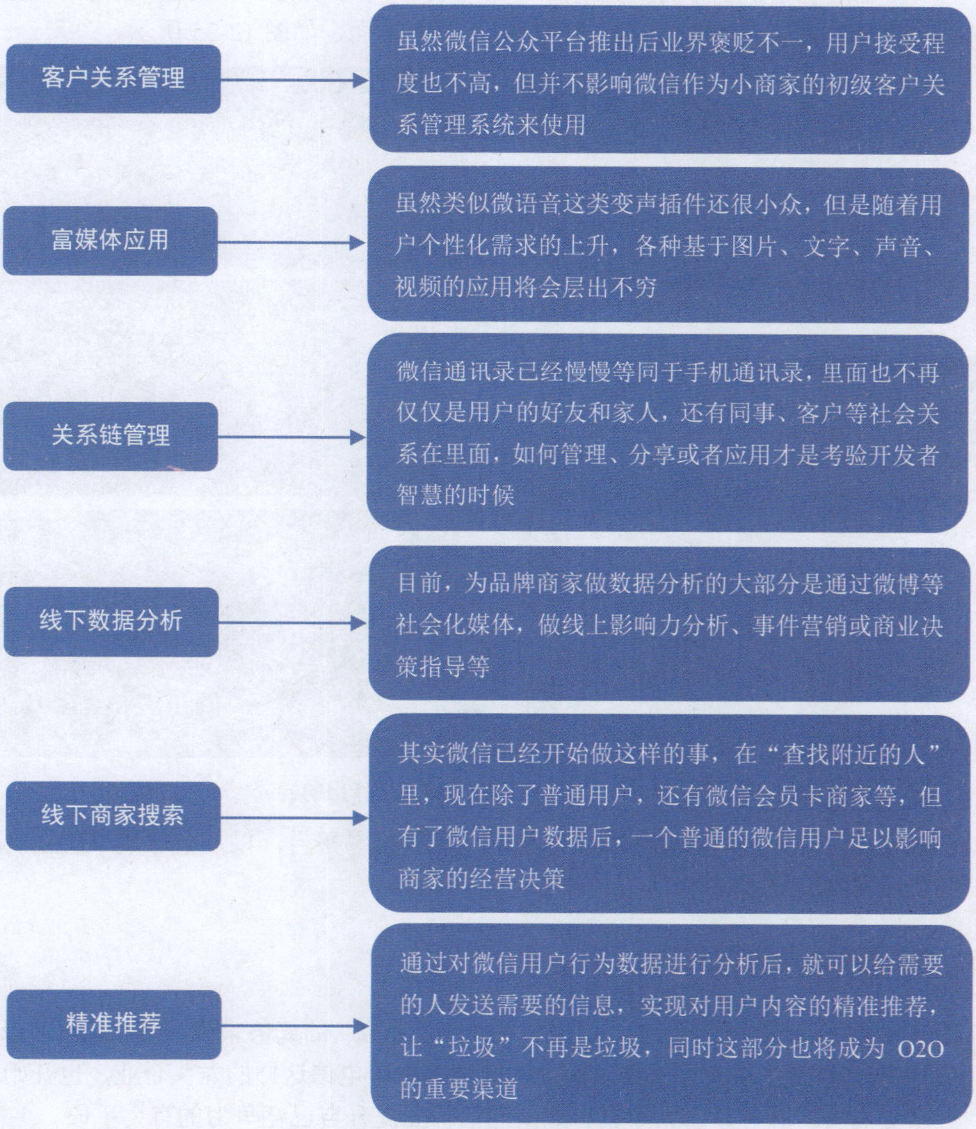
客户关系管理
虽然微信公众平台推出后业界褒贬不一，用户接受程度也不高，但并不影响微信作为小商家的初级客户关系管理系统来使用
富媒体应用
虽然类似微语音这类变声插件还很小众，但是随着用户个性化需求的上升，各种基于图片、文字、声音、视频的应用将会层出不穷
关系链管理
微信通讯录已经慢慢等同于手机通讯录，里面也不再仅仅是用户的好友和家人，还有同事、客户等社会关系在里面，如何管理、分享或者应用才是考验开发者智慧的时候
线下数据分析
目前，为品牌商家做数据分析的大部分是通过微博等社会化媒体，做线上影响力分析、事件营销或商业决策指导等
线下商家搜索
其实微信已经开始做这样的事，在“查找附近的人”里，现在除了普通用户，还有微信会员卡商家等，但有了微信用户数据后，一个普通的微信用户足以影响商家的经营决策
精准推荐
通过对微信用户行为数据进行分析后，就可以给需要的人发送需要的信息，实现对用户内容的精准推荐，让“垃圾”不再是垃圾，同时这部分也将成为 O2O 的重要渠道

图 12-24　微信数据运营的六个方向

这绝对是个巨大的 O2O 入口，如果这块完全开放给第三方开发者，微信只做用户数、管理标准和支付环节，大量的线下资源将通过各个第三方应用对接进入，那么可以预测微信将成为中国最大的 O2O 平台。

12.2.2 大众点评大数据平台

掌握着大规模本地生活信息数据的大众点评，在每一个新规划的考量中，都显得极为慎重。例如，本地商户信息是最重要的信息源，但优惠并不能作为影响用户消费判断的第一因素，用户在消费时首先考虑的还是商家是否好。在面对质量差别不大的商家时，优惠才会作为主要选择依据。因此，大众点评并没有把优惠券单独拿出来做。这也是为什么一些做优惠的 App 可以短时间火起来，但很难长期维持的原因。

作为一个已经积累了多年商户数据的平台，要在一个小屏幕上对大量数据展示进行取舍，保证产品易用性，大众点评做出的尝试包括以下三个方面，如图 12-25 所示。

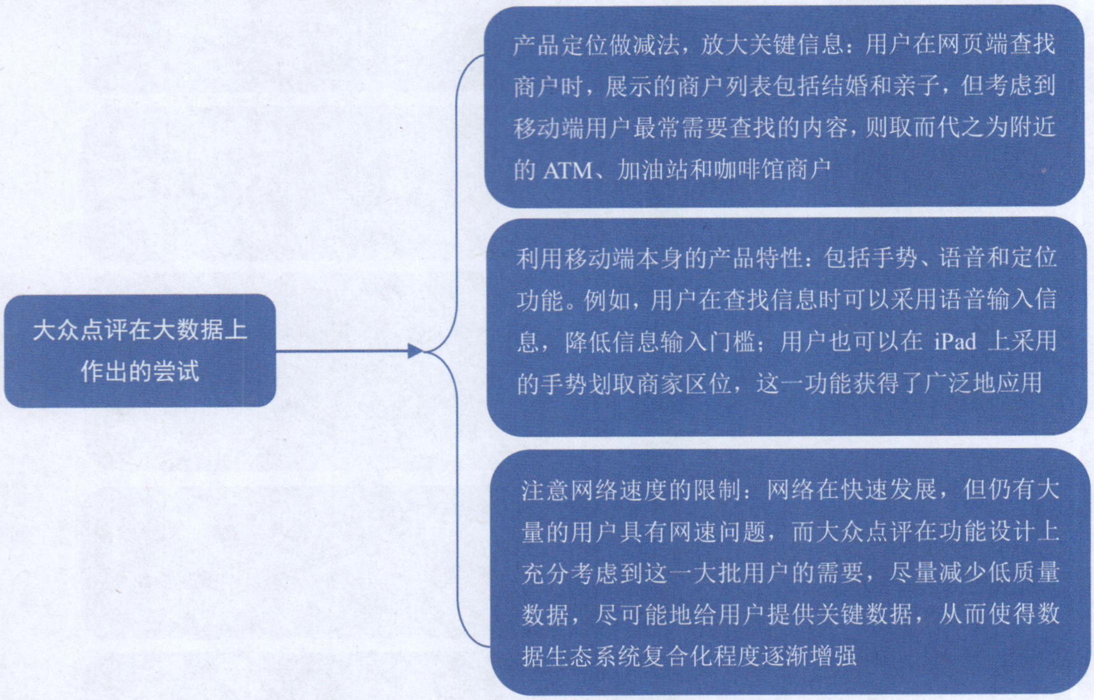
大众点评在大数据上作出的尝试
产品定位做减法，放大关键信息：用户在网页端查找商户时，展示的商户列表包括结婚和亲子，但考虑到移动端用户最常需要查找的内容，则取而代之为附近的 ATM、加油站和咖啡馆商户
利用移动端本身的产品特性：包括手势、语音和定位功能。例如，用户在查找信息时可以采用语音输入信息，降低信息输入门槛；用户也可以在 iPad 上采用的手势划取商家区位，这一功能获得了广泛地应用
注意网络速度的限制：网络在快速发展，但仍有大量的用户具有网速问题，而大众点评在功能设计上充分考虑到这一大批用户的需要，尽量减少低质量数据，尽可能地给用户提供关键数据，从而使得数据生态系统复合化程度逐渐增强

图 12-25　大众点评在大数据上作出的尝试

以上就大众点评成为中国领先的本地生活信息及交易平台，以及全球最早建立的独立第三方消费点评网站的原因。

12.2.3 中国联通云计算标准

通信在我国可以说是垄断行业，但以目前“三足鼎立”的局势来说，用户起码可以在“电信”“移动”和“联通”中有个选择。因此，即便是中国电信这样的龙头企业，也开始从用户出发，推出更优质的服务，而大数据自然是通信行业提升自己竞争力的有力手段。

2013 年 8 月，电信领域的标准化组织 ITU-T 在其官方主页上正式公布了 Y.3501 标准。这是由中国联通主导的首个云计算框架性标准，更是云计算标准化进程中的一个重要里程碑。其具体意义如下，如图 12-26 所示。

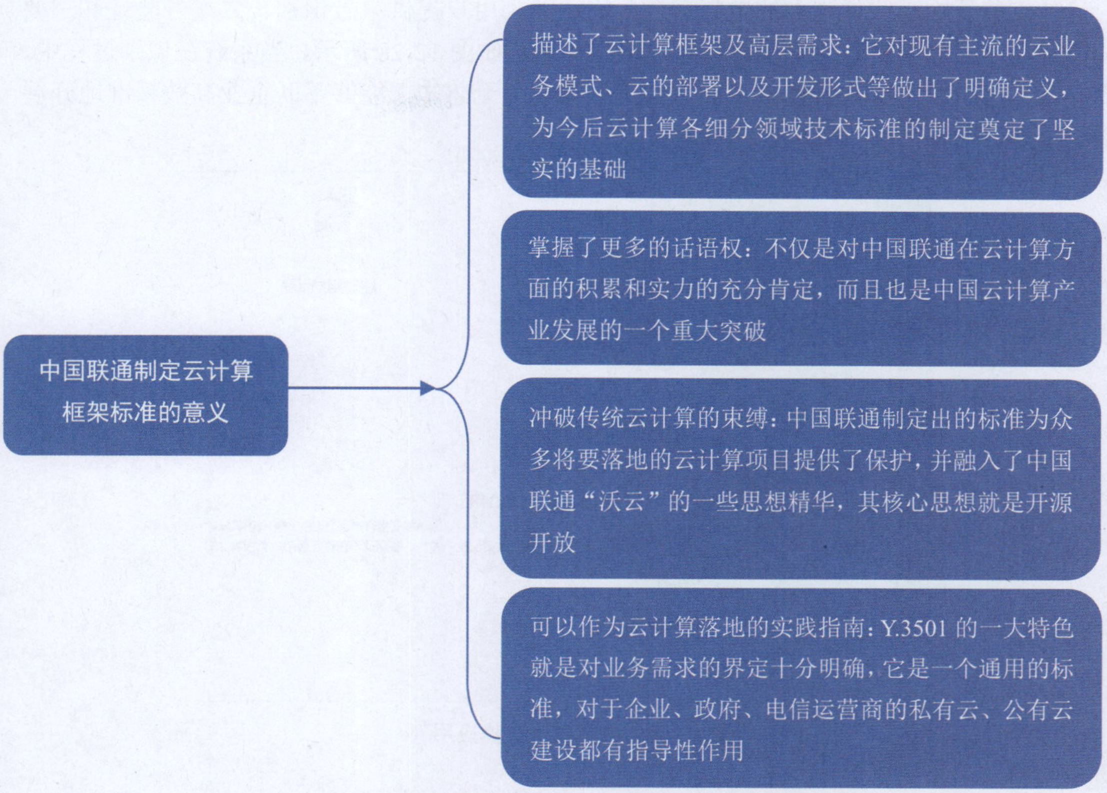
中国联通制定云计算框架标准的意义
描述了云计算框架及高层需求：它对现有主流的云业务模式、云的部署以及开发形式等做出了明确定义，为今后云计算各细分领域技术标准的制定奠定了坚实的基础
掌握了更多的话语权：不仅是对中国联通在云计算方面的积累和实力的充分肯定，而且也是中国云计算产业发展的一个重大突破
冲破传统云计算的束缚：中国联通制定出的标准为众多将要落地的云计算项目提供了保护，并融入了中国联通“沃云”的一些思想精华，其核心思想就是开源开放
可以作为云计算落地的实践指南：Y.3501 的一大特色就是对业务需求的界定十分明确，它是一个通用的标准，对于企业、政府、电信运营商的私有云、公有云建设都有指导性作用

图 12-26　中国联通制定云计算框架标准的意义

云计算必须建立在开放、开源的架构之上。此标准对云资源管理、云基础设施、互联云等云计算的重要组成部分进行了全面、系统性的梳理和定义。

基于云计算平台，中国联通通过微信小程序，面向社区周边商户，为他们提供生活圈广告智投服务与通信宣传服务，利用大数据赋能，为他们提供一站式的营销解决方案，如图 12-27 所示。

社区云广告
500,590
33,387
93
1亿+
我要投广告
北京
投放指南
广告案例
帮助中心
学历分布
职业状况
#职业多从事于专业技术人员
专业技术人员 48%
文职人员 29%
服务人员 13%
个体经营业者 8%
生产操作人员 2%
管理者和企... 1%

图 12-27　中国联通社区云广告

另外，基于中国联通强大的数据后台，它还能为用户提供空号识别、二次号验证和三要素验证等功能，能够及时清洗用户和管理用户体系，如图 12-28 所示。当系统在识别过程中，只需一秒，就可以发起大规模地并发查询，且对用户无感知，能够帮助企业高效精准地开展营销和维系等商业活动，减少营销成本。

外呼中心
存量用户维系
注册用户清洗
产品介绍
用于外呼中心，回访或者推介产品之前先对用户手机状态进行有效识别，关机、离网及不在服务区用户免拨叫，节省人力物力。

图 12-28　中国联通数据应用

12.2.4　中国移动的大数据战略

自从 1G 语音时代开始，中国移动就深入市场，积极开发云计算与大数据技术，经历了文本时代、图片时代和视频时代之后，中国移动也逐渐进入 5G 互联网时代。图 12-29 所示，为中国移动的网络发展历程。

1G:语音时代
1G即第一代通讯系统，使用模拟信号通信，是移动通讯时代的开始。
2G:文本时代
第二代移动通讯引入了无线传输数字技术，即全球移动通信系统(GSM)。
3G:图片时代
第三代移动通信始于UMTS的引入——通用移动地面/电信系统。
4G:视频时代
4G系统是由IEEE开发的3G网络的增强版本，提供更高的数据速率和更高级的多媒体服务，具备速度更快、通信灵活、智能性高、高质量通信、费用便宜等优势。
5G:互联网时代
5G不再只是从2G.txt到3G.jpg再到4G.avi的网络速率的提升，而是将人与人之间的通信扩展到万物连接，打造全移动和全连接的数字化社会。

图 12-29　中国移动的网络发展历程

图 12-30 所示，为 5G 互联网时代的产品优势。在人工智能技术、大数据技术的帮助下，5G 用户能够依托原生的终端消息入口，无需下载 APP 就可接收信息，还具有全媒体的交互体验，能够咨询、交互和支付一站式的服务闭环。

图 12-30　5G 互联网时代的产品优势

依托于大数据和云计算技术，中国移动还打造了中移云客服、智慧物流和语音识别处理系统，如图 12-31 所示。

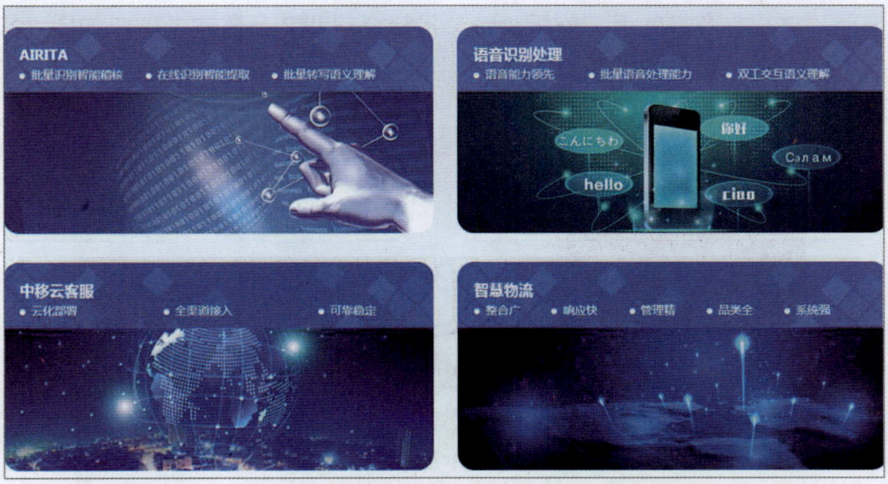

图 12-31　中国移动的数据应用

中移云客服是以通信和云计算为基础，为中国移动 10086 新一代客服系统打造的智能化应用平台，它具备全渠道接入和大数据分析功能，可根据不同客户的需求提供相应的行业客服产品及解决方案，帮助不同企业在不同环境随时随地响应客户请求。

▶ 专家指点

5G 是 4G 的延伸，是第五代移动通信标准，也称第五代移动通信术。5G 具有高速率、低时延、大容量等特征。5G 的网络速度是 4G 的 10 倍以上，在 5G 网络环境比较好的情况下，1G 的文件 1-3 秒就能下完，基本上不会超过 10 秒。

基于大数据的技术能力，中国移动还构建了中移舆情平台，如图 12-32 所示。它利用大数据级别的智能爬虫技术，能够实时采集互联网舆情信息，帮助各级政府及大型企业对网络舆情信息及时监控预警，并了解行业动态和竞争对手信息等。

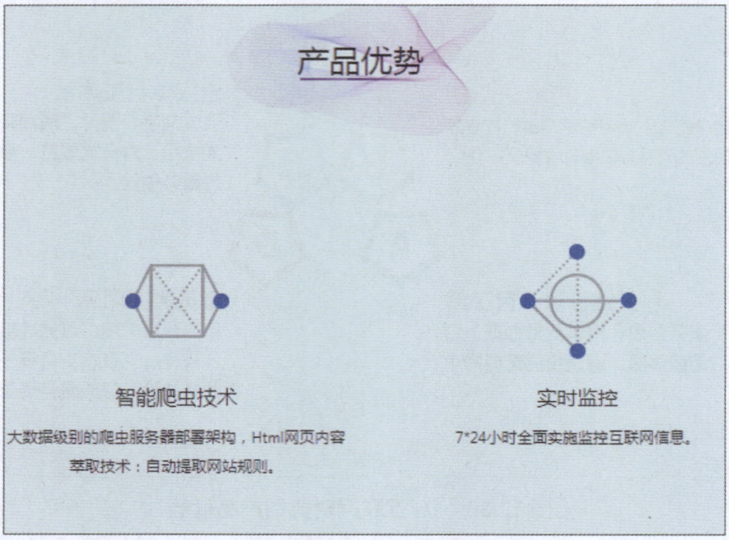
产品优势
智能爬虫技术
大数据级别的爬虫服务器部署架构，Html网页内容萃取技术：自动提取网站规则。
实时监控
7*24小时全面实施监控互联网信息。

图 12-32　中移舆情平台

中移商情平台是针对互联网招投标信息而定制的具有多维度商情信息分析和项目筛选功能的数据平台，它具有商机助手、分析决策、投标资信和竞品监测功能，如图 12-33 所示。利用大数据平台，它可以为企业建立全面的档案，使用户能够及时发现和获知商机，并实时跟踪项目进展。

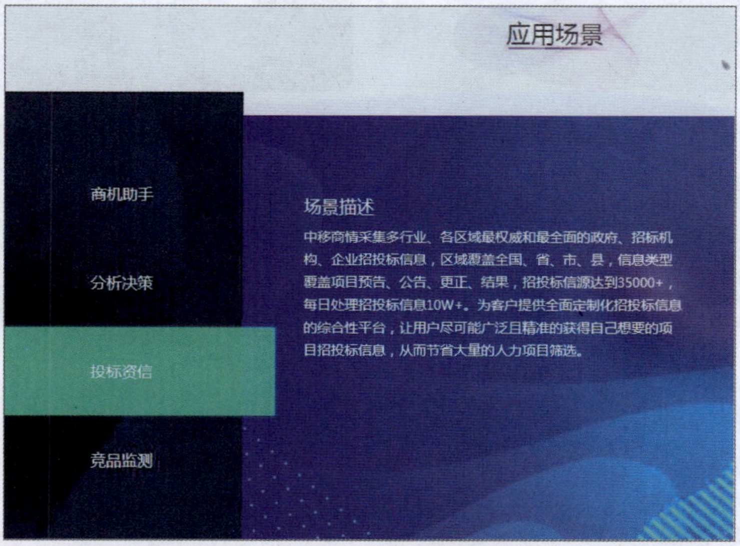
应用场景
商机助手
分析决策
投标资信
竞品监测
场景描述
中移商情采集多行业、各区域最权威和最全面的政府、招标机构、企业招投标信息，区域覆盖全国、省、市、县，信息类型覆盖项目预告、公告、更正、结果，招投标信源达到35000+，每日处理招投标信息10W+。为客户提供全面定制化招投标信息的综合性平台，让用户尽可能广泛且精准的获得自己想要的项目招投标信息，从而节省大量的人力项目筛选。

图 12-33　中移商情功能

总的来说，中国移动在各大技术的加持下，实现了各个方面的应用。中国移动的大数据战略具体可以分为 3 步，如图 12-34 所示。

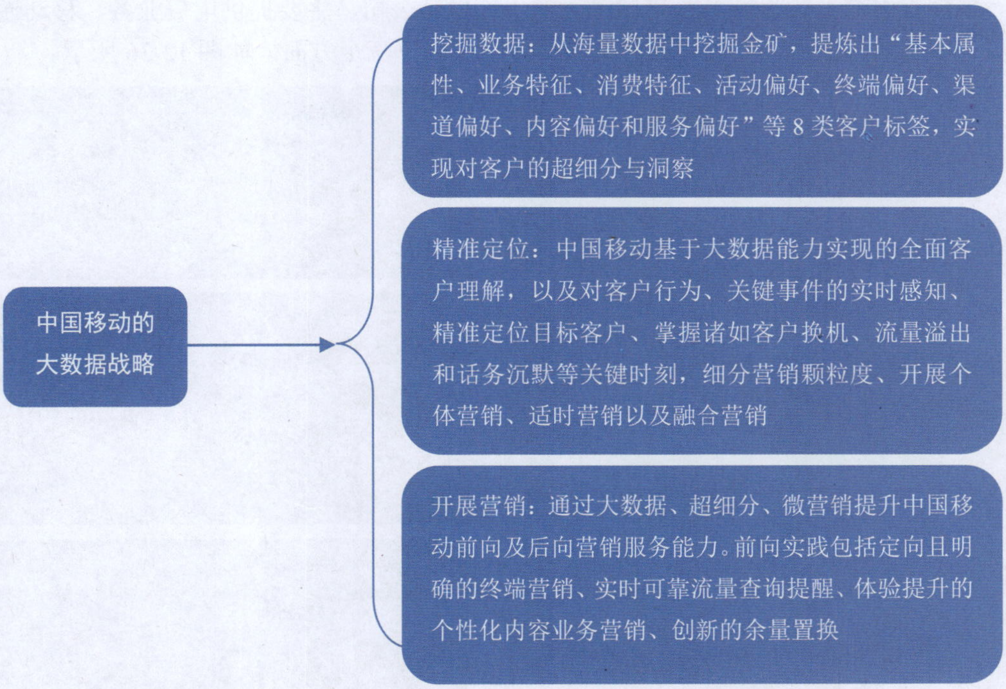
中国移动的大数据战略
挖掘数据：从海量数据中挖掘金矿，提炼出“基本属性、业务特征、消费特征、活动偏好、终端偏好、渠道偏好、内容偏好和服务偏好”等 8 类客户标签，实现对客户的超细分与洞察
精准定位：中国移动基于大数据能力实现的全面客户理解，以及对客户行为、关键事件的实时感知、精准定位目标客户、掌握诸如客户换机、流量溢出和话务沉默等关键时刻，细分营销颗粒度、开展个体营销、适时营销以及融合营销
开展营销：通过大数据、超细分、微营销提升中国移动前向及后向营销服务能力。前向实践包括定向且明确的终端营销、实时可靠流量查询提醒、体验提升的个性化内容业务营销、创新的余量置换

图 12-34　中国移动的大数据战略

12.2.5　Verizon 大数据精准营销

大数据是数字经济建模的关键之一，是转换企业和社会每一部分的智能、可靠方式，有促进经济增长和改善人们生活水平的潜力。

大数据还能针对企业产品确定用户模型，根据用户的行为习惯推送符合用户偏好的产品，不仅可以实现精准营销，还能维系老客户，如图 12-35 所示。

推广支撑
老客维系
活动推广
产品介绍
针对企业产品特征确立用户模型，针对特定范围的企业会员用户推送符合用户偏好的产品，支撑业务推广。

图 12-35　大数据的精准营销

威瑞森电信（Verizon）是美国最大的本地电话公司，主要提供电信业务、移动通信以及黄页等多种数据业务，它的精准营销主要体现在以下三个方面，如图 12-36 所示。

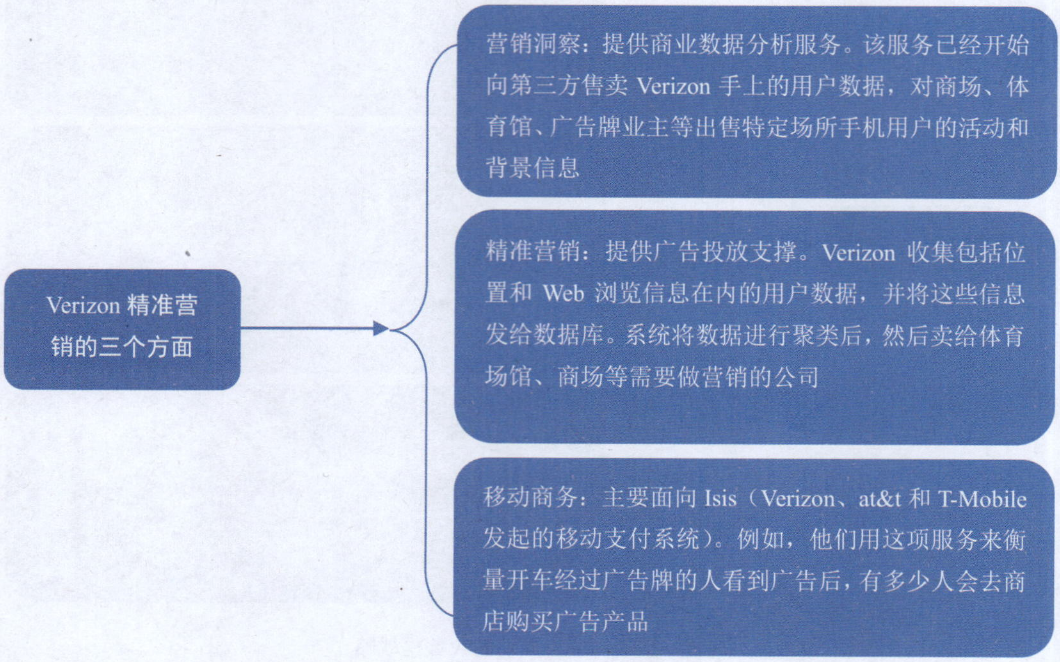
Verizon 精准营销的三个方面
营销洞察：提供商业数据分析服务。该服务已经开始向第三方售卖 Verizon 手上的用户数据，对商场、体育馆、广告牌业主等出售特定场所手机用户的活动和背景信息
精准营销：提供广告投放支撑。Verizon 收集包括位置和 Web 浏览信息在内的用户数据，并将这些信息发给数据库。系统将数据进行聚类后，然后卖给体育场馆、商场等需要做营销的公司
移动商务：主要面向 Isis（Verizon、at&t 和 T-Mobile 发起的移动支付系统）。例如，他们用这项服务来衡量开车经过广告牌的人看到广告后，有多少人会去商店购买广告产品

图 12-36 Verizon 精准营销的三个方面

Verizon 成立了大数据部门，能够更加精准地掌握用户信息和用户行为，显然可以提高营销的定向性。大数据在 Verizon 上的应用主要体现在以下几个方面，如图 12-37 所示。

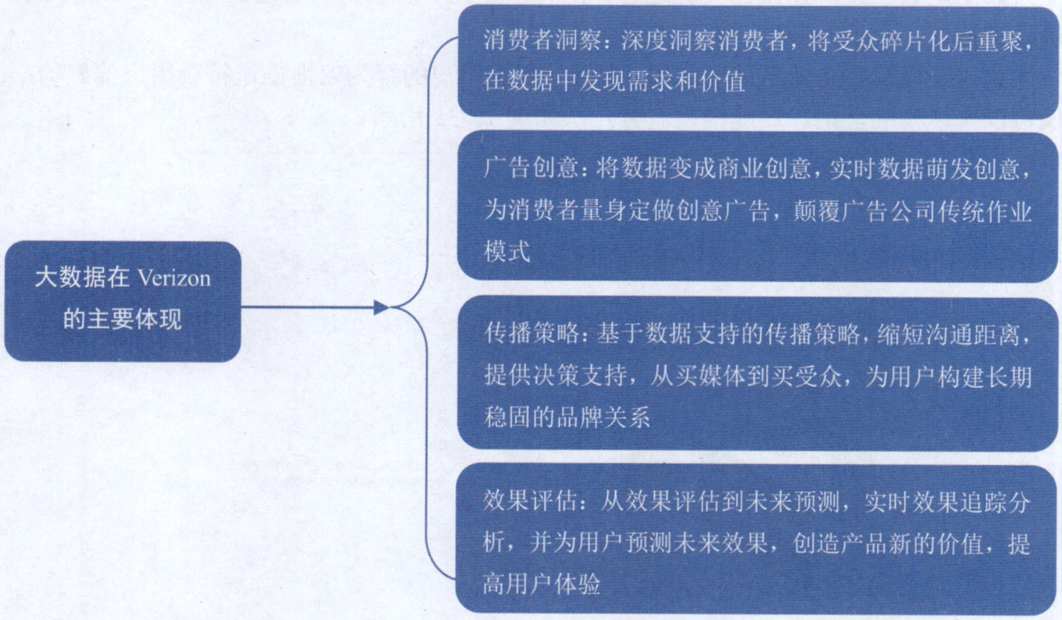
大数据在 Verizon 的主要体现
消费者洞察：深度洞察消费者，将受众碎片化后重聚，在数据中发现需求和价值
广告创意：将数据变成商业创意，实时数据萌发创意，为消费者量身定做创意广告，颠覆广告公司传统作业模式
传播策略：基于数据支持的传播策略，缩短沟通距离，提供决策支持，从买媒体到买受众，为用户构建长期稳固的品牌关系
效果评估：从效果评估到未来预测，实时效果追踪分析，并为用户预测未来效果，创造产品新的价值，提高用户体验

图 12-37 大数据在 Verizon 的主要体现

> ▶ 专家指点
>
> 国外运营商已有一些突破性的应用案例，国内的运营商也应该紧抓这个机遇。对于运营商来说，大数据等于大价值。对于 IT 企业，大数据等于大机遇。通信行业需求从来都是 IT 技术发展的重要推动力，谁能得到通信行业客户的认可，必然会在大数据领域大有作为，进而成为大数据解决方案的领先者。

大数据是技术的综合应用平台，运营者要怀着开放和融合的心态，在大数据领域创造另一片天地。例如，大数据通过收集数据，对大量图片进行分析，最终形成一个场景图。这就是对数据分析、统计技术、图像识别和人工智能合成技术的综合运用，有助于形成云计算与大数据的生态闭合圈。

12.3　城市传媒

对于城市发展来说，社交传媒也是必不可少的，它是人们生活中的增味剂。而对于娱乐传媒来说，获得更多收视率就是营销，而大数据将成为传媒竞争之间的新型武器。

12.3.1　大数据助推传媒业发展

大数据是近年来的热点话题，但是在传媒业如何使用大数据进行生产应用却没有清晰路径和模式。大数据技术作为一种工具，对于传媒业具有重要意义，同时它也会面临着一些问题，具体体现在以下三个方面，如图 12-38 所示。

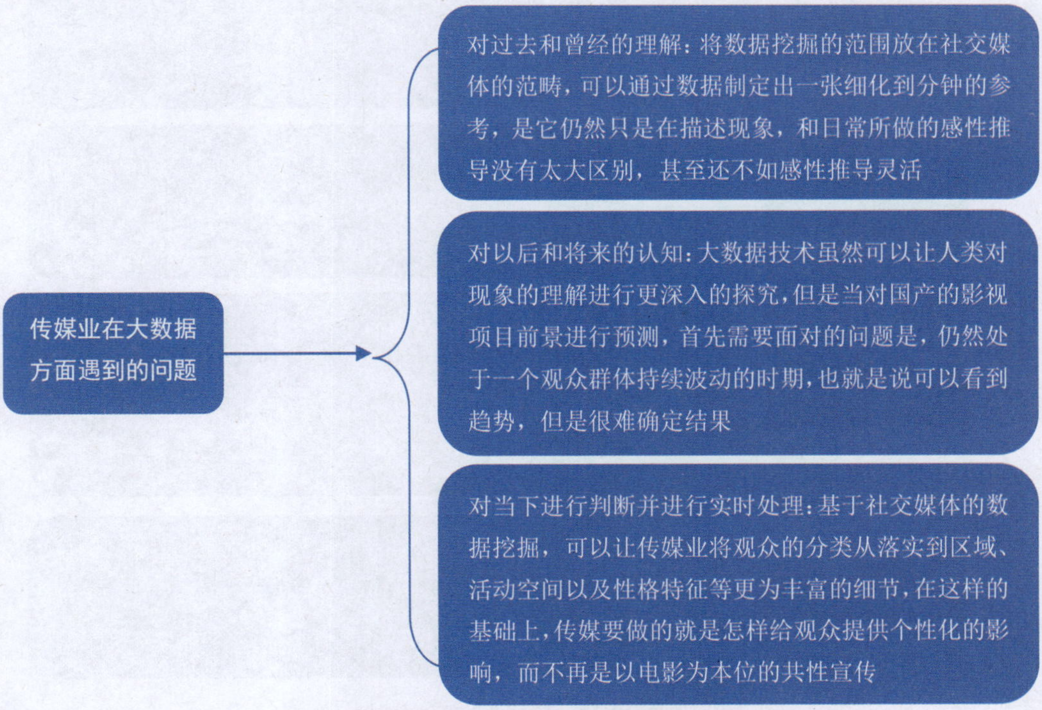
传媒业在大数据方面遇到的问题
对过去和曾经的理解：将数据挖掘的范围放在社交媒体的范畴，可以通过数据制定出一张细化到分钟的参考，是它仍然只是在描述现象，和日常所做的感性推导没有太大区别，甚至还不如感性推导灵活
对以后和将来的认知：大数据技术虽然可以让人类对现象的理解进行更深入的探究，但是当对国产的影视项目前景进行预测，首先需要面对的问题是，仍然处于一个观众群体持续波动的时期，也就是说可以看到趋势，但是很难确定结果
对当下进行判断并进行实时处理：基于社交媒体的数据挖掘，可以让传媒业将观众的分类从落实到区域、活动空间以及性格特征等更为丰富的细节，在这样的基础上，传媒要做的就是怎样给观众提供个性化的影响，而不再是以电影为本位的共性宣传

图 12-38　传媒业在大数据方面遇到的问题

举例来说，当一名男性观众在某个媒介上看到的电影海报，可能是一部性能优秀的跑车，但一个女性观众同时接触这个媒介时，所看到的可能是一个铁血的汉子。

在如今的传媒业中，不如将大数据的应用方向从对未来的预知转移，转向让企业知道规避哪些操作上的错误，这样或许更具有现实意义。

▶ 专家指点

目前，数据调研公司参与电影推广的过程，所做的仍然只是一个统计的工作。其实，传媒完全可以将决策机制与数据同样进行细化，成为实时的互动，减少时间的损耗，提高电影推广的效率。在以前的电影的推广中，常常会为如何照顾到大部分观众的兴趣而头疼，那么换一种思路，用现有的观众数据进行群体的细分，给不同的观众群提供不一样的信息，海纳百川比光芒四射或许更符合当下社会化营销的要义。

12.3.2 传媒大数据营销的挑战

从发展上来说，大数据其实是对社会状态的一种描述，而技术时代对每一个人来说都是挑战与机遇并存。传媒业作为消息快速传播的前沿通道，它也面临着巨大的冲击和挑战，具体体现在以下五个方面，如图 12-39 所示。

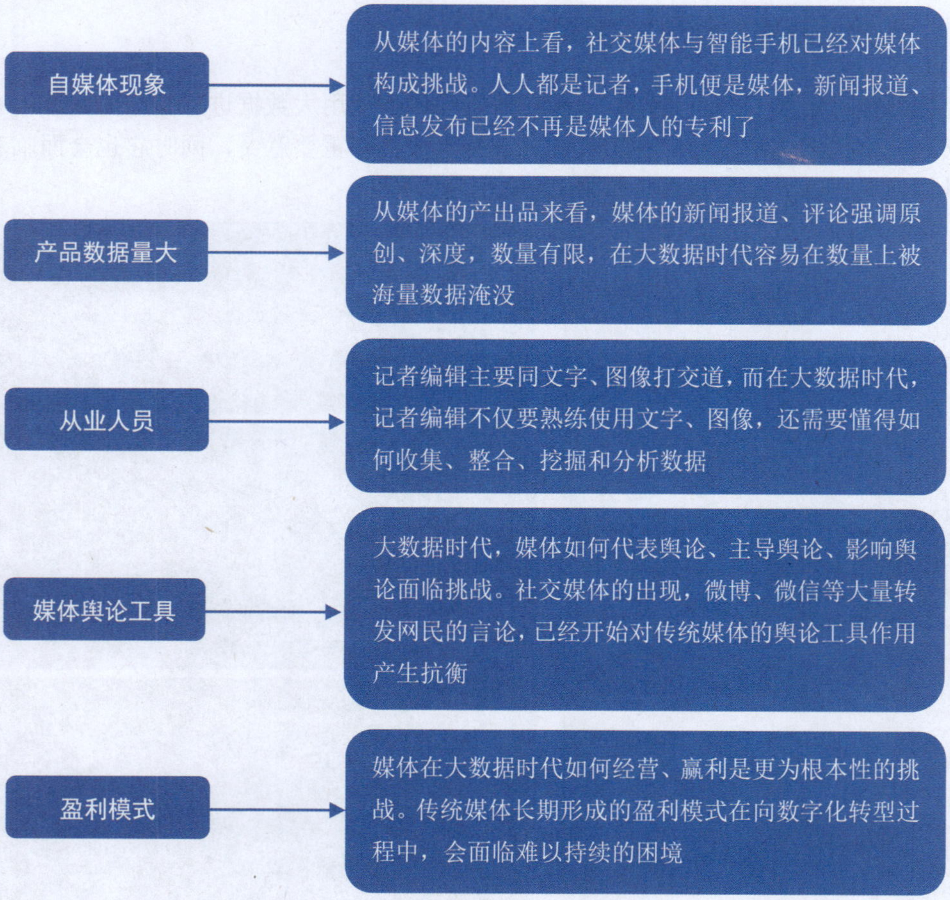
自媒体现象
从媒体的内容上看，社交媒体与智能手机已经对媒体构成挑战。人人都是记者，手机便是媒体，新闻报道、信息发布已经不再是媒体人的专利了
产品数据量大
从媒体的产出品来看，媒体的新闻报道、评论强调原创、深度，数量有限，在大数据时代容易在数量上被海量数据淹没
从业人员
记者编辑主要同文字、图像打交道，而在大数据时代，记者编辑不仅要熟练使用文字、图像，还需要懂得如何收集、整合、挖掘和分析数据
媒体舆论工具
大数据时代，媒体如何代表舆论、主导舆论、影响舆论面临挑战。社交媒体的出现，微博、微信等大量转发网民的言论，已经开始对传统媒体的舆论工具作用产生抗衡
盈利模式
媒体在大数据时代如何经营、赢利是更为根本性的挑战。传统媒体长期形成的盈利模式在向数字化转型过程中，会面临难以持续的困境

图 12-39 传媒业的五大挑战

12.3.3　传媒大数据的营销策略

不管社会如何发展，技术如何变迁，传媒业都将继续存在，这一点是不会改变的。但是，传媒业会跟随时代的潮流，改变它的具体营销策略，以求在这快速发展的信息社会中获得一席之地.。为大数据时代传媒业的六大营销策略如图 12-40 所示。

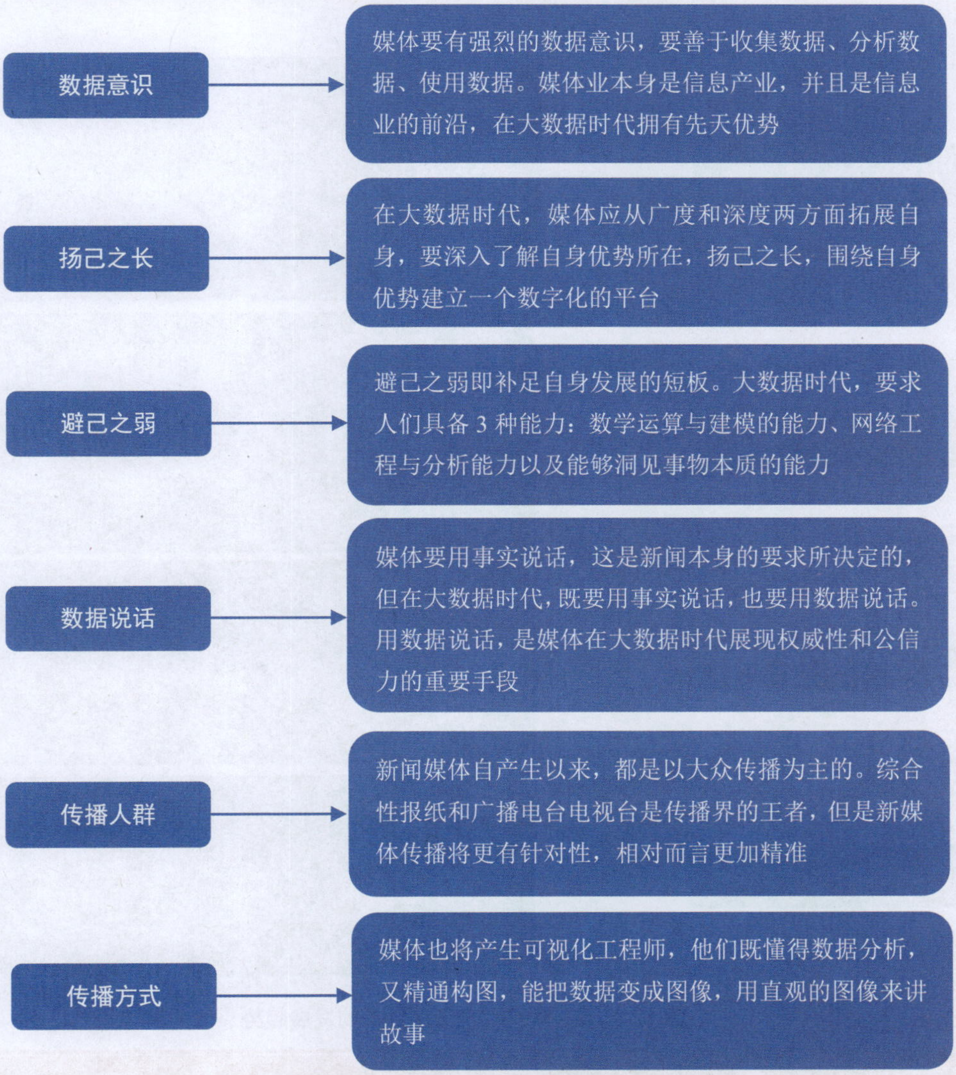
数据意识
媒体要有强烈的数据意识，要善于收集数据、分析数据、使用数据。媒体业本身是信息产业，并且是信息业的前沿，在大数据时代拥有先天优势
扬己之长
在大数据时代，媒体应从广度和深度两方面拓展自身，要深入了解自身优势所在，扬己之长，围绕自身优势建立一个数字化的平台
避己之弱
避己之弱即补足自身发展的短板。大数据时代，要求人们具备 3 种能力：数学运算与建模的能力、网络工程与分析能力以及能够洞见事物本质的能力
数据说话
媒体要用事实说话，这是新闻本身的要求所决定的，但在大数据时代，既要用事实说话，也要用数据说话。用数据说话，是媒体在大数据时代展现权威性和公信力的重要手段
传播人群
新闻媒体自产生以来，都是以大众传播为主的。综合性报纸和广播电台电视台是传播界的王者，但是新媒体传播将更有针对性，相对而言更加精准
传播方式
媒体也将产生可视化工程师，他们既懂得数据分析，又精通构图，能把数据变成图像，用直观的图像来讲故事

图 12-40　大数据时代传媒业的六大营销策略

▶ 专家指点

媒体数字化转型正在进行中，从采集、处理、储存以及传播等方面完全地数字化后，媒体产生的数据量将急速增大，成为大数据的重要生成与应用行业。媒体在做好社会记录者与信息传播者外，更应定位成社会解读者和分析预测者，深度解读和去伪存真本是媒体的重要职责，而大数据赋予的全面深刻的洞察恰好能为传媒再添一双慧眼。

12.3.4 商业传媒的大数据之路

无论是制作电影、电视或是网络视频，只有了解观众要什么才能获得更高的收视率，在同行竞争中胜出。传媒业已经从“传媒播什么，观众就看什么”转变为“观众爱看什么，传媒就播什么”。在大数据时代，移动互联网时代传媒的生态发展趋势有以下四点，如图 12-41 所示。

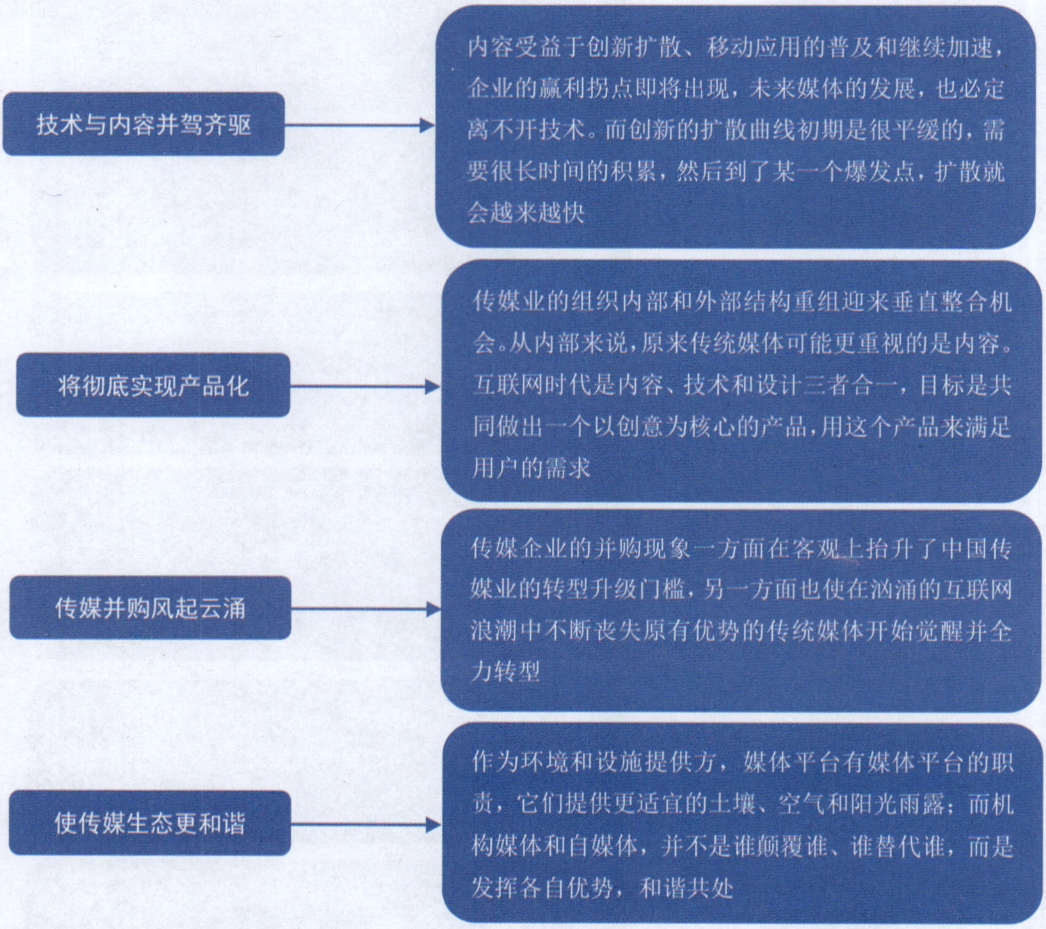
技术与内容并驾齐驱
内容受益于创新扩散、移动应用的普及和继续加速，企业的赢利拐点即将出现，未来媒体的发展，也必定离不开技术。而创新的扩散曲线初期是很平缓的，需要很长时间的积累，然后到了某一个爆发点，扩散就会越来越快
将彻底实现产品化
传媒业的组织内部和外部结构重组迎来垂直整合机会。从内部来说，原来传统媒体可能更重视的是内容。互联网时代是内容、技术和设计三者合一，目标是共同做出一个以创意为核心的产品，用这个产品来满足用户的需求
传媒并购风起云涌
传媒企业的并购现象一方面在客观上抬升了中国传媒业的转型升级门槛，另一方面也使在汹涌的互联网浪潮中不断丧失原有优势的传统媒体开始觉醒并全力转型
使传媒生态更和谐
作为环境和设施提供方，媒体平台有媒体平台的职责，它们提供更适宜的土壤、空气和阳光雨露；而机构媒体和自媒体，并不是谁颠覆谁、谁替代谁，而是发挥各自优势，和谐共处

图 12-41　互联网时代传媒生态的发展趋势

▶ 专家指点

新旧势力混战之下，传统娱乐业在内容、运营、营销领域全面危急，智能化、移动化、社交化、数据化的冲击看似苦口，却也是良药。不管是电视、电影还是音乐，产业格局的竞争归根到底是商业模式的竞争。

随着消费习惯的变化，互联网广告市场的附属产品视频广告如今得到了商家和网络发行商的青睐，而传统娱乐行业仍在不断萎缩并接近底部，或许成为对手的样子才是最好的自救。

人们对娱乐的需求永远不会消失，传统娱乐行业也并不是一无是处。在多年的发展历程

中，它累积了海量的内容资源，这是在短期内新兴媒体无法比拟的优势。但是，传统传媒业应该以怎样的形式营销？下面例举两个案例，希望读者能够有所启发。

1. 《纸牌屋》

2013 年年初，奈飞凭借自制剧《纸牌屋》火得一塌糊涂，直到 2020 年《纸牌屋》播出到第七季，甚至有望被称为下一个 HBO，如图 12-42 所示。大卫·芬奇的和凯文·斯派西，无疑是美剧《纸牌屋》走红的关键原因。但是事实上，在两位重量级主创和演技促成的成功背后，《纸牌屋》具有更多跨时代的意义，即网站主导和数据先行。

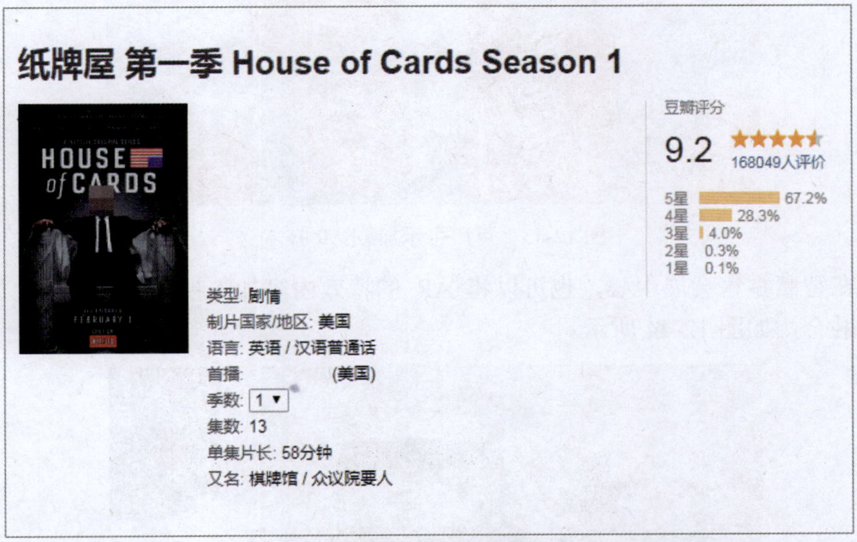

图 12-42　《纸牌屋》豆瓣评分

出品方兼播放平台 Netflix 根据用户的数据中总结收视习惯，并根据对用户喜好的精准分析来创作《纸牌屋》。《纸牌屋》的数据库包含了 3000 万用户的收视选择、400 万条评论和 300 万次主题搜索。最终，拍什么、谁来拍、谁来演和怎么播，都由数千万观众的客观喜好统计决定。

> ▶ 专家指点
>
> 在不久的将来，大数据挖掘获得的结果也许比一个行业老手的直觉判断更准确。当然事情都有两面性，大数据分析在国内影视产业领域技术尚未成熟，恰恰是大数据在电影产业的机遇，也正是大量大数据分析技术人才的机遇，随着互联网的蓬勃发展以及中国电影产业的壮大，势必迎来大数据分析的春天。

2. 可口可乐

不同的业态对大数据来说，方式也有所不同。一般来说，大型的企业品牌都已建立自己的电商体系，它们可以实现线上和线下零售的协同发展。

消费者只要购买可口可乐，就可以通过手机扫码，看到瓶罐上的 AR 动画，实现更多的趣味性，提升了用户的参与度，促使用户将产品分享给更多的人。这种将产品包装与移动端 AR 技术结合的新业态模式，可以为产品打造个性化的 AR 标签，将人工智能、大数据和云计算技术与环境充分融合起来，如图 12-43 所示。

图 12-43　可口可乐加载 AR 技术

另外，在智慧零售会展中心，也可以将 AR 的特效内容加入视频营销场景，加强线上与线下的深度融合，如图 12-44 所示。

图 12-44　AR 销售会展

本章小结

本章主要从城市交通、城市通信和城市传媒这三个方面介绍了其对智慧城市作出的贡献以及它们在大数据方面的应用，通过一些具体的案例帮助读者更加深刻地感受到城市的数字化转型。

本章习题

1．用大数据解决交通难题具有哪些优势？

2．威瑞森电信（Verizon）的精准营销主要体现在哪些方面？